高职高专机电类专业规划教材

国家级精品课程配套教材

电气控制与 PLC 应用技术教程（FX 系列）

主　编　徐　茜

副主编　杨　红

参　编　姚卫丰　吴　锋

主　审　钟江生

U0117424

机 械 工 业 出 版 社

本书为国家级精品课程"电气控制与 PLC"配套教材。

全书内容共分 3 篇。第 1 篇为继电器—接触器控制篇，介绍了常用低压电器、电气控制系统的基本控制电路以及典型电气控制系统分析；第 2 篇为可编程序控制器及其应用篇，以三菱 FX 系列 PLC 为载体，介绍了可编程序控制器及其工作原理、三菱 FX 系列可编程序控制器应用基础、FX 系列 PLC 的基本逻辑指令、顺序功能图编程和步进指令、FX 系列 PLC 的功能指令及其应用、PLC 的工程应用；第 3 篇为实践篇，集中了 18 个典型的实训项目（包括 2 个综合项目）。本书编写过程中，突出理论联系实际，力求内容简洁、通俗易懂。

本书可作为高职高专院校电气自动化技术、智能楼宇、机电一体化等专业的教材，也可供从事相关领域技术工作的工程技术人员参考。

为方便教学，本书配有电子课件、习题解答、模拟试卷及答案等，凡选用本书作为授课教材的教师，均可来电免费索取。咨询电话：010-88379758；E-mail：wangzongf@163.com。

图书在版编目（CIP）数据

电气控制与 PLC 应用技术教程：FX 系列/徐茜主编．—北京：机械工业出版社，2013.8

高职高专机电类专业规划教材

ISBN 978-7-111-42933-3

Ⅰ．①电…　Ⅱ．①徐…　Ⅲ．①电气控制 – 高等职业教育 – 教材②plc 技术 – 高等职业教育 – 教材　Ⅳ．①TM571.2②TM571.6

中国版本图书馆 CIP 数据核字（2013）第 161562 号

机械工业出版社（北京市百万庄大街 22 号　邮政编码 100037）
策划编辑：于　宁　责任编辑：于　宁
版式设计：霍永明　责任校对：姜艳丽
责任印制：乔　宇
北京机工印刷厂印刷（三河市南杨庄国丰装订厂装订）
2013 年 8 月第 1 版第 1 次印刷
184mm×260mm · 18.5 印张 · 457 千字
0 001—3 000 册
标准书号：ISBN 978-7-111-42933-3
定价：35.00 元

前　言

本书是国家级精品课程"电气控制与 PLC"配套教材。

2003 年我校"电气控制与 PLC"课程被遴选为教育部第一批国家精品课程，2004年我们组织编写了《电气控制与 PLC 实用技术》讲义，结合教师编制的实训项目单，在教学中使用。十年过去了，讲义和实训项目单几经修订，最近一次修订于 2011 年完成并使用。

美国教育家约翰·杜威（John Dewey，1859—1952）关于教育有过一段精彩表述："学校的责任是启发学生对学科的兴趣，并从中学习解决问题的方法和思考方式，让学生从实验（活动）中掌握知识，而不是由教师报告他人的学习成果。"这一观念影响了美国高等工科教育一百多年。本书正是遵循这种理念编写的。

本书具有如下特点：

1. 本书以当前广泛应用并代表未来发展趋势的电气控制新技术为背景，选材新颖实用，力求满足我国高等职业教育的特点。

2. 在本书编写过程中，力求简洁明了、通俗易懂。回归传统教材体系，将依托工业环境组织教学的实践部分单独成篇，既方便教学，又不失教材的可读性。

3. 本书从电气产品使用的角度，简述各类自动化产品的结构原理、功能和特点，着重介绍产品的应用及控制系统设计分析方法。

4. 基础理论以够用为度，本书配有大量简单实用的工程案例，增加了实际操作的趣味性，同时也易于理解。

5. 本书论述力求深入浅出，在介绍结构原理时做到图文并茂，电器选型、指令的使用等均配有示例，每章末附有思考与练习题，便于学生自学。教学组织方面，依据课程学时多少，建议以第三篇实训项目为线展开教学。项目验收以达到"强化训练"要求为目标。项目完成后，要求学生撰写项目报告。

本书由深圳职业技术学院徐茜任主编，杨红任副主编，参加编写的还有姚卫丰、吴锋。其中，姚卫丰编写了第 1、2 章，徐茜编写了第 3～7、10 章，杨红编写了第 8 章，吴锋编写了第 9 章，全书由徐茜统稿。深圳职业技术学院钟江生教授担任本书的主审。在本书编写过程中，得到了深圳职业技术学院张磊、林玲、黄志昌、廖申雪及工业中心许多老师的帮助，在讲义使用过程中，老师和同学们提出了许多宝贵的意见和建议，在此一并表示感谢。

限于编者水平，书中难免存在错误和不妥之处，恳请大家指正。

编　者

目　　录

第1篇　继电器—接触器控制篇

第1章　常用低压电器

1.1　概述

低压电器是用于额定电压交流 1200V 或直流 1500V 及以下能够根据外界施加的信号或要求，自动或手动地接通和断开电路，从而断续或连续地改变电路参数或状态，以实现对电路或非电对象的切换、控制、检测、保护、变换以及调节的电器设备。低压电器的品种规格繁多，构造各异，分类方法也很多，常用低压电器的分类如图 1-1 所示。

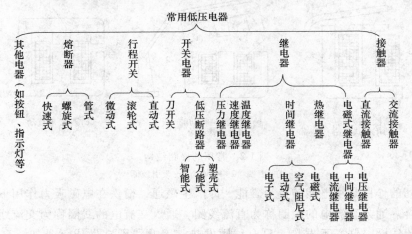

图 1-1　常用低压电器的分类

近年来，我国低压电器发展迅速，通过自行设计和从国外著名厂家引进技术，产品品种和质量都有明显的提高，符合新的国家标准、部颁标准和达到国际电工委员会（IEC）标准的产品不断增加，而能耗高、性能差的电器产品逐步被取代。

当前，低压电器继续沿着体积小、重量轻、安全可靠、使用方便的方向发展，主要是通过利用微电子技术提高传统电器的性能；在产品品种方面，已出现了许多电子化的新型控制电器，如接近开关、光敏开关、电子式时间继电器、固态继电器与接触器、电子式电机保护器和半导体起动器等，以不断适应控制系统迅速电子化的需要。

1.2　低压电器的电磁机构及执行机构

从结构上看，电器一般都具有两个基本组成部分，即感测部分和执行部分。感测部分是接收外界输入的信号，并通过转换、放大、判断，做出有规律的反应，使执行部分动作，输出相应的指令，实现控制目的。对于电磁式电器，感测部分大都是电磁机构，而执行部分则是触头系统。

1.2.1　电磁机构

电磁机构的主要作用是将电磁能量转换成机械能量，将电磁机构中吸引线圈的电流转换成电磁力，带动触头动作，完成通断电路的控制作用。

电磁机构通常采用电磁铁的形式，由吸引线圈、铁心（亦称静铁心或磁轭）和衔铁（亦称动铁心）三部分组成。其作用原理：当线圈中有工作电流通过时，电磁吸力克服弹簧的反作用力，使衔铁与铁心闭合，由连接机构带动相应的触头动作。

常用的磁路结构如图 1-2 所示，可分为三种形式，即衔铁沿棱角转动的拍合式铁心，如图 1-2a 所示，这种形式广泛应用于直流电器中；衔铁沿轴转动的拍合式铁心，如图 1-2b 所示，其铁心形状有 E 形和 U 形两种，此种结构多用于触头容量较大的交流电器中；衔铁直线运动的双 E 形直动式铁心，如图 1-2c 所示，它多用于交流接触器、继电器中。

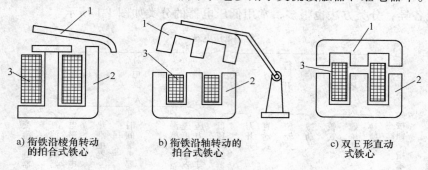

a) 衔铁沿棱角转动　　　　b) 衔铁沿轴转动的　　　　c) 双 E 形直动
的拍合式铁心　　　　　　拍合式铁心　　　　　　　式铁心

图 1-2　常用的磁路结构

1—衔铁　2—铁心　3—吸引线圈

吸引线圈的作用是将电能转换为磁能，即产生磁通，衔铁在电磁吸力作用下产生机械位移使铁心吸合。通入直流电的线圈称为直流线圈，通入交流电的线圈称为交流线圈。

对于直流线圈，铁心不发热，只有线圈发热，因此线圈常做成无骨架、高而薄的瘦高型，以改善线圈自身散热。铁心和衔铁由软钢或工程纯铁制成。

对于交流线圈，除线圈发热外，由于铁心中有涡流损耗和磁滞损耗，铁心也会发热。为了改善线圈和铁心的散热情况，在铁心与线圈之间留有散热间隙，而且通常把线圈做成有骨架的矮胖型。铁心用硅钢片叠成，以减少涡流。

1.2.2　触头系统

触头是电磁式电器的执行元件，电器通过触头的动作来分合被控制的电路。触头的作用是接通和分断电路，接触情况的好坏将影响触头的工作可靠性和使用寿命，因此要求触头具有良好的接触性能。

触头的形式有三种，即点接触、线接触和面接触，如图 1-3 所示。点接触是由两个半球或一个半球和一个平面形触头构成。由于接触区域是一个点或面积很小的面，允许通过电流很小，所以常用于电流较小的电器中，如继电器触头和接触器的辅助触头。线接触由两个圆柱面形的触头构成，又称为指形触头，它的接触区域是一条直线或一条窄面，允许通过的电流较大，常用作中等容量接触器的主触头。面接触是两个平面形触头接触，由于接触区有一定的面积，可以通过很大的电流，常用于大容量的接触器中，做主触头用。

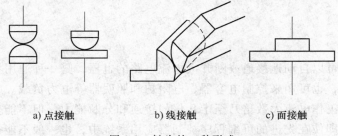

a) 点接触   b) 线接触   c) 面接触

图 1-3 触头的三种形式

1.2.3 灭弧系统

电弧是在触头由闭合状态过渡到断开状态的过程中产生的。触头的断开过程是逐步进行的，开始时接触面积逐渐减小，接触电阻随之增加，温升随之增加，电弧的高温能将触头烧损，并可能造成其他事故，因此，应采用适当措施迅速熄灭电弧。

1. 常用的灭弧方法

1）迅速增大电弧长度。电弧长度增加，使触头间隙增加，电场强度降低，同时又使散热面积增大，降低电弧温度，使自由电子和空穴复合的运动加强，因而电荷容易熄灭。

2）冷却。使电弧与冷却介质接触，带走电弧热量，也可使自由电子和空穴的复合运动得以加强，从而使电弧熄灭。

2. 常用的灭弧装置

1）电动力吹弧。电动力吹弧如图 1-4 所示，图中所示的桥式触头在分断时本身就具有电动力吹弧功能，不用任何附加装置，便可使电弧迅速熄灭。这种方法多用于小容量交流接触器中。

2）磁吹灭弧。在一个与触头串联的磁吹线圈产生的磁场作用下，电弧受电磁力的作用而拉长，被吹入由固体介质构成的灭弧罩内，与固体介质相接触，电弧被冷却而熄灭。

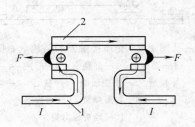

图 1-4 电动力吹弧
1—静触头 2—动触头

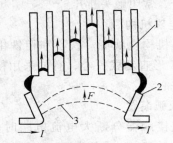

图 1-5 栅片灭弧
1—灭弧栅片 2—触头 3—电弧

3）栅片灭弧。灭弧栅是由一组薄金属栅片（一般为铜片）组成，如图 1-5 所示。当触头分开时，产生的电弧在电动力的作用下被推入一组金属栅片中而被分割成数段，彼此绝缘的金属栅片的每一片都相当于一个电极，因而就有许多个阴阳极电压降。对交流电弧来说，近阴极处，在电弧过零时就会出现一个 150～250V 的介质强度，使电弧无法继续维持而熄灭。由于栅片灭弧装置的灭弧效果在交流时要比直流时强很多，因此交流电器常常采用栅片灭弧。

1.3 　接触器

接触器是一种可以自动地接通或断开大电流电路的电器，是一种通用型很强的电器，主要用来控制电动机，也可用来控制电容器、电阻炉和照明器等电力负载。它具有低电压释放保护功能，具有比工作电流大数倍乃至十几倍的接通和分断能力，但不能分断短路电流。它是一种执行电器，即使在先进的可编程序控制器应用系统中，也一般不能被取代。

接触器的触头系统可以用电磁铁、压缩空气或液体压力等驱动，因而可分为电磁式接触器、气动式接触器和液压式接触器，其中电磁式接触器应用最为广泛。电磁式接触器是利用电磁吸力的作用使主触头闭合或分断电动机电路或其他负载电路的控制电器。根据接触器主触头通过的电流种类，可分为交流接触器和直流接触器。

1.3.1　接触器的结构

接触器主要由触头系统、电磁机构、灭弧装置、反力装置、支架和底座等组成。图 1-6 所示为交流接触器的结构示意图。

1. 触头系统

触头是接触器的执行元件，用来接通和断开电路。触头系统由主触头和辅助触头组成，主触头接在控制对象的主电路中（常常串联在低压断路器之后）控制其通断，辅助触头一般容量较小，用来切换控制电路。每对触头均由静触头和动触头组成，动触头与电磁机构的衔铁相连。当接触器的电磁线圈得电时，衔铁带动动触头动作，使接触器的常开触头闭合，常闭触头断开。

2. 电磁机构

电磁机构由线圈、铁心和衔铁组成，铁心一般都是双 E 形直动式铁心，有的采用衔铁沿轴转动的拍合式铁心。

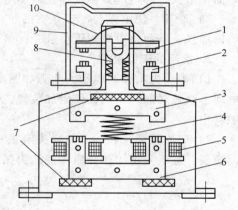

图 1-6　交流接触器的结构示意图
1—动触头　2—静触头　3—衔铁　4—缓冲弹簧　5—电磁线圈　6—铁心　7—垫毡
8—触头弹簧　9—灭弧罩
10—触头压力簧片

3. 灭弧装置

交流接触器分断大电流电路时，往往会在动、静触头之间产生很强的电弧。电弧一方面会烧伤触头，另一方面会使电路切断时间延长，甚至会引起其他事故。因此，灭弧是接触器的主要任务之一。

容量相对较小（10A 以下）的交流接触器一般采用的灭弧方法是双断口触头和电动力吹弧；容量相对较大（20A 以上）的交流接触器一般采用栅片灭弧。

4. 反力装置

反力装置由释放弹簧和触头组成，它们均不能进行弹簧松紧的调节。

5. 支架和底座

支架和底座用于接触器的固定和安装。

1.3.2　接触器的主要技术参数

1. 额定电压

接触器铭牌上的额定电压是指主触头的额定工作电压, 其等级如下:

直流接触器 220V, 440V, 660V。

交流接触器 220V, 380V, 500V, 660V, 1140V。

2. 额定电流

接触器铭牌上的额定电流是指在正常工作条件下主触头允许通过的长期工作电流, 一般按下面等级制造:

直流接触器等级　25A, 40A, 60A, 100A, 150A, 250A, 400A, 600A。

交流接触器等级　10A, 15A, 25A, 40A, 60A, 100A, 150A, 250A, 400A, 600A。

3. 线圈的额定电压

线圈的额定电压等级如下:

直流线圈 24V, 48V, 220V。

交流线圈 36V, 127V, 220V, 380V。

4. 动作值

动作值是指接触器的吸合电压与释放电压。原部颁标准规定接触器在额定电压 85% 以上时, 应可靠吸合。释放电压不高于线圈额定电压的 70%。

5. 接通与分断能力

接通与分断能力是指接触器的主触头在规定的条件下能可靠地接通和分断的电流值, 在该电流时不应该发生熔焊、飞弧和过分磨损等。

6. 机械寿命和电气寿命

接触器是频繁操作电器, 应有较长的机械寿命和电气寿命。目前有些接触器的机械寿命已达到一千万次以上; 电气寿命是机械寿命的 5% ~ 20%。

7. 操作频率

操作频率是指每小时接通的次数。交流接触器最高为 600 次/h; 直流接触器可高达 1200 次/h。

1.3.3　接触器型号含义、图形符号和文字符号

1. 交流接触器型号的含义

交流接触器型号的含义如下:

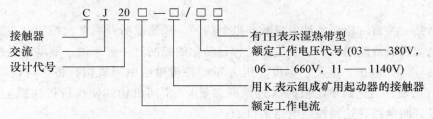

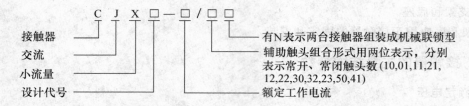

2. 直流接触器型号的含义

直流接触器型号的含义如下：

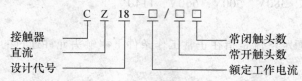

3. 接触器的图形符号和文字符号

接触器在电路中的图形符号和文字符号如图 1-7 所示。

a) 吸引线圈　　　b) 主触头　　　c) 常开辅助触头　　　d) 常闭辅助触头

图 1-7　接触器的图形符号和文字符号

1.3.4　接触器的选用

选用接触器时，应从其工作条件出发主要考虑下列因素：

1）控制交流负载时，应选用交流接触器；控制直流负载时应选用直流接触器。

2）接触器的使用类型应与负载性质相一致。

3）主触头的额定电压应大于或等于负载电路的电压。

4）主触头的额定工作电流应大于或等于负载电路的电流。还要注意的是，接触器主触头的额定工作电流是在规定条件下（额定工作电压、使用类型、操作频率等）能够正常工作的电流值，当实际使用条件不同时，这个电流也随之改变。

5）吸引线圈的额定电压应与控制回路电压相一致，接触器线圈两端电压在额定电压85% 及以上时应能可靠吸合。

1.4　继电器

继电器是一类通过检测各种电量或非电量信号，接通或断开小电流控制电路的电器，被广泛用于电动机或线路的保护以及生产过程自动化的控制。一般来说，继电器通过测量环节输入外部信号（如电压、电流、温度、压力等）并传递给中间机构，将它与设定值（即整定值）进行比较，当达到整定值时（过量或欠量），中间机构就使执行机构产生输出动作，从而闭合或分断电路，达到控制电路的目的。

尽管继电器与接触器都是用来自动接通和断开电路，但也有不同之处。首先，继电器一般用于控制电路中，控制小电流电路，触头额定电流不大于 5A，所以不加灭弧装置；而接触器一般用于主电路中，控制大电流电路，主触头额定电流不小于 5A，需加灭弧装置。其次，接触器一般只能对电压的变化做出反应，而各种继电器可以在相应的各种电量或非电量作用下动作。

继电器的种类很多，按输入信号的性质分为：电压继电器、电流继电器、时间继电器、温度继电器、速度继电器及压力继电器等。按工作原理分为：电磁式继电器、感应式继电器、电动式继电器、热继电器和电子式继电器等。按输出形式分为：有触头继电器和无触头继电器两类。按用途分为：控制用继电器和保护用继电器等。本节只介绍几种常用的继电器。

1.4.1　电流继电器和电压继电器

根据输入（线圈）电流大小而动作的继电器称为电流继电器，按用途还可分为过电流继电器和欠电流继电器。过电流继电器的任务是当电路发生短路及过电流时立即将电路切断，因此过电流继电器线圈通过的电流小于整定电流时继电器不动作，只有超过整定电流时，继电器才动作。过电流继电器的动作电流整定范围为：交流过电流继电器为（110% ~ 350%）I_N，直流过电流继电器为（70% ~ 300%）I_N。欠电流继电器的任务是当电路电流过低时立即将电路切断，因此欠电流继电器线圈通过的电流大于或等于整定电流时，继电器吸合，只有电流低于整定电流时，继电器才释放。欠电流继电器动作电流整定范围为：吸合电流为（30% ~ 50%）I_N，释放电流为（10% ~ 20%）I_N。欠电流继电器一般是自动复位的。

与此类似，电压继电器是根据输入电压大小而动作的继电器，过电压继电器动作电压整定范围为（105% ~ 120%）I_N，欠电压继电器吸合电压调整范围为（30% ~ 50%）U_N，释放电压调整范围为（7% ~ 20%）U_N。

下面以 JL18 系列电流继电器为例，介绍其规格表示方法和型号意义：

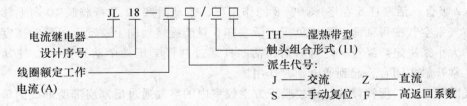

电流继电器和电压继电器的图形符号和文字符号如图 1-8 所示。

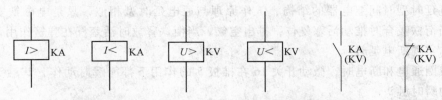

a) 过电流线圈　b) 欠电流线圈　c) 过电压线圈　d) 欠电压线圈　e) 常开触头　f) 常闭触头

图 1-8　电流继电器和电压继电器的图形符号和文字符号

1.4.2 中间继电器

中间继电器的作用是将一个输入信号变成多个输出信号或将信号放大（即增大触头容量）的继电器。中间继电器在结构上是一个电压继电器，但它的触头数多、触头容量大（额定电流为 5～10A），是用来转换控制信号的中间元件。其输入是线圈的通电或断电信号，输出信号为触头的动作，主要用途是当其他继电器的触头数或触头容量不够时，可借助中间继电器扩大它们的触头数或触头容量。

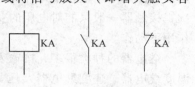

a) 线圈　　b) 常开触头　　c) 常闭触头
图 1-9　中间继电器的图形
符号和文字符号

中间继电器的图形符号和文字符号如图 1-9 所示。

1.4.3 时间继电器

在生产中经常需要按一定的时间间隔来对生产机械进行控制，例如电动机的减压起动需要一定的时间，然后才能加上额定电压；在一条自动线中的多台电动机，常需要分批起动，在第一批电动机起动后，需经过一定时间，才能起动第二批等。这类自动控制称为时间控制。时间控制通常是利用时间继电器来实现的。

时间继电器是一种利用电磁原理或机械动作原理实现触头延时接通或断开的自动控制电器。其种类很多，常用的有电磁式、空气阻尼式、电动式和电子式等。电子式时间继电器按其构成分为晶体管式时间继电器和数字式时间继电器。这里仅介绍空气阻尼式时间继电器和晶体管式时间继电器。

1. 空气阻尼式时间继电器

空气阻尼式时间继电器由电磁机构、工作触头及气室三部分组成，它的延时是靠空气的阻尼来实现的。常见的型号有 JS7-A 系列，如图 1-10 所示，按其控制原理分为通电延时和断电延时两种类型。现以通电延时型为例说明其工作原理。当线圈 1 得电后衔铁（动铁心）3 被铁心 2 吸合，活塞杆 6 在塔形弹簧 8 的作用下，带动活塞 12 及橡胶膜 10 向上移动，橡胶膜下方气室空气变得稀薄，形成负压，活塞杆 6 只能缓慢地向上移动，其移动速度由进气孔气隙的大小来决定。经过一定延时后，活塞杆通过杠杆 7 压动微动开关 15，使其常闭触头断开，常开触头闭合，起到通电延时作用。

当线圈断电时，衔铁释放，橡胶膜下方空气室内的空气通过活塞肩部所形成的单向阀迅速排出，使活塞杆、杠杆、微动开关等迅速复位。由线圈得电到触头动作的一段时间即为时间继电器的延时时间，其大小可以通过调节螺钉 13 调节进气孔气隙大小来改变。

断电延时型时间继电器的结构、工作原理与通电延时型相似，只是电磁铁安装方向不同，即当衔铁吸合时推动活塞复位，排出空气。当衔铁释放时活塞杆在弹簧作用下使活塞向下移动，实现断电延时。

在线圈通电和断电时，微动开关 16 在推板 5 的作用下都能瞬时动作，其触头即为时间继电器的瞬时触头。

空气阻尼式时间继电器延时时间有 0.4～180s 和 0.4～60s 两种规格，具有延时范围较宽、结构简单、工作可靠、价格低廉及寿命长等优点，是机床交流控制电路中常用的时间继电器，它的缺点是延时精度较低。

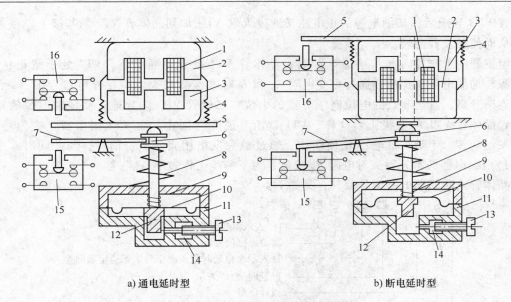

a) 通电延时型　　　　　　　　　　b) 断电延时型

图 1-10　JS7-A 系列时间继电器

1—线圈　2—铁心　3—衔铁　4—反力弹簧　5—推板　6—活塞杆　7—杠杆　8—塔形弹簧　9—弱弹簧
10—橡胶膜　11—空气室壁　12—活塞　13—调节螺钉　14—进气孔　15、16—微动开关

我国生产的新产品 JS23 系列可取代 JS7-A、B 及 JS17 等老产品。JS23 系列时间继电器的型号意义如下：

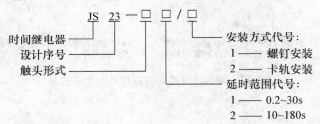

2. 晶体管式时间继电器

晶体管式时间继电器是以 RC 电路电容充电时，电容器上的电压逐步上升的原理为延时基础。其特点是延时范围广、精度高、体积小、方便调节、寿命长，是目前发展最快、最有前途的电子器件。图 1-11 所示是采用非对称双稳态触发器的晶体管式时间继电器原理图。

整个电路可分为主电源、辅助电源、双稳态触发器及其附属电路等几部分。主电源是带电容滤波的半波整流电路，它是双稳态触发器和输出继电器的工作电源。辅助电源也是带电容滤波的

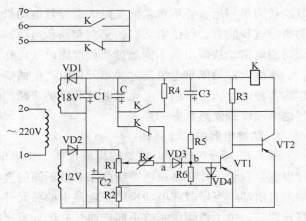

图 1-11　晶体管式时间继电器原理图

半波整流电路，它与主电源叠加起来作为 R、C 环节的充电电源。另外，在延时过程结束、

二极管 VD3 导通后，辅助电源的正电压又通过 R 和 VD3 加到晶体管 VT1 的基极上，使之截止，从而使触发器翻转。

触发器的工作原理是：接通电源时，晶体管 VT1 处于导通状态，VT2 处于截止状态。主电源与辅助电源叠加后，通过可变电阻 R_1 和 R 对电容器 C 充电。在充电过程中，a 点的电位逐渐升高，直至 a 点的电位高于 b 点的电位，二极管 VD3 则导通，使辅助电源的正电压加到晶体管 VT1 的基极上。这样，VT1 就由导通变为截止，而 VT2 则由截止变为导通，使触发器翻转。于是，继电器 K 便动作，通过触头发出相应的控制信号。与此同时，电容器 C 经由继电器的常开触头对电阻 R_4 放电，为下一步工作做准备。

晶体管式时间继电器型号及其含义如下：

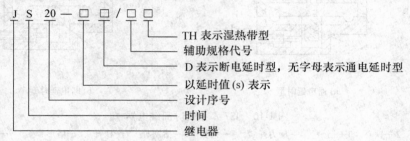

时间继电器的图形符号和文字符号如图 1-12 所示。

a) 通电延　　b) 断电延　　c) 通电延时闭　　d) 通电延时断　　e) 断电延时断　　f) 断电延时闭　　g) 瞬时常开、
时线圈　　　时线圈　　　合的常开触头　　开的常闭触头　　开的常开触头　　合的常闭触头　　常闭触头

图 1-12　时间继电器的图形符号和文字符号

1.4.4　热继电器

在电力拖动控制系统中，当三相交流电动机出现长期带负荷欠电压运行、长期过载运行以及长期单相运行等不正常情况时，会导致电动机绕组严重过热乃至烧坏。为了充分发挥电动机的过载能力，保证电动机的正常起动和运转，而当电动机一旦出现长时间过载时又能自动切断电路，从而出现了能随过载程度而改变动作时间的电器，这就是热继电器。

热继电器是依靠电流流过发热元件时产生的热，使双金属片发生弯曲而推动执行机构动作的一种电器，主要用于电动机的过载保护、断相保护及电流不平衡运行的保护，还可用于其他电气设备发热状态的控制。

1. 热继电器的工作原理

图 1-13 所示为热继电器的结构原理图，热继电器主要由热元件、双金属片和触头三部分组成。双金属片 2 是用两种线膨胀系数不同的金属片通过机械碾压而成，一端固定，另一端为自由端。当串联在电动机定子电路中的热元件有电流通过时，热元件产生的热量使两金属片伸长。由于线膨胀系数不同，而且它们又紧密结合在一起，所以，双金属片 2 就会发生弯曲。电动机正常运行时，双金属片 2 的弯曲程度不足以使热继电器动作。当电动机过载时，热元件中产生的热量增大，使双金属片弯曲程度加大，经过一段时间后，双金属片 2 弯

曲推动导板 4，并通过补偿双金属片 5 与推
杆 14 将动触头 9 和静触头 6 分开，动触头 9
和静触头 6 为热继电器串联于接触器线圈回
路的常闭触头，断开后使接触器失电，接触
器的常开触头断开电动机等负载电路，保护
了电动机等负载。补偿双金属片 5 可以在规
定范围内（ -30 ～ 40℃）补偿环境温度对热
继电器的影响。

　　调节旋钮 11 是一个偏心轮，它与支撑件
12 构成一个杠杆，转动偏心轮，即可改变补
偿双金属片 5 与导板 4 间的距离，从而达到
调节整定动作电流值的目的，此外，靠调节
复位螺钉 8 来改变常开静触头 7 的位置使热
继电器能工作在手动复位和自动复位两种工
作状态。调试手动复位时，在故障排除后需
按下按钮 10 才能使动触头 9 恢复与静触头 6 相接触的位置。

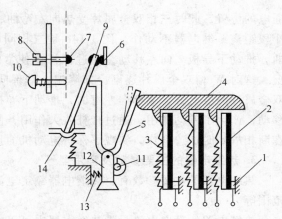

图 1-13　热继电器的结构原理图
1—固定端　2—双金属片　3—热元件　4—导板
5—补偿双金属片　6—静触头　7—常开静触头
8—复位螺钉　9—动触头　10—按钮　11—调节
旋钮　12—支撑件　13—弹簧　14—推杆

2. 带断相保护的热继电器

　　三相电动机的一根接线松开或一相熔丝熔断，
是造成三相异步电动机烧坏的主要原因之一。如
果热继电器所保护的电动机为丫联结，当线路发
生一相断电时，另外两相电流便增大很多，由于
线电流等于相电流，流过电动机绕组的电流和流
过热继电器的电流增加的比例相同，因此普通的
两相或三相热继电器可以对此做出保护。如果电
动机是△联结，发生断相时，由于电动机的相电
流与线电流不等，流过电动机绕组的电流和流过
热继电器的电流增加比例不相同，而热继电器又
串联在电动机的电源进线中，按电动机的额定电
流即线电流来整定，整定值较大。当故障线电流
达到额定电流时，在电动机绕组内部，电流较大
的那一相绕组的故障电流超过额定相电流，便有
过热烧毁的危险。所以电动机△联结时必须采用
带断相保护的热继电器。

　　带断相保护的热继电器是在普通热继电器的
基础上增加一个差动机构，对一个电流进行比较。
差动式断相保护装置结构动作原理如图 1-14 所示。
热继电器的导板改为差动机构，有上导板 1、下导
板 2 及杠杆 5 组成，它们之间都用转轴连接。
图 1-14a 为通电前各部件的位置。图 1-14b 为正常

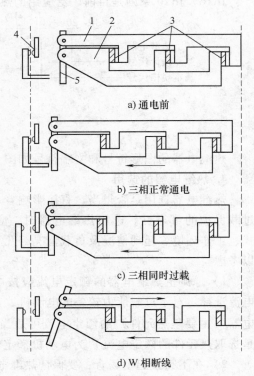

a) 通电前

b) 三相正常通电

c) 三相同时过载

d) W 相断线

图 1-14　热继电器差动式断相
保护装置结构动作原理图
1—上导板　2—下导板　3—双金属片
4—常闭触头　5—杠杆

通电的位置，此时三相双金属片受热向左弯曲，但弯曲的程度不够，所以下导板向左移动一小段距离，继电器不动作。图 1-14c 是三相同时过载时的情况，三相双金属片同时向左弯曲，推动下导板 2 向左移动，通过杠杆 5 使常闭触头立即打开。图 1-14d 是 W 相断线的情况，这时 W 相双金属片逐渐冷却降温，端部向右移动推动上导板 1 向右移动。而另外两相双金属片温度上升，端部向左弯曲，推动下导板 2 继续向左移动。由于上、下导板一右一左移动，产生了差动作用，通过杠杆放大作用，使常闭触头打开。由于差动作用，使热继电器在断相故障时加速动作，实现了保护电动机的目的。

3. 热继电器的主要参数及常用型号

热继电器的主要参数有：热继电器额定电流，相数，热元件额定电流，整定电流及调节范围等。

热继电器的额定电流是指热继电器中可以安装的热元件的最大整定电流值。热元件的额定电流是指热元件的最大整定电流值。

热继电器的整定电流是指热元件能够长期通过而不致引起热继电器动作的最大电流值。通常热继电器的整定电流是按电动机的额定电流整定的。对于安装有某一热元件的热继电器，可手动调节整定电流调节旋钮，通过偏心轮机构调整双金属片与导板间的距离，能在一定范围内调节其电流的整定值，使热继电器更好地保护电动机。

JR16、JR20 系列是目前广泛应用的热继电器，其型号意义如下：

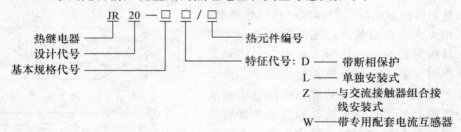

热继电器的图形符号和文字符号如图 1-15 所示。

4. 热继电器的选用

热继电器选用是否得当，直接影响着对电动机进行过载保护的可靠性。选用热继电器时，应按电动机形式、工作环境、起动情况及负载情况等几个方面综合加以考虑。

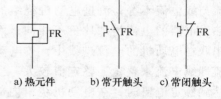

图 1-15　热继电器的图形
符号和文字符号

1）原则上热继电器的额定电流应按电动机的额定电流选择。对于过载能力较差的电动机，其配用的热继电器（主要是热元件）的额定电流可适当小些。通常，选取热继电器的额定电流（实际上是选取热元件的额定电流）为电动机额定电流的 60% ~ 80%。

2）在不频繁起动场合，要保证热继电器在电动机起动过程中不产生误动作。通常，当电动机起动电流为其额定电流的 6 倍以及起动时间不超过 6s 时，若很少连续起动，就可按电动机的额定电流选取热继电器。

3）当电动机为重复短时工作时，首先注意确定热继电器的允许操作频率。因为热继电器的操作频率是很有限的，如果用它保护操作频率较高的电动机，效果很不理想，有时甚至不能使用。

热继电器的允许操作频率可按下式计算：

$$Z = K \frac{3600}{t_q \left(\dfrac{K_{ST}^2}{K_M^2} - 1 \right)} \left[\left(\frac{1.1K_f}{K_M} \right)^2 - \frac{T_D}{100} \right]$$

式中，K 为选用系数，其值为 $0.8 \sim 0.9$；t_q 为电动机起动时间（s）；K_{ST} 为电动机起动电流倍数（$K_{ST} = I_{ST}/I_e$，I_{ST} 为电动机起动电流，I_e 为热继电器整定电流）；K_M 为电动机负载电流倍数（$K_M = I_M/I_e$，I_M 为电动机负载电流）；K_f 为热继电器整定电流倍数，即热继电器整定电流与电动机额定电流之比；T_D 为通电持续率。

对于可逆运行和频繁通断的电动机，不宜采用热继电器保护，必要时可采用装入电动机内部的温度传感器进行保护。

1.4.5　速度继电器

速度继电器是根据电磁感应原理制成的，常用来在三相交流异步电动机反接制动转速过零时，自动切除反相序电源。图 1-16 所示为其结构原理图。

根据图 1-16 可知，速度继电器主要由转子、定子、圆环（笼型空心绕组）、触头、摆杆和簧片等部分组成。转子由一块永久磁铁制成，与电动机同轴相连，用以接受转动信号。当转子（磁铁）旋转时，笼型绕组切割转子磁场产生感应电动势，形成环内电流。转子转速越高，这一电流就越大。此电流与转子磁场相互作用，产生电磁转矩，圆环在此转矩的作用下带动摆杆，克服弹簧弹性力而顺转子转动的方向摆动，并拨动触头改变其通断状态（在摆杆左右各设一组切换触头，分别在速度继电器正转和反转时发生作用）。当调节弹簧弹性力时，可使速度继电器在不同转速下切换触头通断状态。

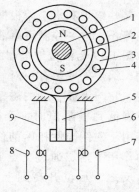

图 1-16　速度继电器结构原理图
1—转轴　2—转子　3—定子
4—绕组　5—摆杆　6、9—
簧片　7、8—静触头

速度继电器的动作速度一般不低于 120r/min，复位转速约在 100r/min 以下，该数值可以调整。工作时，允许的转速高达 1000 ~ 3600r/min。由速度继电器的正转和反转切换触头的动作，来反映电动机转向和速度的变化。常用的型号有 JY1 和 JF20 型。

速度继电器的图形符号和文字符号如图 1-17 所示。

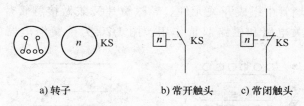

a) 转子　　　　　　　b) 常开触头　　c) 常闭触头

图 1-17　速度继电器的图形符号和文字符号

1.4.6　压力继电器

压力继电器广泛用于各种气压和液压控制系统中，通过检测气压或液压的变化，发出信号，控制电动机的起停，从而提供保护。

图 1-18 为一种简单的压力继电器结构示意图，由微动开关、给定装置、压力传送装置及继电器外壳等几部分组成。给定装置包括给定螺母、平衡弹簧 3 等。压力传送装置包括入油口管道接头 5、橡胶膜 4 及滑杆 2 等。当压力继电器使用于机床润滑油泵的控制时，润滑油经入油口管道接头 5 进入油管，将压力传送给橡胶膜 4，当油管内的压力达到某给定值时，橡胶膜 4 便受力向上凸起，推动滑杆 2 向上，压合微动开关 1，发出控制信号。旋转平衡弹簧 3 上面的给定螺母，便可调节弹簧的松紧程度，从而改变动作压力的大小，以适应控制系统的需要。

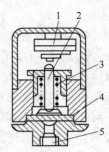

图 1-18　压力继电器结构示意图

1—微动开关　2—滑杆　3—平衡弹簧　4—橡胶膜　5—入油口管道接头

1.4.7　液位继电器

某些锅炉和水箱需根据液位的高低变化来控制水泵电动机的起动和停止，这一控制可由液位继电器来完成。

图 1-19 为液位继电器的结构示意图。浮筒置于被控锅炉或水箱内，浮筒的一端有一根磁钢，锅炉外壁装有一对触头，动触头的一端也有一根磁钢，它与浮筒一端的磁钢相对应。当锅炉或水箱内的水位降低到极限值时，浮筒下落使磁钢端绕支点 A 上翘。由于磁钢同性相斥的作用，使动触头的磁钢端受排斥力作用下落，通过支点 B 使触头 1－1 接通、2－2 断开。反之，水位升高到上限位置时，浮筒上浮使触头 2－2 接通、1－1 断开。显然，液位继电器的安装位置决定了被控的液位。

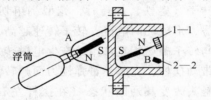

图 1-19　液位继电器的结构示意图

1.4.8　干簧继电器

干簧继电器由于其结构小巧、动作迅速、工作稳定、灵敏度高等优点，近年来得到广泛应用。

干簧继电器的主要部分是干簧管，它由一组或几组导磁簧片封装在充满惰性气体（如氦、氮等气体）的玻璃管中组成开关元件。导磁簧片又兼做接触簧片，即控制触头，也就是说，一组簧片起开关电路和磁路双重作用。图 1-20 为干簧继电器的结构原理图，其中

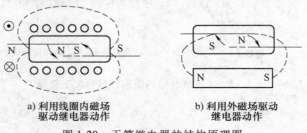

a) 利用线圈内磁场驱动继电器动作　　　b) 利用外磁场驱动继电器动作

图 1-20　干簧继电器的结构原理图

图 1-20a表示利用线圈内磁场驱动继电器动作，图 1-20b 表示利用外磁场驱动继电器动作。在磁场作用下，干簧管中的两根簧片分别被磁化而相互吸引，接通电路。磁场消失后，簧片靠本身的弹性分开。

干簧继电器有许多特点：

1）触头与空气隔绝，可有效地防止老化和污染，也不会因触头产生火花而引起附近易燃物的燃烧。

2）触头采用金、钢的合金镀层，接触电阻稳定，寿命长，为 100～1000 万次。

3）动作速度快，动作时间为 1～3ms。

4）与永久磁铁配合使用方便、灵活，还可与晶体管配套使用。

5）承受电压低，通常不超过 250V。

目前，国产干簧继电器型号有 JAG-2-1$_Z^H$A、JAG-2-2$_Z^H$A 等，型号中 H 表示常开触头，Z 表示常闭触头。

1.5　低压开关及低压断路器

低压开关和低压断路器广泛用于配电系统和电力拖动控制系统中，用做电源隔离、电气设备的保护和控制。

1.5.1　刀开关

低压刀开关简称刀开关，由操作手柄、触刀、触头插座和绝缘底板等组成，图 1-21 为其结构简图。刀开关在电路中常起隔离作用，故又称为隔离器。

刀开关的主要类型有：带灭弧装置的大容量刀开关、带熔断器的开启式负荷开关（俗称胶盖开关）、带灭弧装置和熔断器的封闭式负荷开关（俗称铁壳开关）等。

刀开关型号含义如下：

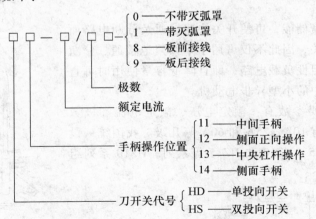

刀开关的主要技术参数有额定电压、额定电流、分断能力、使用场合和极数等。在选用刀开关时，刀开关的额定电压应大于或等于电路的额定电压，额定电流亦然。

近年来，我国研制的新产品有 HD18、HD17、HS17 等系列刀开关，HG1 系列熔断器式隔离器等。

刀开关的图形符号和文字符号如图 1-22 所示。

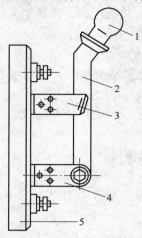

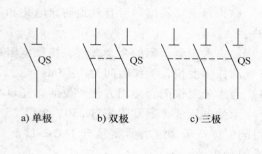

a) 单极　　　　b) 双极　　　　c) 三极

图 1-21　刀开关结构简图

1—操作手柄　2—触刀　3—触
头插座　4—支座　5—绝缘底板

图 1-22　刀开关的图形符号和文字符号

1.5.2　组合开关

　　组合开关又称转换开关，也是一种刀开关，不过它的动触头（刀片）是转动式的，操作比较轻巧，它的动触头（刀片）和静触头装在封闭的绝缘件中，采用叠装式结构，其层数由动触头数量决定，动触头装在操作手柄的转轴上，随转轴旋转而改变各对触头的通断状态。组合开关的结构如图 1-23 所示。

　　由于采用了扭簧储能，可使开关快速接通及分断电路而与手柄旋转速度无关，因此不仅可用于不频繁地接通、分断及转换交、直流电阻性负载电路，而且降低容量使用时可直接起动和分断运转中的小型异步电动机。

　　组合开关的主要参数有：额定电压、额定电流和极数等。其中额定电流有 10A、25A 和 60A 等几级。我国统一设计的常用产品有 HZ5、HZ10 和 HZ15 等系列。HZ10 系列组合开关型号含义如下：

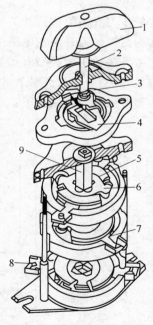

图 1-23　组合开关的结构

1—手柄　2—转轴　3—弹簧
4—凸轮　5—绝缘底板　6—
动触头　7—静触头　8—绝
缘方轴　9—接线柱

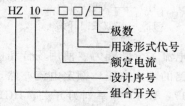

组合开关的图形符号和文字符号如图 1-24 所示。

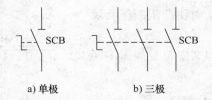

a) 单极   b) 三极

图 1-24　组合开关的图形符号和文字符号

1.5.3　低压断路器

低压断路器俗称自动开关、空气开关，常用于分配电能、不频繁地起动异步电动机以及对电源线路及电动机的保护。当发生严重过载、短路或欠电压等故障时，它能自动切断电路。它是低压配电线路中应用非常广泛的一种保护电器。

1. 低压断路器的分类

低压断路器有多种分类方法，按使用类别分为非选择型（A 型）和选择型（B 型）两类；按极数可分为单极、双极、三极和四极；按灭弧介质可分为空气式和真空式，目前应用最广泛的是空气式低压断路器；按动作速度可分为快速型和一般型；按结构形式可分为塑料外壳式和万能式。

低压断路器型号含义如下：

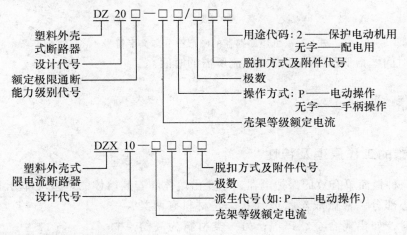

2. 低压断路器的工作原理

低压断路器主要由触头系统、操作机构和保护元件三部分组成。主触头由耐弧合金制成，采用灭弧栅片灭弧；操作机构复杂，其通断可用操作手柄操作，也可用电磁机构操作，故障时能自动脱扣，触头通断瞬时动作与手柄操作速度无关。其工作原理如图 1-25 所示。

低压断路器的主触头 2 是靠操作机构手动或电动合闸的，并由自动脱扣机构将主触头锁在合闸位置上。如果电路发生故障，自动脱扣机构在有关脱扣器的推动下动作，使锁扣脱开，于是主触头在弹簧的作用下迅速分断。过电流脱扣器 5 的线圈和过载脱扣器 6 的线圈与主电路串联，失电压脱扣器 7 的线圈与主电路并联，当电路发生短路或严重过载时，过电流脱扣器的衔铁被吸合，使自动脱扣器动作；当电路过载时，过载脱扣器的热元件产生的热量增加，使双金属片向上弯曲，推动自动脱扣器动作；当电路失电压时，失电压脱扣器的衔铁释放，也使自动脱扣器动作。分励脱扣器 8 则作为远距离分断电路使用，根据操作人员的命

令或其他信号使线圈通电，从而使低压断路器跳
闸。

低压断路器的图形符号和文字符号如图 1-26
所示。

3. 低压断路器的主要参数

（1）额定电压　指低压断路器在长期工作时
的允许电压，通常它等于或大于电路的额定电
压。

（2）额定电流　指低压断路器长期工作时的
允许持续电流。

（3）通断能力　指低压断路器在规定的电
压、频率以及规定的线路参数下，所能接通和分
断的短路电流值。

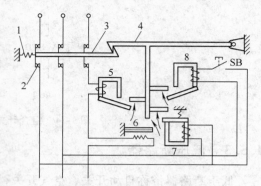

图 1-25　低压断路器工作原理图
1—分闸弹簧　2—主触头　3—传动杆　4—锁
扣　5—过电流脱扣器　6—过载脱扣器
7—失电压脱扣器　8—分励脱扣器

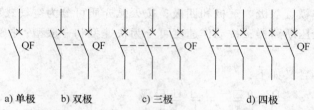

　　a) 单极　　　b) 双极　　　　c) 三极　　　　　d) 四极

图 1-26　低压断路器的图形符号和文字符号

（4）分断时间　指低压断路器切断电流所需的时间。

1.6　熔断器

1.6.1　熔断器的工作原理及特性

熔断器是一种最简单有效的保护电器，主要由熔体和安装熔体的熔管两部分组成。熔体
是熔断器的核心部分，常做成丝状或片状，其材料有两类：一
类为低熔点材料，如铝锡合金、锌等；另一类材料为高熔点材
料，如银、铜、铝等。

熔断器使用时，串联在所保护的电路中。当电路正常工作
时，熔体允许通过一定大小的电流而不熔断；当电路发生短路
或严重过载时，熔体中流过很大的故障电流，当电流产生的热
量使熔体温度上升到熔点时，熔体熔断切断电路，从而达到保
护电气设备的目的。

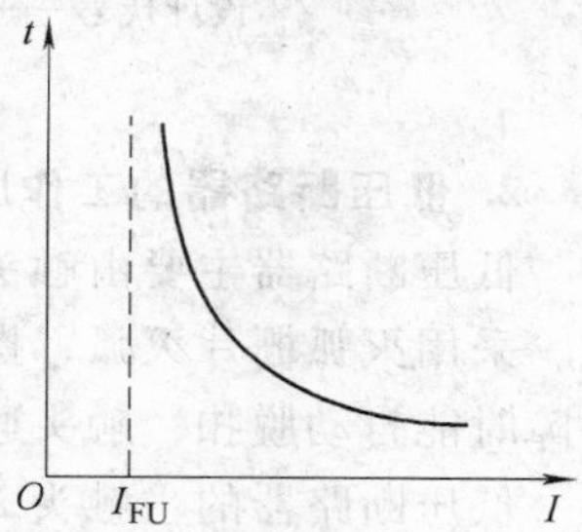

图 1-27　熔断器的保
护特性曲线

使熔断器熔体熔断的电流值与熔断时间的关系称为熔断器
的保护特性曲线，也称为熔断器的安—秒特性，如图 1-27 所示，由特性曲线可以看出，流
过熔体的电流越大，熔断所需的时间越短。熔体的额定电流 I_{FU} 是熔体长期工作而不致熔断
的电流。

1.6.2 常用熔断器的种类及技术数据

熔断器按其结构形式分有插入式（瓷插式）、螺旋式、有填料密封管式及无填料密封管式等，品种规格很多。在电气控制系统中经常选用螺旋式熔断器，它有明显的分断指示和不用任何工具就可取下或更换熔体等优点。新产品有 R16、R17 系列，可以取代老产品 RL1、RL2 系列；RLS2 系列是快速熔断器，常用于保护半导体硅整流器件及晶闸管，可取代老产品 RLS1 系列。RT1、RT15、NGT 等系列是有填料封闭管式熔断器，瓷管两端铜帽上焊有连接板，可直接安装在母线排上。RT12、RT5 系列带有熔断指示器，熔断时红色指示弹出。RT14 系列熔断器带有撞击器，熔断时撞击器弹出，既可作为熔断信号指示，也可触动微动开关以切断接触器线圈电路，使接触器断电，从而实现三相电动机的断电保护。

图 1-28 熔断器的图形符号及文字符号

熔断器型号含义如下：

熔断器的图形符号及文字符号如图 1-28 所示。

1.6.3 熔断器的技术参数

1. 额定电压

额定电压是指熔断器长期工作时和分断后能够承受的电压，其值一般等于或大于电气设备的额定电压。

2. 额定电流

额定电流是指熔断器长期工作时，温升不超过规定值时所能承受的电流。为了减少熔断管的规格，熔断管的额定电流等级比较少，而熔体的额定电流等级比较多，即在一个额定电流等级的熔断管内可以安装几个额定电流等级的熔体，但熔体的额定电流最大不能超过熔断管的额定电流。

3. 极限分断能力

极限分断能力是指熔断器在规定的额定电压和功率因数（或时间常数）的条件下，能分断的最大电流值。在电路中出现的最大电流值一般是指短路电流值，所以，极限分断能力也反映了熔断器分断短路电流的能力。

1.6.4 熔断器的选用

1）选择熔断器的类型主要根据使用场合。例如：用于电网配电时，应选择一般工业用熔断器；用于硅元件保护时，应选择保护半导体器件熔断器；供家庭使用时，宜选用螺旋式熔断器。

2）熔断器的额定电压必须大于或等于熔断器安装处的电路额定电压。

3）电路保护用熔断器熔体的额定电流基本上可按电路的额定负载电流来选择，但其极限分断能力必须大于电路中可能出现的最大故障电流。

① 对起动时间不长的场合，可按下式确定熔体的额定电流 I_{FU}。

$$I_{FU} = I_{ST}/(2.5 \sim 3) = I_N(1.5 \sim 2.5)$$

式中，I_{ST} 为电动机的起动电流；I_N 为电动机的额定电流。

② 对起动时间长或较频繁起动的场合，可按下列确定熔体的额定电流 I_{FU}。

$$I_{FU} = (1.6 \sim 2)I_{ST}$$

③ 对于有多台电动机并联的电路，考虑到电动机一般不同时起动，故熔体的电流可按下式计算：

$$I_{FU} = I_{ST.max}/(2.5 \sim 3) + \sum I_N$$

或

$$I_{FU} = I_{N \cdot max}/(1.5 \sim 2.5) + \sum I_N$$

式中，$I_{ST.max}$ 为容量最大的一台电动机的起动电流；$I_{N.max}$ 为容量最大的一台电动机的额定电流；$\sum I_N$ 为其余电动机额定电流之和。

④ 为了防止越级熔断、扩大停电事故范围，各级熔断器间有良好的协调配合，使下一级熔断器比上一级的先熔断，从而满足选择性保护要求。选择时，上下级熔断器应根据其保护特性曲线上的数据及实际误差来选择。一般老产品的选择比为 2:1，新型熔断器的选择比为 1.6:1。例如，下级熔断器额定电流为 100A，上级熔断器的额定电流最小也要为 160A，才能达到 1.6:1 的要求，若选择大于 1.6:1，则会更可靠地达到选择性保护。值得注意的是，这样将会牺牲保护的快速性，因此实际应用中应综合考虑。

⑤ 保护半导体器件用熔断器的选择。在变流装置中作短路保护时，应考虑到熔断器熔体的额定电流是用有效值表示，而半导体器件的额定电流是用通态平均电流 $I_{T(av)}$ 表示的，应将 $I_{T(av)}$ 乘以 1.57 换算成有效值。因此，熔体的额定电流可按下式计算：

$$I_{FU} = 1.57I_{T(av)}$$

1.6.5　熔断器使用维护注意事项

1）安装前应检查熔断器的型号、额定电流、额定电压、极限分断能力等参数是否符合规定要求。

2）安装时，熔断器与底座触刀应接触良好，以避免因接触不良造成温升过高，引起熔断器误动作和周围元器件损坏。

3）熔断器熔断时，应更换同一规格同一型号的熔断器。

4）工业用熔断器的更换应由专业人员更换，更换时应切断电源。

5）使用时应经常清除熔断器表面的尘埃。在定期检修设备时，如发现熔断器有损坏，应及时更换。

1.7　主令电器

主令电器是用来发布命令、改变控制系统工作状态的电器，它可以直接作用于控制电路，也可以通过电磁式电器的转换对电路实现控制，其主要类型有按钮、行程开关、万能转换开关、凸轮控制器及脚踏开关等。

1.7.1　按钮

按钮又称控制按钮，是一种结构简单、使用广泛的手动电器，在控制电路中用于手动发出控制信号以控制接触器、继电器等。

按钮一般由按钮帽、复位弹簧、触头和外壳组成，其典型结构如图 1-29 所示。它既有常开触头，也有常闭触头。静触头 1、2 与桥式动触头 5 组成常闭触头，静触头 3、4 与桥式动触头 5 组成常开触头。常态时在复位弹簧的作用下，桥式动触头 5 与静触头 1、2 闭合，与静触头 3、4 断开；当按下按钮时，桥式动触头 5 与静触头 1、2 分断，与静触头 3、4 闭合。

常用的按钮型号有 LA2、LA18、LA19、LA20 系列及新型号 LA25 系列等。LA25 系列按钮的型号含义如下：

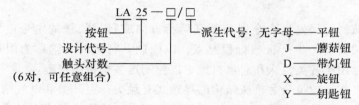

按钮的图形符号和文字符号如图 1-30 所示。

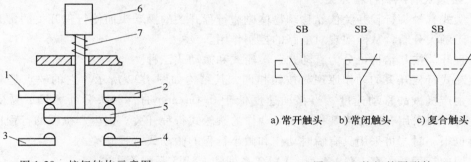

图 1-29　按钮结构示意图
1、2—常闭静触头　3、4—常开静触头
5—桥式动触头　6—复位弹簧
7—按钮帽

图 1-30　按钮的图形符
号和文字符号

按钮可做成单式（一个按钮）、复式（两个按钮）和三联式（三个按钮）的形式。为便于识别各个按钮的使用，避免误操作，通常将按钮帽做成不同颜色，以示区别。其颜色有红、绿、黄、蓝、白等，按钮颜色及其含义见表 1-1。另外还有形象化的符号可供选用，如图 1-31 所示。

表 1-1　按钮颜色及其含义

颜色	含义	典型应用
红色	危险情况下操作	紧急停止
	停止或分断	停止电动机，使电器失电
黄色	应急或干预	抑制不正常情况或中断不理想的工作周期
绿色	起动或接通	起动电动机，使电器得电
蓝色	上述几种颜色未包括的任一种功能	—
黑色、灰色、白色	无专门指定功能	

图 1-31　按钮的形象化符号

1.7.2　行程开关

依据生产机械的行程发出命令以控制其运行方向或行程长短的主令电器，称为行程开关。若将行程开关安装于生产机械行程终点，以限制其行程时，则称为限位开关或终点开关。行程开关广泛用于各类机床和起重机械中以控制这些机械的行程。

行程开关按工作原理可分为机械结构的接触式有触头行程开关和电气结构的非接触式的接近开关。下文中出现的行程开关，在未做特殊说明时，均指接触式有触头行程开关。

1. 接触式有触头行程开关

接触式有触头行程开关依靠移动物体碰撞行程开关的操动头而使行程开关的常开触头接通和常闭触头分断，从而实现对电路的控制作用。

行程开关按其结构可分为直动式、滚轮式和微动式三种。

直动式行程开关的动作原理与按钮相同，其结构如图 1-32 所示。它的缺点是分合速度取决于生产机械的移动速度，当移动速度低于 0.4m/min 时，触头分断太慢，易受电弧烧损。此时，应采用有盘形弹簧机构瞬时动作的滚轮式行程开关。当生产机械的行程比较小且作用力也很小时，可采用具有瞬时动作和微小行程的微动式行程开关。

常用的行程开关有 LX19 系列、LXK3 系列和 LXW5 系列等。

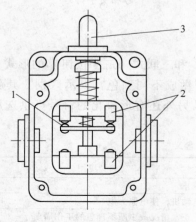

图 1-32　直动式行程开关结构图
1—动触头　2—静触头　3—推杆

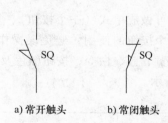

a) 常开触头　　　　b) 常闭触头

图 1-33　行程开关的图
形符号和文字符号

LXK3 系列行程开关型号意义如下：

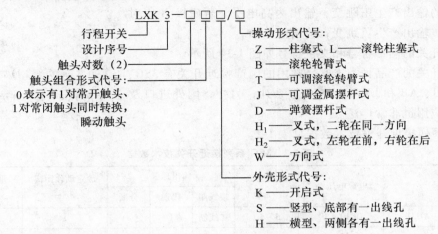

LXW 系列行程开关型号意义如下：

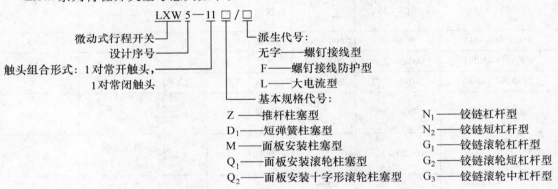

行程开关的图形符号和文字符号如图 1-33 所示。

2. 接近开关

接近开关是一种非接触式物体检测装置，也就是当某一物体接近某一信号机构时，该信号机构发出"动作"信号的开关，接近开关又称无触头行程开关。在继电器—接触器控制系统中应用时，接近开关输出电路要驱动一个中间继电器，由其触头对继电器—接触器电路进行控制。

接近开关按工作原理可分为高频振荡型、电容型及霍尔型等几种类型。

高频振荡型接近开关是一种有开关量输出的位置传感器，主要由高频振荡器、集成电路或晶体管放大电路和输出电路三部分组成。其基本工作原理是：振荡器的线圈在开关的作用表面产生一个交变磁场，当金属检测物体接近此作用表面时，在金属检测物体中将产生涡流，由于涡流的去磁作用使感应头的等效参数发生变化，由此改变振荡回路的谐振阻抗和谐振频率，使振荡停止。振荡器的振荡和停振这两个信号，经整形放大后转换成开关信号输出。

电容型接近开关主要由电容式振荡器及电子电路组成，它的电容位于传感器表面，当物体接近时，因改变了其耦合电容值，从而产生振荡和停振使输出信号发生跳变。

霍尔型接近开关由霍尔传感器组成，是将磁信号转换为电信号输出，内部的磁敏元件仅对垂直于传感器端面磁场敏感，当磁极 S 正对接近开关时，接近开关的输出产生正跳变，输出为高电平。若磁极 N 正对接近开关，输出产生负跳变，输出低电平。

接近开关的图形符号和文字符号如图 1-34 所示。

接近开关的产品种类丰富，常用的国产接近开关有 3SG、LJ、CJ、SJ、AB 和 LXJL、LXJC 等系列，另外，国外进口及引进产品应用也非常广泛。

3SG 系列接近开关技术数据见表 1-2。

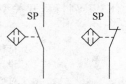

a) 常开触头　　b) 常闭触头

图 1-34　接近开关的图形符号和文字符号

表 1-2　3SG 系列接近开关技术数据

型号	电源电压/V	输出电流/mA	输出形式			额定动作距离/mm	重复定位精度/mm
			接线制	接通	分断		
3SG3231-0AH31	DC10 ~ 30	5 ~ 50	二线制	1		1	0.02
3SG2231-0AJ81	DC20 ~ 30	300	三线制	1		1	0.02
3SG3232-0AJ33	DC6 ~ 30	2 × 10 2 × 50	四线制	1	1	2	0.06
3SG3234-0AJ33	DC6 ~ 30	200 ~ 300	四线制	1	1	5	0.15
3SG3234-0NR01	AC30 ~ 250	200 ~ 300	二线制	1		8	0.2
3SG3266-1BR86	AC30 ~ 250	200 ~ 300	二线制	1	或 1	25	0.5
3SG3202-0NJ33	DC6 ~ 30	2 × 10 2 × 50	四线制	1	1	5	0.15
3SG2220-3FJ31	DC20 ~ 30	50	三线制	1		槽宽 × 深 2.6 × 15	≤0.1
3SG3275-1KJ86	DC10 ~ 30	300	三线制	1	或 1	15	0.5

1.7.3　万能转换开关

万能转换开关主要用于电气控制电路的转换、配电设备的远距离控制、电气测量仪表的转换和微电机的控制，也可用于小功率笼型异步电动机的起动、换向和变速。由于它能控制多个回路，适应复杂线路的控制要求，故有"万能"转换开关之称。

常用的万能转换开关有 LW8、LW6、LW5 及 LW2 等系列。LW6 系列万能转换开关由操作机构、面板、手柄及触头座等组成，触头座最多可以装 10 层，每层均可安装 3 对触头。

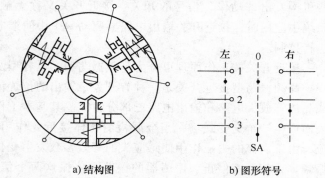

a) 结构图　　　　　　b) 图形符号

图 1-35　万能转换开关的结构示意图及图形符号

操作手柄有多挡停留位置（最多 12 个挡位），底座中间凸轮随手柄转动，由于每层凸轮设计的形状不同，所以用不同的手柄挡位，可对触头进行有预定规律的接通或分断控制。图

1-35 所示为 LW6 系列万能转换开关其中一层的结构示意图及图形符号。表达万能转换开关中的触头在各挡位的通断状态有两种方法：一种是列出表格；另一种就是借助于图 1-35b 所示的图形符号。使用图形表示时，虚线表示操作挡位，有几个挡位就画几根虚线；实线与成对的端子表示触头，使用多少对触头就可以画多少对。在虚实线交叉的地方只要标黑点就表示实线对应的触头，在虚线对应的挡位是接通的，不标黑点就意味着该触头在该挡位被分断。

1. 7. 4　凸轮控制器

凸轮控制器是一种大型的手动控制电器，也是多挡位、多触头，利用手动操作，转动凸轮去接通和分断允许通过大电流的触头转换开关。它主要用于起重设备中，直接控制中、小型绕线转子异步电动机的起动、制动、调速和换向。

凸轮控制器主要由触头、手柄、转轴、凸轮、灭弧罩及定位机构等组成，其结构原理如图 1-36 所示。当手柄转动时，在绝缘方轴上的凸轮随之转动，从而使触头组按规定顺序接通、分断电路，改变绕线转子异步电动机定子电路的接法和转子电路的电阻值，直接控制电动机的起动、调速、换向及制动。凸轮控制器与万能转换开关虽然都是用凸轮来控制触头的动作，但两者的用途完全不同。

我国生产的凸轮控制器系列有 KT10、KT14 及 KT15 系列，其额定电流有 25A、60A 及 32A、63A 等规格。

凸轮控制器的图形符号、文字符号及触头通断表示方法如图 1-37 所示。它与万能转换开关的表示方法相似，操作位置分为零位、向左、向右挡位。具体的型号不同，其触头数目的多少也不同。

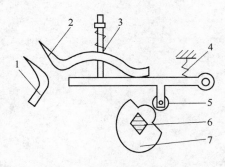

图 1-36　凸轮控制器结构原理图
1—静触头　2—动触头　3—触头弹簧
4—复位弹簧　5—滚子　6—绝缘
方轴　7—凸轮

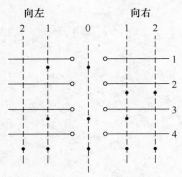

图 1-37　凸轮控制器的图形符号、
文字符号及触头通断表示方法

思考与练习题

1-1　交流接触器和直流接触器能否互换使用？为什么？

1-2　交流接触器主要由哪几部分组成？各部分的作用是什么？

1-3　电动机控制系统主电路中装有熔断器，为什么还要装热继电器？可否相互替代？在照明电路中，为什么只装熔断器而不装热继电器？

　　1-4　行程开关、万能转换开关等主令电器在电路中各起什么作用？

　　1-5　为便于识别，按钮的按钮帽做成不同颜色。在电动机控制电路中，红色和绿色按钮分别起什么控制作用？

　　1-6　简述热继电器的工作原理。带断相保护的三相热继电器用在什么场合？

第 2 章　电气控制系统的基本控制电路

2.1　电气控制系统图

电气控制系统是由电气设备及电气元器件按照一定的控制要求连接而成的。为了表达设备电气控制系统的组成结构、工作原理及安装、调试、维修等技术要求，需要用统一的工程语言即用工程图的形式来表达，这种工程图即是电气控制系统图。

由于电气控制系统图描述的对象复杂，应用领域广泛，表达形式多种多样，因此表示一项电气工程或一种电气装置的电气控制系统图有多种，如电气系统图、电气原理图、电气布置图、电气安装接线图、功能图等，都是根据国家电气制图标准，用规定的图形符号、文字符号以及规定的画法进行绘制。

2.1.1　电气控制系统图的分类

1. 电气系统图和框图

电气系统图和框图是用符号或带注释的框，概略表示系统的组成、各组成部分相互关系及其主要特征的图样，比较集中地反映了所描述工程对象的规模。

2. 电气原理图

电气原理图是为了便于阅读与分析控制电路，根据简单、清晰的原则，采用电气元器件展开的形式绘制而成的图样。包括所有电气元器件的导电器件和接线端点，但并不按照电气元器件的实际布置位置绘制，也不反映电气元器件的大小。其作用是便于详细了解工作原理，指导系统或设备的安装、调试、维修。电气原理图是电气控制系统图中最重要的种类之一，也是识图的难点和重点。

3. 电气布置图

电气布置图主要是用来表明电气设备上所有电气元器件的实际位置，为机电控制设备的制造、安装提供必要的资料。通常电气布置图与电气安装接线图组合在一起，既起到电气安装接线图的作用，又能清晰表示出电气元器件的布置情况。

4. 电气安装接线图

电气安装接线图是为了安装电气设备、为电气元器件进行配线或检修电气元器件故障服务的。它是用规定的图形符号，按各电气元器件相对位置绘制的实际接线图，它清晰地表示了各电气元器件的相对位置和它们之间的电路连接，所以电气安装接线图不仅要把同一电器的各个部件画在一起，而且各个部件的布置要尽可能符合这个电器的实际情况，但对比例和尺寸没有严格要求。图中不但要画出控制柜内部电器之间的连接，还要画出柜外电器的连接。电气安装接线图的回路标号是电气设备之间、电气元器件之间、导线与导线之间的连接标记，它的文字符号和数字符号应与原理图中的标号一致。

5. 功能图

功能图的作用是提供绘制电气原理图或其他有关图样的依据，它是表示理论的或理想的电路关系而不涉及实现方法的一种图。

6. 电气元器件明细表

电气元器件明细表是把成套装置、设备中各组成元件（包括电动机）的名称、型号、规格、数量列成表格，供准备材料及维修使用。

以上简要介绍了电气控制系统图的分类，不同的图有不同的应用场合。

2.1.2 电气控制系统图中的图形符号和文字符号

1. 图形符号

《电气简图用图形符号》国家标准（GB/T 4728.1 ~ .5—2005，GB/T 4728.6 ~ .13—2008）规定了电气图中图形符号的画法，其中规定的图形符号基本与国际电工委员会（IEC）发布的有关标准相同。图形符号由符号要素、限定符号、一般符号以及常用的非电操作控制的动作符号（如机械控制符号等），根据不同的具体元器件情况组合构成。表 2-1 所示为限定符号与一般符号等组合成各种类型开关图形符号的例子。国家标准除给出各类电气元器件的符号要素、限定符号和一般符号外，也给出了部分常用图形符号及组合图形符号示例。因为国家标准中给出的图形符号例子有限，实际使用中可通过已规定的图形符号适当进行派生。

表 2-1　部分常用的电气简图用图形符号

名称		图形符号	文字符号	名称		图形符号	文字符号
一般三极开关			QS	按钮	停止		SB
					复合		
低压断路器		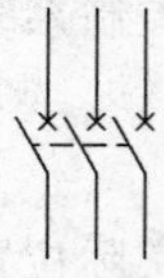	QF	热继电器	热元件		FR
行程开关	常开触头		SQ		常闭触头		
	常闭触头			熔断器式 负荷开关			QM
	复合触头			接触器	线圈	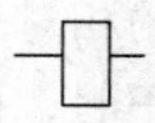	KM
按钮	起动		SB		主触头		

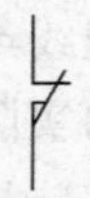

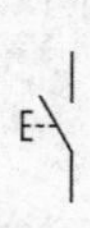

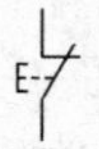

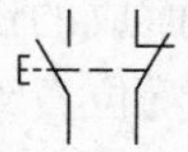

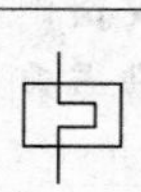

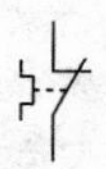

名称		图形符号	文字符号	名称		图形符号	文字符号
接触器	辅助常开触头		KM	时间继电器	通电延时型 常开触头		KT
	辅助常闭触头				线圈		
速度继电器	常开触头		KS		断电延时型 常开触头		
	常闭触头				常闭触头		
熔断器			FU		瞬时触头 常开触头		
熔断器式刀开关			QF（S）		常闭触头		
熔断器式隔离开关			QS	桥式整流装置			VR
转换开关			SA	蜂鸣器			H
继电器	线圈		K KV KI KA	灯			HL
	常开触头			电阻器			R
				插头、插座			X
	常闭触头			电磁铁			YA
时间继电器	通电延时型 线圈		KT	直流串励电动机			M
	常闭触头						

（续）

名称	图形符号	文字符号	名称	图形符号	文字符号
直流并励电动机		M	照明变压器	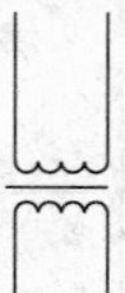	T
三相笼型异步电动机		M	控制电路电源用变压器		TC
单相变压器			直流发电机		G
整流变压器		T	接近开关常开触头		SP
			接触敏感开关常开触头	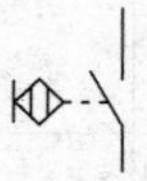	SP

2. 文字符号

国家标准 GB 7159—1987《电气技术中的文字符号制订通则》规定了电气工程图的文字符号，它分为基本文字符号和辅助文字符号。

基本文字符号有单字母符号和双字母符号，单字母符号表示电气设备、装置和元器件的大类，例如 K 表示继电器类；双字母符号由一个表示大类的单字母与另一个表示元器件某些特性的字母组成，例如 KA 表示继电器类中的中间继电器（或电流继电器），KM 表示继电器类中的接触器。

辅助文字符号用来进一步表示电气设备、装置和元器件以及线路的功能、状态和特征。

电气控制系统图中的图形符号必须按国家标准绘制。表 2-1、表 2-2 列出了部分常用的电气简图用图形符号和电气技术用文字符号，实际使用时需要更多更详细的资料，请查阅国家标准。

表 2-2　部分电气技术用文字符号

设备、装置和元器件	举例	基本文字符号		设备、装置和元器件	举例	基本文字符号	
		单字母	双字母			单字母	双字母
组件部件	抽屉柜	A	AT	保护器件	熔断器	F	FU
非电量到电量变换器或电量到非电量变换器	压力变换器	B	BP		限压保护器件		FV
	位置变换器		BQ	信号器件	声响指示器	H	HA
	温度变换器		BT		指示灯		HL
	速度变换器		BV	继电器	中间继电器	K	KA

（续）

设备、装置 和元器件	举例	基本文字符号		设备、装置 和元器件	举例	基本文字符号	
		单字母	双字母			单字母	双字母
继电器 接触器	簧片继电器	K	KR	控制、记忆、 信号电路的开 关器件选择器	控制开关	S	SA
	有/无延时继电器		KT		按钮开关		SB
	接触器		KM		压力传感器		SP
	压力继电器		KP		位置传感器		SQ
测量设备 试验设备	电流表	P	PA		温度传感器		ST
	电能表		PJ	变压器	电流互感器	T	TA
	记录仪		PS		控制电路电源用变压器		TC
	电压表		PV		电力变压器		TM
	时钟、操作时间表		PT		电压互感器		TV
电力电路的 开关器件	断路器	Q	QF	端子、插头、 插座	插头	X	XP
	电动机保护开关		QM		插座		XS
	隔离开关		QS		端子板		XT
电阻器	电位器	R	RP	电气操作的 机械器件	电磁铁	Y	YA
	热敏电阻器		RT		电磁阀		YV
	压敏电阻器		RV		电磁离合器		YC

3. 三相电气设备各接点标记

如图 2-1 所示的某机床电气原理图中，三相交流电源引入线采用 L1、L2、L3 标记，保护接地用 PE 标记。

电源开关之后的三相交流电源主电路分别按 U、V、W 顺序标记。分级三相交流电源主电路采用 U1、V1、W1 和 U2、V2、W2 标记。

各电动机分支电路各接点标记采用三相文字代号后面加数字来表示，数字中的十位数字表示电动机代号，个位数字表示该支路各接点的代号，从上而下按数值大小标记。

电动机绕组首端分别用 U、V、W 标记，尾端分别用 U′、V′、W′标记，双绕组的中点用 U″、V″、W″标记。

控制电路采用阿拉伯数字进行编号，一般由三位或三位以下的数字组成。标记方法按"等电位"原则进行，在垂直绘制的电路中，一般由上而下编号，凡是被触头、电气元器件等隔离的线段，都应标以不同的电路标记。

2.1.3　电气原理图的绘制原则

前面介绍了很多电气控制系统图，根据实际应用情况及学生的实际需要，这里重点介绍电气原理图。

为便于阅读和分析控制电路，应根据结构简单、层次分明清晰的原则，采用电气元器件展开形式绘制电气原理图。

下面以图 2-1 所示的某机床电气原理图为例，来说明电气原理图的规定画法和应注意的事项。

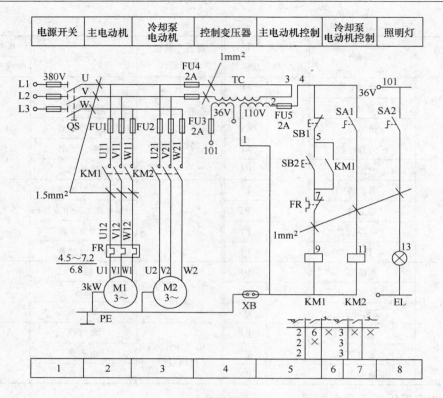

a) 控制电路图

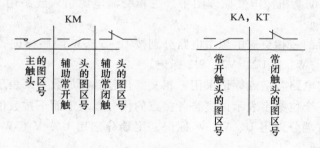

b) 触头位置图

图 2-1 某机床电气原理图

1. 绘制电气原理图时应遵循的原则

1) 电气原理图一般分为主电路和辅助电路两部分。主电路是电路中大电流通过的部分，包括从电源到电动机之间相连的电气元器件，一般由组合开关、熔断器、接触器主触头、热继电器的热元件和电动机等组成。辅助电路是除主电路以外的电路，其流过的电流比较小。辅助电路包括控制电路、照明电路、信号电路和保护电路。其中控制电路由按钮、接触器和继电器的线圈及辅助触头、热继电器触头和保护电器触头等组成。

2) 电气原理图中所有电气元器件都应采用国家标准中统一规定的图形符号和文字符号表示。

3) 电气原理图中电气元器件的布局，应根据便于阅读的原则安排。主电路安排在图面左侧或上方，辅助电路安排在图面右侧或下方。无论主电路还是辅助电路，均按功能布置，尽可能按动作顺序从上到下、从左到右排列。

4）电气原理图中，当同一电气元器件的不同部件（如线圈、触头）分散在不同位置时，为了表示是同一元器件，要在电气元器件的不同部件处标注统一的文字符号。对于同类元器件，要在其文字符号后加数字序号来区别。如两个接触器，可用 KM1、KM2 文字符号区别。

5）电气原理图中，所有电器的可动部分均按没有通电或没有外力作用时的状态画出。对于继电器、接触器的触头，按其线圈不通电时的状态画出；控制器按手柄处于零位时的状态画出；对于按钮、行程开关等的触头，按未受外力作用时的状态画出。

6）电气原理图中，应尽量减少线条和避免线条交叉。各导线之间有电联系时，在导线交点处画实心圆点。根据图面布置需要，可以将图形符号旋转绘制，一般逆时针方向旋转 90°，但文字符号不可倒置。

2. 图面区域的划分

图 2-1a 下方的 1、2、3…等数字是图区的编号，它是为了便于检索电气线路，方便阅读分析从而避免遗漏设置的。图区编号也可设置在图的上方。

图区上方的文字表明它对应的下方元器件或电路的功能，使读者能清楚地知道某个元器件或某部分电路的功能，以利于理解全部电路的工作原理。

3. 符号位置的索引

符号位置的索引用图号、页次和图区编号的组合索引法，索引代号的组成如下：

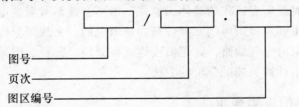

图号是指当某设备的电气原理图按功能多册装订时，每册的编号，一般用数字表示。

当某一元器件相关的各符号元素出现在不同图号的图样上，而当每个图号仅有一页图样时，索引代号中可省略"页次"及分隔符"·"。

当某一元器件相关的各符号元素出现在同一图号的图样上，而该图号有几张图样时，可省略"图号"和分隔符"/"。

当某一元器件相关的各符号元素出现在只有一张图样的不同图区时，索引代号只用"图区"编号表示。

图 2-1 中接触器 KM 线圈及继电器 KA 线圈下方的文字是接触器 KM 和继电器 KA 相应触头的索引。电气原理图中，接触器和继电器线圈与触头的从属关系如图 2-2 所示。即在原理图中相应线圈下方，给出触头的图形符号，并在下面标明相应触头的索引代码，且对未使用的触头用"×"表明，有时也可采用省略的表示方法。

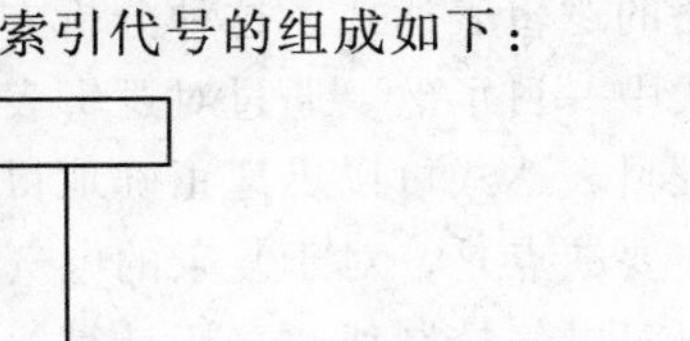

对于接触器，图 2-2 所示表示法中各栏的含义如下：

KM			KA	
4	6	×	9	×
4	×	×	13	×
4			×	×
			×	×

图 2-2　接触器和继电器线圈与触头的从属关系

左栏	中栏	右栏
主触头所在的图区编号	辅助常开触头所在的图区编号	辅助常闭触头所在的图区编号

对于继电器，图 2-2 所示表示法中各栏的含义如下：

左　栏	右　栏
常开触头所在的图区编号	常闭触头所在的图区编号

2.2　电气控制线路的逻辑代数分析法

逻辑代数又叫做布尔代数、开关代数。逻辑代数的变量都只有"1"和"0"两种取值，"0"和"1"分别代表两种对立的、非此即彼的概念，如果"1"代表"真"，"0"即为"假"；"1"代表"有"，"0"即为"无"；"1"代表"高"，"0"即为"低"。在机电控制线路中的开关触头只有"闭合"和"断开"两种截然不同的状态；电路中的执行元件如继电器、接触器、电磁阀的线圈也只有"得电"和"失电"两种状态；在数字电路中某点的电平只有"高"和"低"两种状态等。因此，这种对应关系使得逻辑代数在 50 多年前就被用来描述、分析和设计电气控制线路，随着科学技术的发展，逻辑代数已成为分析电路的重要数学工具。

逻辑代数法是通过对电路的逻辑表达式的运算来分析控制电路的，其关键是正确写出电路的逻辑表达式。这种分析方法的优点是，各电气元器件之间的联系和制约关系在逻辑表达式中一目了然。通过对逻辑表达式的具体运算，一般不会遗漏或看错电路的控制功能。根据逻辑表达式可以迅速正确地得出电气元器件是如何通电的，为故障分析提供方便。该方法的主要缺点是，对于复杂的电气线路，其逻辑表达式很繁琐，冗长。但采用逻辑代数法后，可以对电气控制线路采用计算机辅助分析的方法。

2.2.1　电气元器件的逻辑表示

电气控制系统由开关量构成控制时，电路状态与逻辑表达式之间存在对应关系，为将电路状态用逻辑表达式的方式描述出来，通常对电器作出如下规定：

用 KM、KA、SQ 等分别表示接触器、继电器、行程开关等电器的常开触头；用 $\overline{KM}$、$\overline{KA}$、$\overline{SQ}$ 等表示它们的常闭触头。

触头闭合时，逻辑状态为"1"；断开时逻辑状态为"0"。线圈通电时为"1"状态；断电时为"0"状态。表达方式如下。

1. 线圈状态

KA = 1　继电器线圈处于通电状态。

KA = 0　继电器线圈处于断电状态。

2. 触头处于非激励或非工作的原始状态

KA = 0　继电器常开触头状态。

KA = 1　继电器常闭触头状态。

SB = 0　按钮常开触头状态。

SB = 1　按钮常闭触头状态。

3. 触头处于激励或工作状态

KA = 1　继电器常开触头状态。

KA = 0　继电器常闭触头状态。

SB = 1　按钮常开触头状态。

SB = 0　按钮常闭触头状态。

2.2.2　电路状态的逻辑表示

电路中触头的串联关系可用逻辑 "与" 即逻辑乘（·）的关系表达；触头的并联关系可用逻辑 "或" 即逻辑加（＋）的关系表达。图 2-3 为一起动控制电路，接触器 KM 线圈的逻辑函数式可写成

$$KM = \overline{SB1} \cdot (SB2 + KM)$$

线圈 KM 通断电控制由停止按钮 SB1、起动按钮 SB2 和自锁触头 KM 控制，SB1 为线圈 KM 的停止条件，SB2 为起动条件，触头 KM 则具有记忆保持功能。

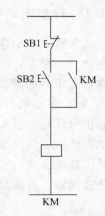

图 2-3　起动控制电路

2.2.3　电路化简的逻辑法

用逻辑函数表达的电路可用逻辑代数的基本定律和运算法则进行化简。图 2-4a 的逻辑式为

$$KM = KA1 \cdot KA2 + \overline{KA1} \cdot KA3 + KA2 \cdot KA3$$

函数式化简

$$
\begin{aligned}
KM &= KA1 \cdot KA2 + \overline{KA1} \cdot KA3 + KA2 \cdot KA3 \\
&= KA1 \cdot KA2 + \overline{KA1} \cdot KA3 + KA2 \cdot KA3 \cdot (KA1 + \overline{KA1}) \\
&= KA1 \cdot KA2 + \overline{KA1} \cdot KA3 + KA2 \cdot KA3 \cdot KA1 + KA2 \cdot KA3 \cdot \overline{KA1} \\
&= KA1 \cdot KA2 \cdot (1 + KA3) + \overline{KA1} \cdot KA3 \cdot (1 + KA2) \\
&= KA1 \cdot KA2 + \overline{KA1} \cdot KA3
\end{aligned}
$$

因此，图 2-4a 化简后得到图 2-4b 所示电路，并且图 2-4a 所示电路与图 2-4b 所示电路在功能上等效。

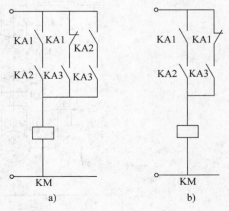

a)　　　　　　　　　　b)

图 2-4　等效电路

2.3　常用基本控制电路

2.3.1　异步电动机的起动控制电路

通常对中、小容量的异步电动机均采用直接起动方式，起动时将电动机的定子绕组直接接在交流电源上，电动机在额定电压下直接起动。对于大容量的电动机，当电动机容量超过其供电变压器的某定值（变压器只供动力用时取 25%；变压器供动力和照明公用时，取 5%）时，电动机起动时的起动电流很大，约为额定值的 4 ~ 7 倍，过大的起动电流一方面会引起供电线路上很大的电压降，影响线路上其他用电设备的正常运行，另一方面电动机频繁起动会严重发热，加速线圈老化，缩短电动机的寿命，因而对容量较大的电动机，一般应采用减压起动方式，以防止过大的起动电流引起电源电压的下降。采用何种起动方式，可由经验公式判别。若满足下式即可直接起动：

$$\frac{I_{ST}}{I_N} \leqslant \frac{3}{4} + \frac{P_S}{4P_N}$$

式中，I_{ST} 为电动机的起动电流（A）；I_N 为电动机的额定电流（A）；P_S 为电源容量（kW）；P_N 为电动机的额定功率（kW）。

1. 笼型异步电动机直接起动控制

对容量较小、满足上式给出的条件、并且工作要求简单的电动机，如小型台钻、砂轮机、冷却泵的电动机，可用手动开关在动力电路中接通电源直接起动，如图 2-5 所示。

一般中小型机床的主电动机采用接触器控制直接起动，如图 2-6 所示。接触器控制直接起动电路分为两部分：主电路即动力电路，由接触器的主触头控制通断电；控制电路由触头

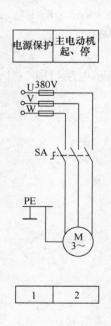

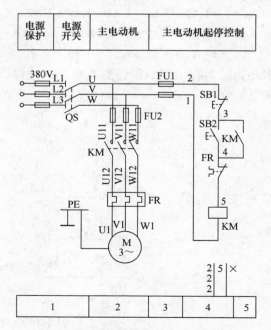

图 2-5　开关直接起动控制电路　　　　　图 2-6　接触器控制直接起动电路

组合控制接触器线圈的通断电，实现对主电路的通断控制。起动时，合上 QS，接通三相电源。按下起动按扭 SB2，交流接触器 KM 的线圈得电，接触器 KM 主触头闭合，电动机 M 接通电源直接起动运转，同时与 SB2 并联的 KM 辅助常开触头闭合，使 KM 线圈经两条支路通电。当松开 SB2（复位）时，接触器 KM 的线圈通过其辅助常开触头继续通电，从而保持电动机的连续运行。这种依靠接触器自身辅助常开触头而使线圈保持通电的现象称为自锁；起自锁作用的触头称为自锁触头。停止时，按下停止按钮 SB1，接触器 KM 线圈断电，其主触头断开，切断三相电源，电动机 M 停止运转，同时，KM 自锁触头恢复常开状态。松开 SB1后，其常闭触头在复位弹簧的作用下，又恢复到原来的常闭状态，为下一次起动做好准备。

　　电路的保护环节有：由熔断器 FU1、FU2 分别实现对主电路与控制电路的短路保护；由热继电器 FR 实现电动机的长期过载保护以及由接触器本身的电磁机构实现的欠电压和失电压保护。

2. 笼型异步电动机减压起动控制

　　减压起动是指在起动时，通过某种方法，降低加在电动机定子绕组上的电压，待电动机起动后，再将电压恢复到额定值。因为电动机的起动电流与电压成正比，所以降低起动电压可以减小起动电流。但电动机的转矩与电压的二次方成正比，所以起动转矩也大为降低，因此减压起动只适用于对起动转矩要求不高或空载、轻载下起动的设备。

　　常用的减压起动方式有：丫-△（星形-三角形）减压起动、定子绕组串电阻减压起动和自耦变压器减压起动。

　　（1）星形-三角形减压起动控制电路　星形-三角形减压起动用于定子绕组在正常运行时接为三角形的电动机。电动机在正常运行时，绕组接成三角形；在电动机起动时，定子绕组首先接成星形，然后接入三相交流电源。由于起动时每相绕组的电压下降到正常工作电压的 $1/\sqrt{3}$，故起动电流则下降到全压起动时的 1/3，电动机起动旋转，当转速接近额定转速时，将电动机定子绕组改接成三角形，电动机进入正常运行状态。这种减压起动方法简单、经济，可用在操作较频繁的场合，但其起动转矩只有全压起动时的 1/3，适用于空载或轻载下起动的设备。图 2-7 所示是星形-三角形减压起动的控制电路，图中主电路由三组接触器主触头分别将电动机的定子绕组接成三角形和星形，即 KM1、KM3 线圈得电，主触头闭合时，绕组接成星形；KM1、KM2 主触头闭合时，绕组接成三角形。两种接线方式的切换必须在极短的时间内完成，在控制电路中是采用时间继电器按时间原则，定时自动切换。

　　表 2-3 描述了星形-三角形减压起动控制电路的工作过程，当起动按钮 SB2 压下时，各电气元器件的动作顺序见表 2-3。

　　星形-三角形减压起动的优点在于星形起动电流只是原来三角形接法的 1/3，起动电流特性好、结构简单、价格低。缺点是起动转矩也相应下降为原来三角形接法的 1/3，转矩特性差，因而这种起动方法适用于小容量电动机及轻载下起动，且只能用于正常运转时定子绕组接成三角形的三相异步电动机。

　　（2）定子绕组串电阻减压起动控制电路　电动机定子绕组串电阻减压起动是电动机起动时，在三相定子绕组中串接电阻分压，使加在定子绕组上的电压降低，起动后再将电阻短接，电动机即可在全压下运行。这种起动方式不受接线方式的限制，设备简单，常用于中小型生产机械中。对于点动控制的电动机，也常用串电阻减压方式来限制电动机起动时的电流。图 2-8 所示为定子绕组串电阻减压起动控制电路，工作过程中各电气元器件动作顺序见表 2-4。

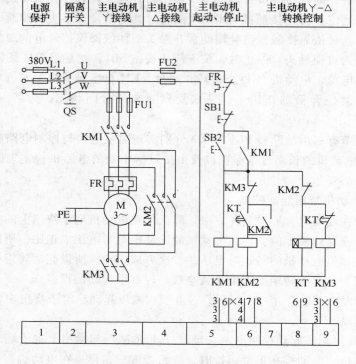

电源保护	隔离开关	主电动机 Y 接线	主电动机 △接线	主电动机起动、停止	主电动机 Y-△ 转换控制

图 2-7　星形-三角形减压起动控制电路

表 2-3　各电气元器件动作顺序表

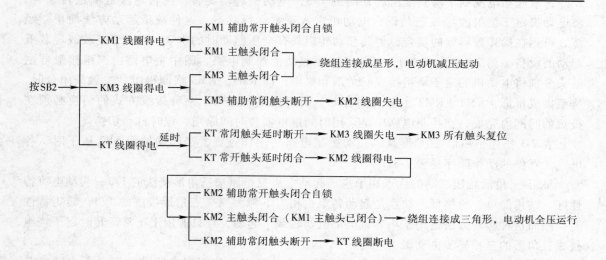

串电阻起动的优点在于按时间原则切除电阻，动作可靠；减压起动提高了功率因数，有利于电网质量。电阻价格低廉，结构简单，缺点是电阻上功率损耗大。通常仅在中小容量电动机不经常起停时采用这种方式。

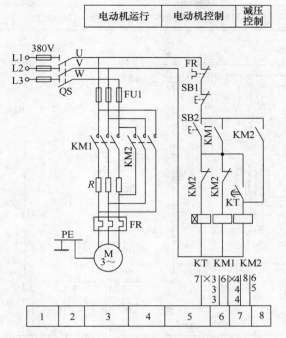

图 2-8 定子绕组串电阻减压起动控制电路

表 2-4 各电气元器件动作顺序表

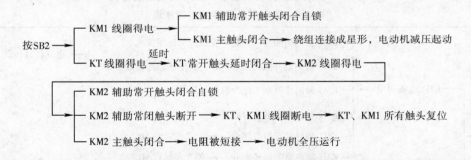

（3）自耦变压器（补偿器）减压起动控制电路 自耦变压器（补偿器）减压起动是利用自耦变压器来降低起动时的电压，达到限制起动电流的目的。起动时，电源电压加在自耦变压器的高压绕组上，电动机的定子绕组与自耦变压器的低压绕组连接，当电动机的转速达到一定值时，将自耦变压器切除，电动机直接与电源相接，在正常电压下运行。这一起动电路的设计思想和串电阻减压起动控制电路基本相同，也是采用时间继电器完成定时动作，所不同的是起动时串入自耦变压器，起动结束时自动切除。

自耦变压器减压起动的优点是起动时对电网的电流冲击小，功率损耗小。缺点是自耦变压器结构相对复杂，价格较高。这种方式主要用于负载容量大、正常运行定子连接成星形而不能采用星形-三角形减压起动的笼型异步电动机，以减小起动电流对电网的影响。

自耦变压器（补偿器）减压起动分手动控制和自动控制两种。工厂常采用 XJ01 系列自耦变压器实现减压起动的自动控制，其控制电路如图 2-9 所示，工作过程中各电气元器件动作顺序见表 2-5。

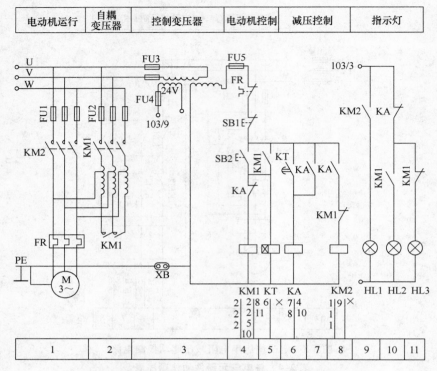

图 2-9 自耦变压器（补偿器）减压起动控制电路

表 2-5 各电气元器件动作顺序表

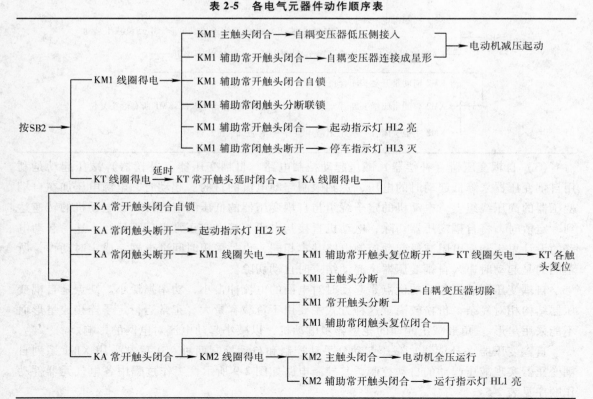

（4）延边三角形减压起动控制电路 这一电路的设计思想是兼取星形联结与三角形联结的优点，以期完成更为理想的起动过程。其转换过程仍按照时间原则来控制，如前所述，三角形起动有很多优点，但不足是起动转矩太小，设想如果能兼取星形联结时起动电流小、而三角形联结时起动转矩大的优点，可在起动时将电动机定子绕组的一部分接成星形（如图 2-10a 中的 1 ~ 7、2 ~ 8、3 ~ 9），而另一部分接成三角形（如图 2-10b 中的 4 ~ 7、5 ~ 8、6 ~ 9）。在起动结束以后，再接成三角形，如图 2-10c 所示。这就是所谓的延边三角形减压起动。

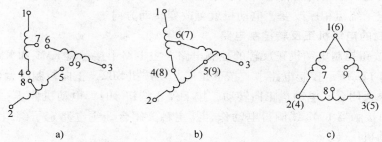

图 2-10 延边三角形定子绕组接线

延边三角形减压起动控制电路如图 2-11 所示，图中 KM1 为主电路接触器，KM2 为 △ 联结接触器，KM3 为延边 △ 联结接触器。该电路工作情况如下：起动时，按下起动按钮 SB2 后，KM1 及 KM3 通电，KM1 自锁，把电动机定子绕组接成延边 △ 起动，同时 KT 通电延时，经过一段时间后，KT 动作使 KM3 断电，KM2 通电自锁，并切断 KT 线圈电路，电动机接成 △ 联结正常运行。

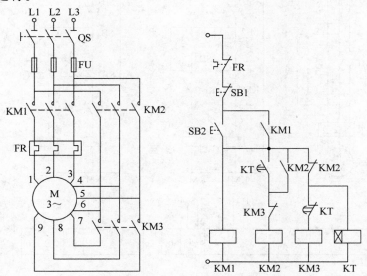

图 2-11 延边三角形减压起动控制电路

近年来，随着电力电子技术的快速发展，智能型软起动器得到广泛应用，它是一种集软起动、软停车、轻载节能和多种保护功能于一体的新颖电动机控制装置，它不仅实现在整个起动过程中无冲击而平滑地起动电动机，而且可根据电动机负载的特性来调节起动过程中的参数，如限流值、起动时间等，从根本上解决了传统的减压起动设备的诸多弊端，是传统丫-△减压起动、定子绕组串电阻减压起动、自耦变压器减压起动等最理想的更新换代产品。代表性产品如西门子 SIRIUS 3RW30 软起动器等。关于软起动器的详细情况，请查阅相关技术资料。

2.3.2　笼型异步电动机正反转控制电路

在生产加工过程中，生产机械的运动部件往往要求实现正反两个方向的运动，如机床工作台的前进与后退、主轴的正转与反转、起重机吊钩的上升与下降等。从电工学原理可知，只要将电动机定子绕组相序改变，电动机就可改变转动方向。

1. 按钮控制的电动机正反转控制电路

图 2-12 是按钮控制电动机正反转的控制电路，主电路中接触器 KM1 和 KM2 构成正反转相序接线。图 2-12a 所示控制电路中，按下正向起动按扭 SB2，正向控制接触器 KM1 线圈得电动作，其主触头闭合，电动机正向转动，按下停止按钮 SB1，电动机停止；按下反向起动按扭 SB3，反向接触器 KM2 线圈得电动作，其主触头闭合，主电路定子绕组变正转相序为反转相序，电动机反转。

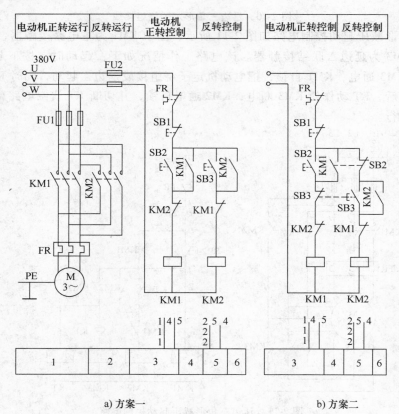

a) 方案一　　　　　　　　　　　b) 方案二

图 2-12　异步电动机正反转控制电路

由主电路知，若 KM1 与 KM2 的主触头同时闭合，将会造成电源短路，因此任何时候，只能允许一个接触器通电工作。实现这样的控制要求，通常是在控制电路中，将正反转控制接触器的常闭触头分别串接在对方的工作线圈电路里，构成互相制约关系，以保证电路安全正常工作，这种互相制约关系称为"联锁"或"互锁"。

图 2-12a 所示控制电路中，当变换电动机转向时，必须先按下停止按钮 SB1，停止正转，再按动反转起动按钮，才可反向起动，操作不便。图 2-12b 所示控制电路利用复合按钮 SB3、SB2 可直接实现由正转变为反转的控制（反之亦然）。

复合按钮具有联锁功能，但工作不可靠。如果采用接触器的常闭触头进行联锁，不论什么原因，当一个接触器处于吸合状态，它的联锁常闭触头必将另一接触器的线圈电路切断，从而避免事故的发生。

2. 行程开关控制的电动机正反转控制电路
（又称行程控制）

按钮控制电动机正反转是手动控制，行程开关控制正反转则是自动控制，是由机床的运动部件在工作中压动行程开关，实现电动机正反转的自动切换。图 2-13 是机床工作台往返循环的控制电路。电动机的正反转通过 SB1、SB2、SB3 手动控制，也可用行程开关实现自动控制，工作过程中各电气元器件动作顺序见表

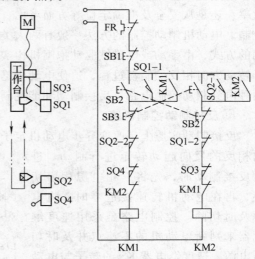

图 2-13 行程开关控制的正反转控制电路

2-6。图中，SQ3 和 SQ4 为极限开关，安装在工作台运动的极限位置，起限位保护作用，当由于某种故障，工作台到达 SQ1 和 SQ2 给定位置时，未能切断 KM1 或 KM2 线圈电路，继续运行达到 SQ3 或 SQ4 所处的极限位置时，将会压下极限开关，切断接触器线圈电路，使电动机停止转动，避免工作台发生超越允许位置的事故。

用行程开关按机床运动部件的位置或机件的位置变化来进行的控制，称为按行程原则的自动控制，也称行程控制。行程控制是机械设备中应用较广泛的控制方式之一。

表 2-6 各电气元器件动作顺序表

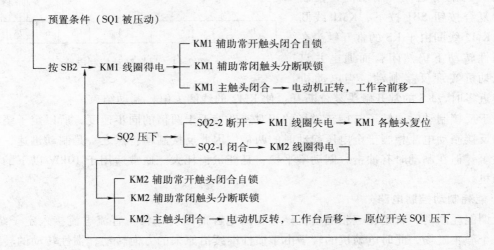

2.3.3　笼型异步电动机的制动控制电路

　　三相异步电动机从切除电源到完全停止旋转，由于惯性作用，总要经过一段时间，这往往不能适应某些机械工艺的要求。如万能铣床、卧式镗床和组合机床等。无论是从提高生产效率，还是从安全及准确定位等方面考虑，都要求能迅速停车，因此要求对电动机进行制动控制。电动机制动控制的方法一般有两大类：机械制动和电气制动。机械制动是采用机械抱闸的方式，由手动或电磁铁驱动抱闸机构实现制动；电气制动是在电动机上产生一个与原转子转动方向相反的制动过程，迫使电动机迅速停车。由于机械制动比较简单，下面着重介绍两种电气制动控制电路：反接制动和能耗制动。

1. 反接制动控制电路

　　反接制动实质上是改变异步电动机定子绕组中三相电源相序，产生一与转子惯性转动方向相反的反向起动转矩进行制动。进行反接制动时，先将三相电源相序切换，再在电动机转速接近零时，将电源及时切除。控制电路是采用速度继电器来判断电动机的零速点并及时切断电源。速度继电器 KS 的转子与电动机的轴相连，当电动机正常转动时，速度继电器的常开触头闭合；当电动机停车转速接近零时，其常开触头打开，切断接触器线圈电路。图 2-14 是反接制动控制电路。图中主电路由接触器 KM1 和 KM2 两组主触头构成不同相序的接线，因电动机反接制动电流很大，在制动电路中串接减压电阻，以限制反向制动电流。制动时，控制电路中复合按钮 SB1 按下，KM1 线圈失电，KM2 线圈由于 KS 的常开触头在转子惯性转动下仍然闭合而通电并自锁，电动机实现反接制动，当电动机

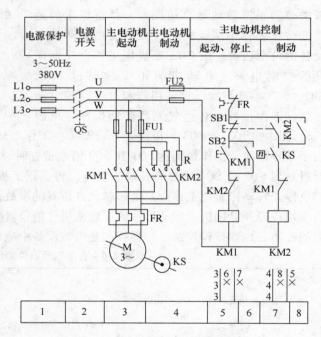

图 2-14　反接制动控制电路

转速接近零时，KS 的常开触头复位断开，使 KM2 的线圈失电，制动结束。

　　由于反接制动时，转子与旋转磁场的相对速度接近于两倍的同步速度，所以定子绕组中流过的反接制动电流相当于全电压起动时的两倍，因此反接制动特点之一是制动迅速，制动效果显著，但在制动时有冲击，制动不平稳，且能量消耗大。通常适用于 10kW 以下的小容量电动机。

2. 能耗制动控制电路

　　所谓能耗制动，就是在三相电动机停车切断电源的同时，将一直流电流接入定子绕组，产生一个静止磁场，此时电动机的转子由于惯性继续沿原来的方向转动，惯性转动的转子在静止磁场中切割磁力线，产生一与惯性转动方向相反的电磁转矩，对转子起制动作用，制动

结束后切除直流电源。图 2-15 是实现上述控制过程的控制电路。图中接触器 KM1 的主触头闭合接通三相电源，由变压器和整流器件构成整流装置提供直流电源，KM2 将直流电接入电动机定子绕组。图 2-15a、b 分别是采用复合按钮和时间继电器实现能耗制动的控制电路。

　　图 2-15a 所示控制电路中，当复合按钮 SB1 按下时，其常闭触头切断接触器 KM1 的线圈电路，同时其常开触头将 KM2 的线圈电路接通，接触器 KM1 的主触头断开主电路中的三相电源，KM2 的主触头接入直流电源进行制动，松开 SB1，KM2 线圈断电，制动停止。由于采用复合按钮控制，制动过程中按钮必须始终处于压下状态。图 2-15b 采用时间继电器实现能耗制动控制，当复合按钮 SB1 压下以后，KM1 线圈失电，KM2 和 KT 的线圈得电并自锁，电动机开始制动，SB1 松开复位，电动机制动继续，制动结束后，由时间继电器 KT 的延时常闭触头断开 KM2 线圈电路。

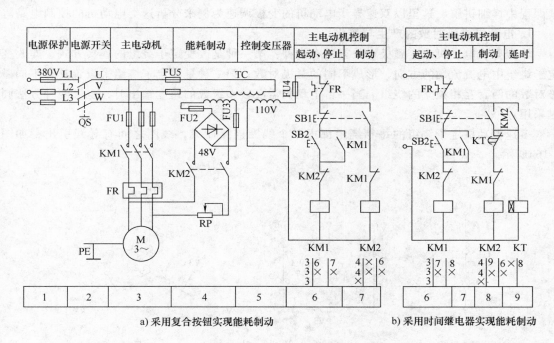

　　a) 采用复合按钮实现能耗制动　　　　　　　　　　　b) 采用时间继电器实现能耗制动

图 2-15　能耗制动控制电路

　　能耗制动的制动转矩大小与通入直流电流大小及电动机的转速 n 有关，转速小，电流大，制动作用强。一般接入的直流电流为电动机空载电流的 3～5 倍，过大会烧坏电动机的定子绕组，电路采用在直流电源电路中串接可调电阻的方法，可以调节制动电流的大小。

　　能耗制动时制动转矩随电动机的惯性转速下降而减小，因而制动平稳。这种制动方法将转子惯性转动的机械能转换成电能，又消耗在转子的制动上，所以称为能耗制动。

　　能耗制动与反接制动相比，消耗的能量少，其制动电流比反接制动电流小很多，制动平稳，准确，但能耗制动的制动效果不如反接制动，特别是在低速时制动效果差，并且还需要提供直流电源，控制电路相对比较复杂，一般适用于电动机容量较大和起动、制动频繁的场合。

2.3.4　笼型异步电动机调速控制电路

在很多领域中，要求三相笼型异步电动机的速度为无级调节，其目的是实现自动控制、节能，以提高产品质量和生产效率。如钢铁行业的轧钢机、鼓风机，机床行业的车床、机械加工中心等，都要求三相笼型异步电动机可调速。从广义上讲，电动机调速可分为两大类：即定速电动机与变速联轴器配合的调速方式和自身可调速的电动机。前者一般都采用机械式或油压式变速器，另外还有电气式，但只有一种即电磁转差离合器。其缺点是调速范围小和效率低。后者为电动机直接调速，其调速方法很多，如变更定子磁极对数的变极调速和变频调速方式。变极调速控制最简单，价格便宜但不能实现无级调速。变频调速控制较复杂，但性能最好，随着其成本日益降低，目前已广泛应用于工业自动控制领域中。变频调速会在后续课程中详细讲解，这里以双速异步电动机的变极调速为例来分析这类电动机的控制电路。

1. 电动机磁极对数的产生与变化

笼型异步电动机改变磁极对数方法有两种：第一种是改变定子绕组的连接方式，即改变定子绕组中电流流动的方向，形成不同的磁极对数；第二种是在定子绕组上设置具有不同磁极对数的两套互相独立的绕组。当一台电动机需要较多级数的速度输出时，也可两种方法同时采用。

多速电动机定子绕组的每相绕组都由两个线圈连接而成，线圈之间有导线引出，如图 2-16a 所示。

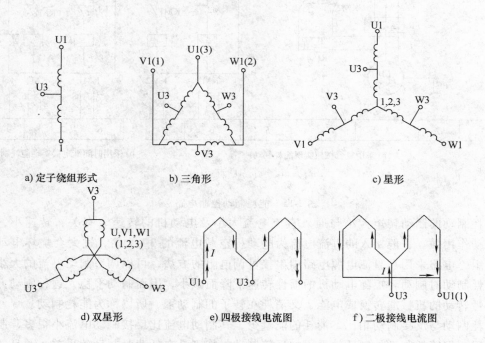

a) 定子绕组形式　　　b) 三角形　　　　　　c) 星形

d) 双星形　　　e) 四极接线电流图　　　f) 二极接线电流图

图 2-16　双速电动机定子绕组接线

常见的定子绕组接线有两种：一是由单星形改为双星形，即将图 2-16c 连接方式换成图 2-16d 连接方式；另一是由三角形改为双星形，即由图 2-16b 连接方式改接为图 2-16d 连接方式。当每相定子绕组的两个线圈串联后接入三相电源时，电流流动方向及电流分布如图

2-16e 所示,形成四极低速运行。每相定子绕组的两个线圈并联时,由中间导线端子接入三相电源,其他两端汇集一点构成双星形联结,电流流动方向及电流分布如图 2-16e 所示,此时形成二极高速运行。两种接线方法变换使磁极对数减少一半,其转速增加一倍。单星形-双星形切换适用于拖动恒转矩性质的负载;三角形-双星形切换适用于拖动恒功率性质的负载。

2. 双速电动机控制电路

图 2-17 是双速电动机三角形-双星形变换控制的电路图,图中,接触器 KM1 的主触头闭合时构成三角形联结,接触器 KM2 和 KM3 的主触头闭合时构成双星形联结。必须指出,当改变定子绕组接线时,必须同时改变定子绕组的相序,即可调任意两相绕组出线端,以保证调速前后的转向不变。控制电路有三种,图 2-17a 所示控制电路由复合按钮 SB2 接通接触器 KM1 的线圈电路,KM1 主触头闭合,电动机低速运行。SB3 接通 KM2 和 KM3 的线圈电路,其主触头闭合,电动机高速运行。为防止两种接线方法同时存在,KM1 和 KM2 的常闭触头在控制电路中构成互锁。图 2-17b 所示控制电路采用选择开关 SA,选择接通 KM1 线圈电路或 KM2、KM3 的线圈电路,即选择低速运行或高速运行。图 2-17a、b 所示的控制电路用于小功率电动机,图 2-17c 所示控制电路适用于较大功率的电动机,选择开关 SA 选择低速或高速运行。SA 位于"1"位置选择低速运行时,接通 KM1 线圈电路,直接起动低速运行;位于"2"位置选择高速运行时,首先接通 KM1 线圈电路低速运行,然后由时间继电器 KT 切断 KM1 的线圈电路,同时接通 KM2 和 KM3 的线圈电路,电动机的转速自动由低速切换到高速,工作过程中各电气元器件工作顺序见表 2-7。

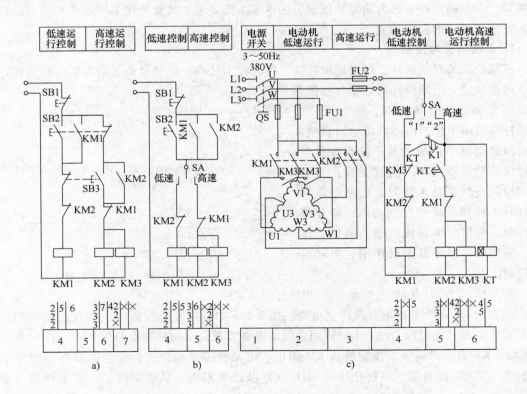

图 2-17 双速电动机变速控制电路

表 2-7　各电气元器件动作顺序表

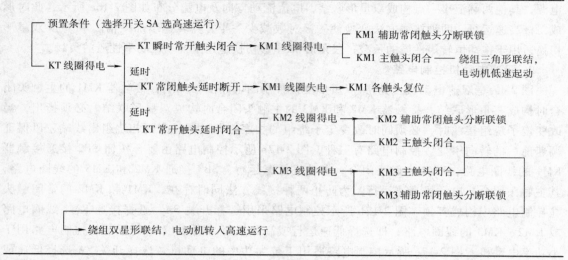

2.3.5　异步电动机的其他基本控制电路

实际工作中，电动机除有起动、正反转、制动及调速等控制要求外，还有其他的工作控制要求，如调整时的点动控制，多电动机的先后顺序控制，多条件多地点控制以及自动循环控制等。在控制电路中，为满足机械设备的正常工作要求，需要采用多种基本控制电路组合起来完成所要求的控制功能。

1. 点动与长动控制

机械设备长时间运转，即电动机持续工作，称为长动；机械设备手动控制间断工作，即

按下起动按钮，电动机转动，松开按钮，电动机停转，这样的控制，称为点动。长动控制电路中控制电器能得电后自锁，点动控制电路中控制电器不能自锁。当机械设备要求既能正常持续工作，又可手动控制进行调整工作时，电路必须同时具有长动和点动的控制功能，即正常工作时，电器能够自锁长动，调整工作时，电器的自锁环节不起作用，实现点动控制。

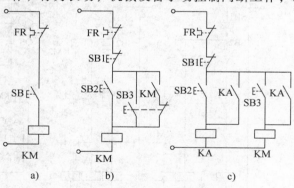

图 2-18　点动与长动控制电路

图 2-18 所示为点动与长动控制电

路。图 2-18a 所示为基本的点动控制电路。图 2-18b 中，用复合按钮 SB3 实现点动控制，用按钮 SB2 实现长动控制。图 2-18c 采用中间继电器实现长动的控制电路。正常工作时按下按钮 SB2，KA 得电并自锁，使接触器 KM 得电，电动机正常起动运转。当需要点动时按下按钮 SB3，因为不能自锁，则松开按钮 SB3，KM 线圈便断电，从而实现了正常工作与点动的联合控制。

2. 多地点与多条件控制

在大型设备上，为了操作方便，常要求能多地点进行控制操作；在某些机械设备上为保证操作安全，需要多个条件满足，设备才能开始工作，这样的控制要求可通过在电路中串联或并联电器的常闭触头和常开触头来实现。

图 2-19a 为多地点操作控制电路，其电路逻辑表达式如下：

$$KM = \overline{SB1} \cdot (SB2 + SB3 + SB4 + KM) \cdot \overline{SB5} \cdot \overline{SB6}$$

KM 线圈的通电条件为按钮 SB2、SB3、SB4 的常开触头任一闭合，KM 辅助常开触头构成自锁，这里的常开触头并联构成逻辑或的关系，任一条件满足，接通电路；KM 线圈电路的切断条件为按钮 SB1、SB5、SB6 的常闭触头任一打开，常闭触头串联构成逻辑与的关系，其中任一条件满足，即可切断电路。

图 2-19b 为多条件控制电路，其电路逻辑函数如下：

$$KM = (\overline{SB1} + \overline{SB2} + \overline{SB3}) \cdot (SB4 \cdot SB5 \cdot SB6 + KM)$$

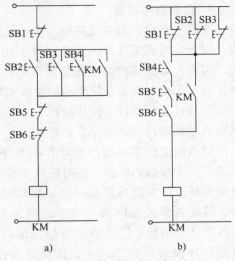

图 2-19　多地点和多条件控制电路

KM 线圈的通电条件为按钮 SB4、SB5、SB6 的常开触头全部闭合，KM 辅助常开触头构成自锁，即常开触头串联为逻辑与的关系，全部条件满足，接通电路；KM 线圈电路的切断条件为按钮 SB1、SB2、SB3 的常闭触头全部打开，即常闭触头并联构成逻辑或的关系，全部条件满足，即可切断电路。

3. 顺序（条件）控制

实际生产中，有些设备常要求电动机按一定的顺序起动，如铣床工作台的进给电动机必须在主轴电动机已起动工作的条件下才能起动工作；自动加工设备必须在前一工步已完成，转换控制条件具备，方可进入新的工步；还有一些设备要求液压泵电动机首先起动正常供液后，其他动力部件的驱动电动机方可起动工作。控制设备完成这样顺序起动的电路，称为顺序起动控制或称为条件控制电路。

图 2-20 是两台电动机顺序起动的控制电路。图中 M1 为油泵电动机，M2 为主轴电动机，分别由 KM1、KM2 控制。SB1、SB2 为 M1 的停止、起动按钮，SB3、SB4 为 M2 的停止、起动按钮。由图可知，将接触器 KM1 的辅助常开触头串入接触器 KM2 的

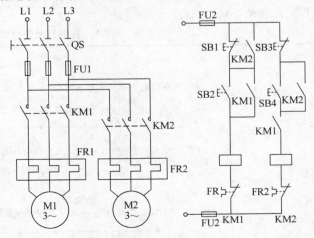

图 2-20　顺序控制电路

线圈电路中，只有当接触器 KM1 线圈通电，辅助常开触头闭合后，才允许 KM2 线圈通电，即电动机 M1 先起动后才允许电动机 M2 起动。将主轴电动机接触器 KM2 的常开触头并联接在油泵电动机的停止按钮 SB1 两端，即当主轴电动机 M2 起动后，SB1 被 KM2 的辅助常开触

头短路，不起作用，直到主轴电动机接触器 KM2 断电，油泵停止按钮 SB1 才能起到断开 KM1 线圈电路的作用，油泵电动机才能停止。这样就实现了按顺序起动、停止的联锁控制。

4. 自动循环控制

实际生产中，很多设备的工作过程包含若干工步，并要求按一定的动作顺序自动逐步完成，以及不断重复进行，实现这种工作过程的控制即是自动循环控制。根据设备的驱动方式，可将自动循环控制电路分为两类：一类是对电动机驱动的设备实现工作循环的自动控制；另一类是对液压系统驱动的设备实现工作的自动循环控制。这里介绍第一类。

电动机工作的自动循环控制，实质上是通过控制电路按照工作循环图确定的工作顺序要求对电动机进行起动和停止的控制。

设备的工作循环图标明动作的顺序和每个工步的内容，确定各工步应接通的电器，同时还注明控制工步转换的转换指令。自动循环工作中的转换指令，除起动循环的指令由操作者给出外，其他各步转换的指令均来自设备工作过程中出现的信号，如行程开关信号、压力继电器信号或时间继电器信号等，控制电路在转换指令的控制下，自动地切换工步，切换工作电器，实现工作的自动循环。

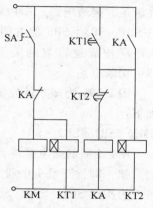

图 2-21　自动间歇供油系统控制电路

（1）单机自动循环控制电路　常见的单机自动循环控制电路是在转换指令的作用下，按要求自动切换电动机的转向，如前述由行程开关控制的电动机正反转控制，或是电动机按要求自动反复起停的控制。图 2-21 所示为自动间歇供油系统控制电路。图中，KM 为控制液压泵电动机起停的接触器，KT1 控制液压泵电动机工作供油时间，KT2 控制停机供油间断时间。合上开关 SA，液压泵电动机起动，间歇供油循环开始，控制电路的工作过程中各电气元器件工作顺序见表 2-8。

表 2-8　各电气元器件动作顺序表

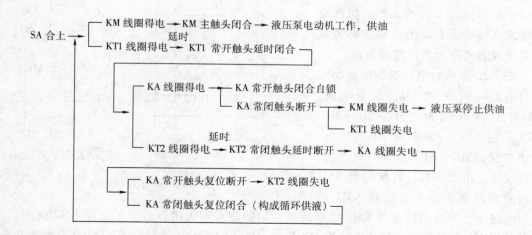

（2）多机自动循环控制电路 实际生产中有些设备是由多个动力部件构成的，并且各动力部件具有自己的工作自动循环过程。整个设备工作的自动循环过程是由这些单机循环组合而成，对这样多动力部件复合循环控制，通过对设备工作循环图的分析，即可看出，实质上是根据工作循环图的要求，对多个电动机实现有序的起、停和正反转控制。图 2-22 为有两个动力部件过程的机床及其工作自动循环的控制电路。机床的运动简图及工作循环图如图 2-22a 所示，行程开关 SQ1 为动力头 I 的原位行程开关，SQ2 为终点限位开关，SQ3 为动力头 II 的原位行程开关，SQ4 为终点限位开关，SB2 为工作循环开始的起动按钮，M1 是动力头 I 的驱动电动机，KM1 与 KM3 分别为电动机 M1 正反转控制接触器，M2 是动力头 II 的驱

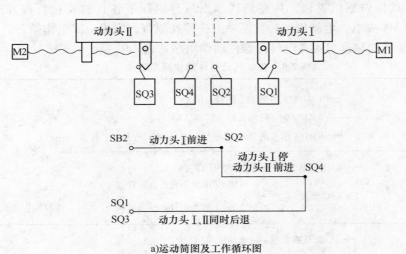

a)运动简图及工作循环图

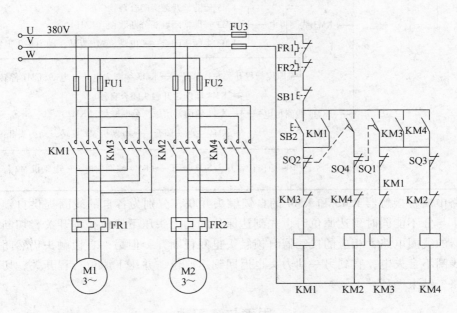

b)控制电路

图 2-22 机床自动工作循环控制电路

动电动机，KM2 与 KM4 分别为电动机 M2 正反转控制接触器。

机床工作自动循环分为三个工步，按下起动按钮 SB2，开始第一个工步，此时电动机 M1 的正转接触器 KM1 得电工作，动力头 Ⅰ 向前移动，到达终点位后，压下终点限位开关 SQ2，SQ2 信号作为转换指令，控制工作循环由第一工步切换到第二工步，SQ2 的常闭触头使 KM1 线圈失电，电动机 M1 停转，动力头 Ⅰ 停在终点位，同时 SQ2 的常开触头闭合，接通 KM2 的线圈电路，使电动机 M2 正转，动力头 Ⅱ 开始向前移动，至终点位时，此时 SQ4 的常闭触头切断电动机 M2 的正转接触器 KM2 的线圈电路，同时其常开触头闭合使电动机 M1 和 M2 的反转控制接触器 KM3 与 KM4 的线圈同时接通，电动机 M1 与 M2 反转，动力头 Ⅰ 和 Ⅱ 由各自的终点位向原位返回，并在到达原点后分别压下各自的原位行程开关 SQ1 和 SQ3，使 KM3、KM4 失电，电动机停转，两动力头停在原位，完成一次工作循环。控制电路如图 2-22b 所示，其控制过程中各电气元器件动作顺序见表 2-9。

表 2-9　各电气元器件动作顺序表

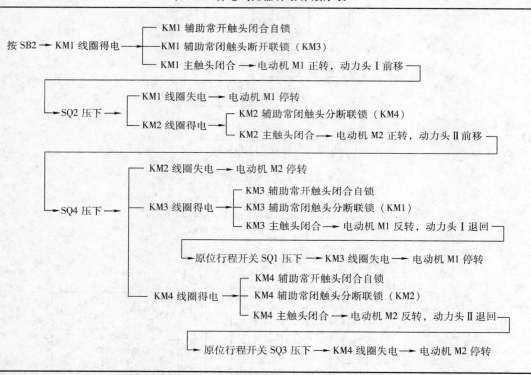

电路中反转接触器 KM3 和 KM4 的自锁触头并联，分别为各自的线圈提供自锁作用。当动力头 Ⅰ 与 Ⅱ 不能同时到达原位时，先到达原位的动力头压下原位行程开关，切断该动力控制接触器的线圈电路，相应的接触器自锁触头也复位断开，但另一自锁触头仍然闭合，保证接触器线圈不会失电，直到另一动力头也返回到达原位，并压下原位行程开关，切断接触器线圈电路，结束循环。

思考与练习题

2-1　图 2-6 所示的接触器直接起动控制电路中，交流接触器 KM 线圈的额定电压为 380V，如果选用线圈额定电压为 220V 的交流接触器，电路应作怎样的改变？试画出改变后的电路。

2-2　三相异步电动机采用丫-△减压起动方法需满足什么条件？三相异步电动机采用丫-△减压起动时，起动电流是△联结直接起动时的多少倍？

2-3　图 2-23 所示控制电路中存在哪些不妥的地方，请指出并改正。

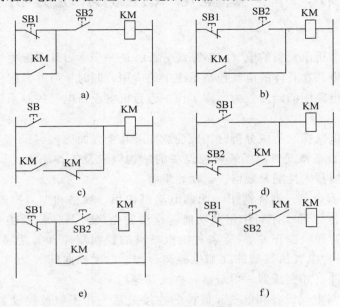

a)　　　　　　　　　　　　b)

c)　　　　　　　　　　　　d)

e)　　　　　　　　　　　　f)

图 2-23　思考与练习题 2-3 图

2-4　图 2-24 所示控制电路能实现什么控制功能，试简单说明。

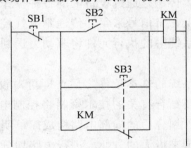

图 2-24　思考与练习题 2-4 图

第3章 典型电气控制系统分析

本章通过对典型机电设备的电气控制系统分析，进一步学习并掌握电气控制电路的组成以及各种基本控制电路在具体的电气控制系统中的应用，同时学习并掌握分析电气控制电路的方法，提高阅读电路图的能力，为实际工作中进行机电设备电气控制系统的分析、调试及维护打下基础。

进行机电设备电气控制系统分析时，应注意如下几个方面的内容：

（1）了解机电设备概况 应了解被控设备的结构组成及工作原理、设备的传动系统类型及驱动方式、主要技术性能及规格、运动要求等。

（2）电气设备及电气元器件选用 明确电动机作用、规格和型号以及控制要求，了解所用各种电器的工作原理、控制作用及功能。这里的电气元器件包括主令电器（如按钮、选择开关、各种位置和限位开关等），各种继电器类的控制器件（如接触器、中间继电器、时间继电器等），各种电气执行器件（如电磁离合器、电磁换向阀等），以及保证电路正常工作的其他电气器件（如变压器、熔断器、整流器等）。

（3）机械设备与电气设备和电气元器件的连接关系 在了解被控设备和采用的电气设备、电气元器件的基本状况的基础上，还应确定两者之间的连接关系，即信息采集传递和运动输出的形式和方法。信息采集传递是通过设备上的各种操作手柄、撞块、挡铁及各种现场信息检测机构作用在主令电器上，将信号采集并传递到电气控制系统中，因此其对应关系必须明确。运动输出由电气控制系统中的执行元件将驱动力送到机械设备上的相应点，以实现设备要求的各种动作。

在掌握了设备及电气控制系统的基本条件之后，即可对设备控制电路进行具体的分析。通常，分析电气控制系统时，要结合有关的技术资料将控制电路"化整为零"，即划分成若干个电路部分，逐一进行分析。划分后的局部电路构成简单明了，控制功能单一或由少数简单控制功能组合，给分析电路带来极大的方便。进行电路划分时，可依据驱动形式将电路初步划分为电动机控制电路部分和气动、液压驱动控制电路部分，也可以根据被控电动机的台数将每台电动机的控制电路视为一个局部电路。在控制要求复杂的电路部分，还可进一步细划分，使一个基本控制电路或若干个简单基本控制电路部分成为一个局部电路分析单元。

机电设备电气控制系统的分析步骤可简述如下：

（1）设备运动分析 根据生产工艺的要求，画出功能流程图，对于由液压系统驱动的设备，还需进行液压系统工作状态分析。

（2）主电路分析 确定动力电路中用电设备的数目、接线状况及控制要求，控制执行元件的设置及动作要求，如交流接触器主触头的位置，各组主触头分、合的动作要求，限流电阻的接入和短接等。

（3）控制电路分析 分析各种控制功能的实现。

3.1　组合机床的电气控制电路

　　组合机床是针对特定工件，进行特定加工而设计的一种高效率自动化专用加工设备。这类设备大多能多机多刀同时工作，并且具有工作自动循环的功能。组合机床通常由标准通用部件和加工专用部件组合构成，动力部件（如滑台等）采用电动机驱动或采用液压系统驱动，由电气系统进行工作自动循环的控制，是典型的机电或机电液一体化的自动化加工设备。

　　常见的组合机床标准通用部件有动力滑台、各种加工动力头以及回转工作台等，可用电动机驱动，也可用液压驱动。各标准通用动力部件的控制电路是独立完整的，当多个动力部件组合构成一台组合机床时，该机床的控制电路可由各动力部件的控制电路通过一定的连接电路组合构成。

　　多动力部件构成的组合机床，其控制通常有三方面的工作要求：第一方面是动力部件的点动及复位控制；第二方面是动力部件的单机自动循环控制（也称半自动循环控制）；第三方面是整批全自动工作循环控制。下面以双面钻孔组合机床为例，分析这类机床的控制电路。

3.1.1　机床的结构、组成及运动

　　双面钻孔组合机床用于在工件两相对表面上钻孔。图 3-1 是组合机床的结构简图。机床由动力滑台提供进给运动，电动机拖动主轴箱的刀具主轴提供切削主运动。两液压动力滑台对面布置，安装在标准侧底座上，刀具电动机固定在滑台上，中间底座上装有工件定位夹紧装置（简称夹具）。机床工作的自动循环过程如图 3-2 所示。工作时，工件装入夹具，按起动按钮 SB6，开始工件的定位和夹紧，然后两面的动力滑台同时进行快速进给、工作进给和快速退回的加工循环，同时刀具电动机也起动工作，冷却泵在工作过程中提供切削液，加工循环结束后，动力滑台退回到原位，夹具松开并拔出定位销，一次加工的工作循环结束。

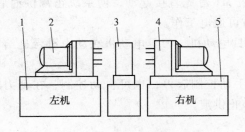

图 3-1　组合机床结构简图

1—侧底座　2—刀具电动机
3—工件及定位夹紧装置
4—主轴箱及钻头　5—动力滑台

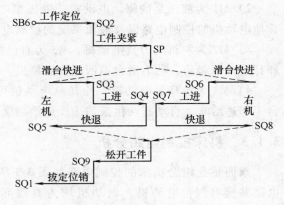

图 3-2　机床工作自动循环过程图

3.1.2　机床的驱动及控制要求

1）机床的动力滑台和工件的定位夹紧装置均由液压系统驱动，定位夹紧装置的动作由定位销液压缸和夹紧液压缸完成，三位四通电磁阀控制液压缸活塞运动方向的切换。电磁阀线圈 YV5-1 与 YV5-2 控制定位销液压缸活塞运动方向，YV1-1 与 YV1-2 控制夹紧液压缸活塞运动方向，YV2-1、YV2-2、YV4-1 为左机动力滑台油路中电磁阀线圈，YV3-2、YV3-2、YV4-2 为右机动力滑台油路中电磁阀线圈，各工步电磁阀线圈通电状态见表 3-1。

表 3-1　电磁阀线圈通电状态表

得电状态　项目　工步	电磁阀线圈										电动机			转换主令
	YV1-1	YV1-2	YV2-1	YV2-2	YV4-1	YV3-1	YV3-2	YV4-2	YV5-1	YV5-2	M2	M3	M4	
工件定位									+					SB6
工件夹紧	+													SQ2
滑台快进	（+）		+		+	+		+			+	+		KP
滑台工进	（+）			（+）		（+）					+	+	+	SQ3，SQ6
滑台快退	（+）			+			+				+	+		SQ4，SQ7
松开工件		+												SQ5，SQ8
拔定位销										+				SQ9
停止														SQ1
备注	夹紧		左机动力滑台			右机动力滑台			定位拔销		刀具电动机		冷却	

注：（）为保持得电；"+"为得电；空格为失电。

2）M1 为液压泵的驱动电动机，液压泵电动机 M1 首先直接起动，使系统正常供油后，其他电动机的控制电路以及液压系统的控制电路方可通电工作。

3）M2 为左机的刀具电动机，M3 为右机的刀具电动机，刀具电动机在动力滑台进给循环开始时即起动，动力滑台退回原位后停机。

4）M4 为冷却泵电动机，冷却泵电动机可由手动控制起停，也可自动控制，在动力滑台工作进给时，自动起动供液和工作进给结束时停止供液。

3.1.3　机床控制电路分析

双面钻孔组合机床的控制电路如图 3-3 所示，电气元器件说明见表 3-2。图 3-3a 中主电路共接有四台电动机，电动机均为直接起动，单向旋转，由控制接触器 KM1、KM2、KM3、KM4 分别控制电动机 M1、M2、M3 和 M4 的定子绕组通电或断电。控制电路有交流电路部分和直流电路部分，交流部分用于对电动机进行控制，直流部分用于对液压系统的控制。

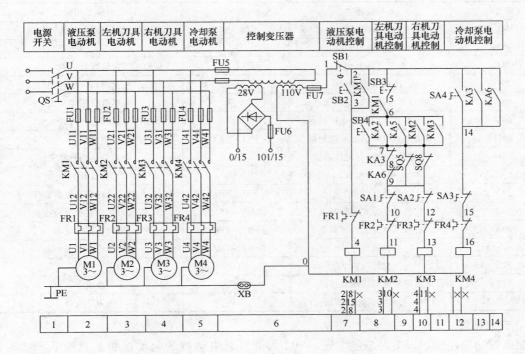

a)

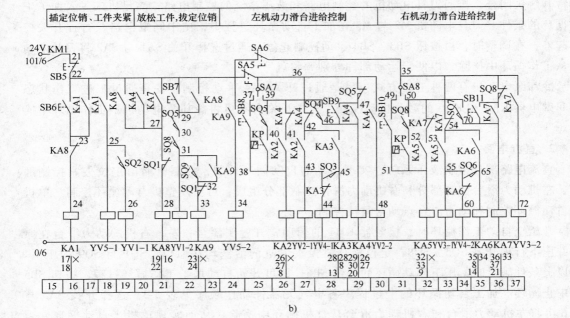

b)

图 3-3 双面钻孔组合机床控制电路

表 3-2　电气元器件明细表

符号	名称及用途	符号	名称及用途
M1	液压泵电动机	SB6、SB5	液压系统循环工件起停按钮
M2	左机刀具电动机	SB7	松开夹具按钮
M3	右机刀具电动机	SQ1、SQ2	定位行程开关
M4	冷却泵电动机	SQ3、SQ4、SQ5	左机滑台行程开关
KM1	液压泵电动机起动接触器	SQ6、SQ7、SQ8	右机滑台行程开关
KM2	左机刀具电动机起动接触器	SQ9	压紧原位行程开关
KM3	右机刀具电动机起动接触器	SA1～SA3	选择开关
KM4	冷却泵电动机起动接触器	SA4	冷却泵电动机开关
KA1～KA9	中间继电器	SA5	选择开关
SA6	选择开关	SB8、SB9	左机点动向前和复位按钮
SA7	左机工作方式选择开关	SB10、SB11	右机点动向前和复位按钮
SA8	右机工作方式选择开关	FR1～FR4	电动机热继电器
QS	电源隔离开关	FU1～FU7	熔断器
SB1	总停按钮	TC	变压器
SB2	液压泵电动机起动按钮	VC	整流器
SB3、SB4	刀具电动机起停按钮	KP	压力继电器

1. 交流电路

交流控制电路中，SB1 为总停按钮，SB2 为液压泵电动机的起动按钮。当按下 SB2 时，液压泵电动机的控制接触器 KM1 线圈得电，其主触头闭合，液压泵电动机起动工作，其辅助常开触头闭合，接通刀具电动机的控制电路和液压系统的控制电路，满足机床进入加工工作循环的条件。刀具电动机 M2 与 M3 在加工自动循环过程中，由中间继电器及行程开关控制起停，在调整时，由按钮 SB3、SB4 手动控制起停，通过选择开关 SA1 与 SA2 将刀具电动机从工作循环中摘除，以便于运动部件分别调整。

冷却泵电动机有两种工作方式：一是通过开关 SA4 手动控制；一是通过工进工作状态中间继电器 KA3 和 KA6 的触头机动控制，选择开关 SA3 可将冷却泵电动机从工作循环中摘除。

2. 直流电路

直流电路部分控制液压系统，实现运动的自动循环控制，控制电路由定位夹紧控制部分、左机动力滑台控制部分和右机动力滑台控制部分组成，可实现整机自动循环控制、单机半自动循环控制和动力滑台点动与复位控制。

开始全自动工作循环时，接触器 KM1 的辅助常开触头闭合；左、右机的动力滑台在原位并压下行程开关 SQ5、SQ8；定位液压缸及夹紧缸的活塞均在原位，SQ1 与 SQ9 均压下。当以上条件满足时，压下起动循环的按钮 SB6，即可开始自动加工工作循环过程，按钮 SB5 可中止循环。加工自动循环的全过程中各电气元器件动作顺序见表 3-3。选择开关 SA5 与 SA6 可将左机动力滑台和右机动力滑台从整机循环中摘除，从而实现单机半自动循环。当 SA5 触头闭合、SA6 触头断开时，右机从循环中摘除，此时按动起动循环按钮 SB6，左机单循环；当 SA5 触头断开、SA6 触头闭合时，左机摘除，右机单循环；当 SA5 与 SA6 均断开时，可调整定位夹紧的控制

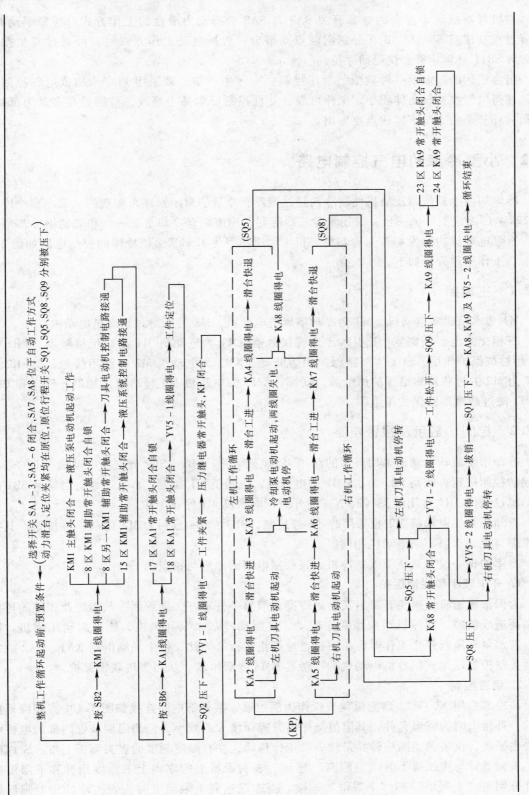

表 3-3　各电气元器件动作顺序表

左机与右机动力滑台的选择开关 SA7 与 SA8 选择动力滑台的工作方式：选择手动时，可通过点动按钮 SB8 与 SB10 分别向前点动滑台；选择自动工作方式时，可通过复位按钮 SB9 与 SB11 分别使滑台快退回原位。

组合机床的控制是一种典型的顺序控制，实际生产中，常采用 PLC 来构成电气控制系统，使得电气控制设备体积小、工作可靠，并且控制要求易于修改，特别是在多动力部件、运动循环复杂的工况下，优点更突出。

3.2 小型冷库的电气控制电路

冷库的制冷是依靠压缩机使制冷剂经过蒸发和冷凝的封闭循环来实现的。某小型冷库配有 22kW 压缩式制冷机一台，采用水冷式冷凝器，相应配有冷却水泵一台和玻璃钢冷却塔一座，水泵电动机功率为 4kW，冷却塔风机电动机功率为 1.1kW，该冷库的控制电路如图 3-4 所示。工作原理分析如下。

3.2.1 主电路

M1 为水泵驱动电动机，M2 为冷却塔风机电动机，M3 为压缩式制冷机电动机。

三相交流电经断路器 QF 引入，交流接触器 KM1 为电动机 M1 起动用接触器，FR1 对 M1 起过载保护作用，FU1 为短路保护用熔断器。KM2 为电动机 M2 起动用接触器，FR2 和 FU2 为 M2 的过载及短路保护用电器。同样，KM3 为电动机 M3 起动用接触器，FR3 和 FU3 为 M3 的过载及短路保护用电器。

3.2.2 控制、显示及报警电路

冷却水泵驱动电动机采用典型的起-保-停控制电路，SB1、SB2 分别为电动机 M1 的停车与起动控制按钮，按动 SB2 时，KM1 通电自锁，电动机 M1 通电，水泵工作。当按动 SB1 或电动机过载使 FR1 常闭触头（2，N）断开时，电动机 M1 停止工作。

冷却塔风机电动机 M2 也采用起-保-停控制，SB3、SB4 分别为 M2 的起、停按钮，其控制原理与冷却水泵驱动电动机相同。

冷库的核心设备是压缩式制冷机，其控制电路的原理与特点如下。

1. 开车顺序和联锁保护

为保护压缩机，避免开机后又会因冷凝器散热条件不好，导致制冷剂温度及相应的压力过高而造成故障，制冷机组应该顺序起动，先起动冷却水泵和风机，然后起动压缩机。同理，若水泵和风机停止工作时，压缩机也应停止运行。为此，将中间继电器 KA1、KA2 的常闭触头与控制压缩式制冷机电动机的接触器 KM3 线圈串联，从而实现联锁保护。

2. 温度控制

该冷库采用 XCT-122 型测温调节仪作为温控器，其外部电路连接如图 3-4 中点画线框内所示，外接电阻为感温元件，其阻值随库温升降而增大或减小，使测温调节仪内部的电桥电路失去平衡，仪表的动圈旋转并带动表头指针移动，在有温度刻度的表头面板上指示库内温度。表头动针与接线板上的"上限高"连接。表头面板上的库内上限温度指针和下限温度指针分别与"上限中"和"下限中"连接。当库温达到上限温度时，表头动针与上限温度

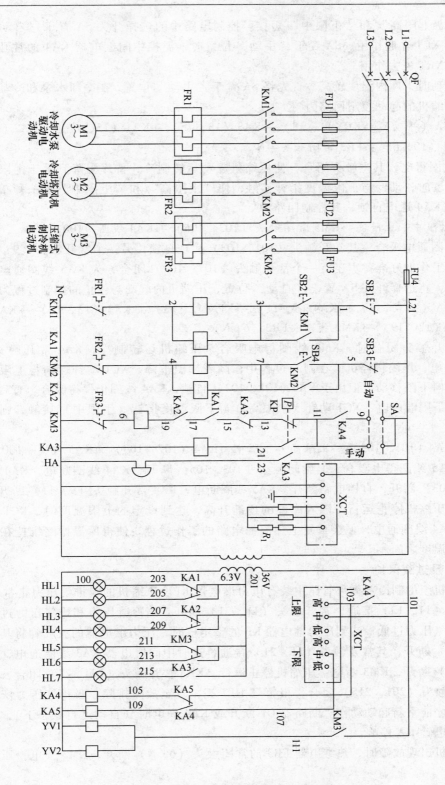

图 3-4　小型冷库的电气控制电路图

指针接触，"上限高"和"下限中"短接。控制电路中的选择开关 SA 置于"自动"位置时，温控器 XCT 才起作用；SA 置于"手动"位置时，温控中间继电器 KA4 的常开触头未接入电路，XCT 失去作用。

冷库起动时，库内温度较高。首先将 SA 置于"手动"位置，在冷却水泵和冷却塔风机起动后，压缩机的起动控制回路为

L21→SA（手动）→KP（11，13）→KA3（13，15）→KA1（15，17）→KA2（17，19）→KM3 线圈（19，6）→FR3 常闭触头→N

KM3 线圈得电，其主触头闭合，使压缩机起动运转制冷，待库温降到等于上限温度指针的给定温度时，动针与上限温度指针接触，使"上限高"和"上限中"触头短接，温控中间继电器 KA4 通电自锁，其控制回路为

101→上限中→上限高→KM5 常闭触头（103，105）→KA4 线圈→100

KA4 线圈通电吸合，其常开触头（101，103）实现自锁，另一个常开触头（9，11）闭合，为自动工作做好准备。还有一个常开触头（107，109）闭合，为 KA5 线圈通电奠定了基础。此后，将选择开关 SA 置于"自动"位置，压缩机的起动与停止的控制过程为

L21→SA（自动，9）→KA4（9，11）→KP（11，13）→KA3（13，15）→KA1（15，17）→KA2（17，19）→KM3 线圈→FR3（6，N）

KA4 常开触头闭合时，KM3 线圈得电吸合，压缩机运转制冷；KA4 常开触头断开，KM3 线圈失电，压缩机停机。在制冷过程中，随着库温下降，XCT 动针逐渐与上限温度指针脱离，并向下限移动，但由于 KA4（101，103）自锁，KA4 线圈仍保持吸合。直到库温下降至设定的下限温度时，XCT 动针（上限高）与下限温度指针（下限中）接触，则控制回路为

101→KA4（101，103）→上限高→下限中→KA4（107，109）→KA5 线圈→100

此时 KA5 线圈得电吸合，其常闭触头（103，105）断开，KA4 线圈断电，KA4 常开触头（101，103）断开，自锁电路断开，KA5 线圈断电，KA4 常开触头（9，11）断开，KM3 线圈断电，压缩机停止运行。随着库温的逐渐升高，达到设定的上限温度时，XCT 又使温控继电器 KA4 线圈通电，便会重复上述温控电路的工作过程，使得库温始终维持在设定的上限与下限温度之间。

3. 压力及过载保护

在制冷机组的制冷剂循环管路中装有压力继电器 KP。压缩机的吸排气压力正常时，KP 的常闭触头（11，13）接通，常开触头（11，21）断开。当冷凝压力和排气压力过高或蒸发压力机吸气压力过低，达到压力继电器 KP 的整定值时，压力继电器的波纹管将其常闭触头（11，13）断开，其常开触头（11，21）接通，这时中间继电器 KA3 线圈通电，常闭触头（13，15）断开，KM3 断电，压缩机停止运行。KA3 常开触头（L21，23）闭合，报警电铃 HA 响，触头（201，215）闭合，报警灯 HL7 亮，直至故障排除。吸排气压力恢复正常时，压缩机才能重新起动动作。断路器 QF 断开或 KA4 失电时（自动运行状态下），报警灯 HL7 熄灭，电铃 HA 停响。

当压缩机出现故障时，热继电器 FR3 的常闭触头（6，N）断开，KM3 失电，压缩机停止运行。

4. 供液自动控制

　　该冷库有两大组蒸发排管，从冷凝管流出的制冷剂的冷凝液经贮液筒再分成两路向两大组排管供液，在这两条供液干管上各装一只电磁阀 YV1 、YV2，它们由 KM3 的辅助常开触头（101，111）控制，从而可随压缩机的开或停而自动开阀供液或自动关闭，以免蒸发器内贮液过多，在压缩机重新起动时造成液击。

5. 信号显示

　　红色指示灯 HL1、HL3、HL5 以及绿色指示灯 HL2、HL4、HL6 分别指示冷却水泵、冷却塔风机、压缩机的停止和正常运行。HL7 为压力故障指示灯。

思考与练习题

3-1　简述电气控制系统分析的一般步骤。

3-2　一台三相异步电动机丫-△660/380 接法，轻载起动，试设计满足下列要求的控制电路：

（1）采用减压起动。

（2）实现连续运转和点动工作，且当点动工作时要求处于减压状态工作。

（3）具有必要的联锁和保护环节。

第 2 篇 可编程序控制器及其应用篇

第 4 章 可编程序控制器及其工作原理

4.1 PLC 的特点

可编程序控制器是 20 世纪 60 年代末在美国首先出现的，当时叫可编程逻辑控制器（Programmable Logic Controller，PLC），目的是用来取代继电器，以执行逻辑判断、计时、计数等顺序控制功能。最先提出 PLC 概念的是美国通用汽车公司。当时，根据汽车制造生产线的需要，希望用电子化的新型控制器替代继电器控制柜，以减少汽车改型时，重新设计制造继电器控制盘的成本和时间。通用汽车公司对新型控制器提出 10 点具体要求：

1）编程简单，可在现场修改程序。

2）维护方便，采用插件式结构。

3）可靠性高于继电路控制柜。

4）体积小于继电器控制柜。

5）成本可与继电器控制柜竞争。

6）可将数据直接送入计算机。

7）可直接用 115V 交流输入。

8）输出采用交流 115V，能直接驱动电磁阀、交流接触器等。

9）通用性强，扩展时很方便。

10）程序要能存储，存储器容量可扩展到 4KB。

这 10 点要求几乎成为当时各自动化仪表厂商生产 PLC 的基本规范。概括起来，PLC 的基本设计思想是把计算机功能完善、灵活、通用等优点和继电器控制系统的简单易懂、操作方便、价格便宜等优点结合起来，控制器的硬件是标准的、通用的。根据实际应用对象，可将控制内容编成软件写入控制器的用户程序存储器内，控制器和被控对象连接方便。

随着半导体技术，尤其是微处理器和微型计算机技术的发展，到 20 世纪 70 年代中期以后，PLC 已广泛地使用微处理器作为中央处理器，输入输出模块和外围电路也都采用了中、大规模甚至超大规模的集成电路，这时的 PLC 已不再是仅有逻辑（logic）判断功能，还同时具有数据处理、PID 调节和数据通信功能。

国际电工委员会〔IEC〕颁布的可编程序控制器标准草案中对可编程序控制器作出如下的定义。可编程序控制器是一种数字运算操作的电子系统、专为在工业环境下应用而设计。它采用了可编程序的存储器，用来在其内部存储执行逻辑运算、顺序控制、定时、计数和算术运算等操作的指令，并通过数字式和模拟式的输入和输出，控制各种类型的机械或生产过程。可编程序控制器及其有关外围设备易于与工业控制系统联成一个整体，易于进行扩充其功能的设计。

可编程序控制器对用户来说，是一种无触点设备，改变程序即可改变生产工艺，因此可在初步设计阶段选用可编程序控制器，在实施阶段再确定工艺过程。另一方面，从制造生产可编程序控制器的厂商角度来看，在制造阶段不需要根据用户的订货要求专门设计控制器，适合批量生产。由于这些特点，可编程序控制器问世以后很快受到工业控制界的欢迎，并得到迅速发展。目前，可编程序控制器已成为工厂自动化的强有力工具，得到了广泛应用。可编程序控制器是面向用户的专用工业控制计算机，具有许多明显的特点。

（1）可靠性高，抗干扰能力强　可编程序控制器是专为工业控制而设计的，除了对器件的严格老化筛选，在硬件和软件两个方面还采用了屏蔽、滤波、隔离、电源调整与保护、故障诊断和自动恢复等措施，使可编程序控制器具有很强的抗干扰能力，使其平均无故障时间达到 30 万 h 以上，也就是说一台可编程序控制器可连续运行 30 多年不出故障。

（2）编程方便易于使用　可编程序控制器是面向用户、面向现场，考虑到大多数电气技术人员熟悉继电器—接触器控制电路的特点，它没有采用微机控制中常用的汇编语言，而是采用了一种面向控制过程的梯形图语言。梯形图语言与继电器—接触器原理图相类似，形象直观，易学易懂。电气工程师和具有一定知识的电工、工艺人员都可以在短时间内学会，使用起来得心应手。计算机技术和传统的继电器—接触器控制技术之间的隔阂在可编程序控制器上完全不存在。世界上许多国家的公司生产的可编程序控制器把梯形图语言作为第一用户语言。

（3）适应性强，应用灵活　可编程序控制器是通过程序实现控制的。当控制要求发生改变时，只要修改程序即可。由于可编程序控制器产品已标准化、系列化、模块化，因此能灵活方便地进行系统配置，组成规模不同、功能不同的控制系统，适应能力非常强，故既可控制一台单机、一条生产线，又可控制一个复杂的群控系统；既可以现场控制，又可以远距离控制。

（4）功能完善，扩展能力强　目前的可编程序控制器具有数字量和模拟量的输入输出、逻辑和算术运算、定时、计数、顺序控制、通信、人机对话、自检、记录和显示等功能，使设备控制水平大大提高。接口具有功率驱动能力，极大地方便了用户。常用的数字量输入输出接口，就电源而言有交流 110V、220V 和直流 5V、24V、48V 等多种；负载能力可在 0.5~5A 的范围内变化；模拟量的输入输出有 ±50mV、±10V 和 0~10mA、4~20mA 等多种规格。可以很方便地将可编程序控制器与各种不同的现场控制设备顺利连接，组成应用系统。例如，输入接口可直接与各种开关量和传感器进行连接，输出接口在多数情况下也可直接与各种传统的继电器、接触器及电磁阀等相连接。

（5）维护方便，维修工作量小　PLC 有完善的自诊断、监视功能，对于其内部工作状态、通信状态、异常状态和 I/O 点的状态均有显示。工作人员通过它可以查出故障原因，便于迅速处理。

此外，PLC 还具有体积小、重量轻、易于实现机电一体化等优点。

由于具有上述特点，使得 PLC 的应用范围极为广泛，可以说只要有工厂、有控制要求，就会有 PLC 的应用。

表 4-1 是 PLC、继电器—接触器控制系统、微机控制系统比较表。

表 4-1 PLC、继电器—接触器控制系统、微机控制系统比较表

项目	PLC	继电器—接触器控制系统	微机控制系统
功能	用程序可实现各种复杂控制	用大量继电器布线逻辑实现顺序控制	用程序实现各种复杂控制，功能最强
改变控制内容	修改程序较简单容易	改变硬件接线逻辑工作量大	修改程序技术难度较大
可靠性	平均无故障工作时间长	受机械触头寿命限制	一般比 PLC 差
工作方式	顺序扫描	顺序控制	中断处理，响应最快
接口	直接与生产设备连接	直接与生产设备连接	要设计专门接口
环境适应性	可适应一般工业生产现场环境	若环境差，则会降低可靠性和寿命	要求有较好的环境
抗干扰性	一般不用专门考虑干扰问题	能抗一般电磁干扰	要专门设计抗干扰措施
维护	现场检查、维修方便	定期更换继电器，维修费时	技术难度较大
系统开发	设计容易、安装简单、调试周期短	图样多、安装接线工作量大、调试周期长	系统设计复杂、调试技术难度大，需要有系统的计算机知识
通用性	较好、适应面广	一般是专用	要进行软、硬件改造才能作其他用
硬件成本	比微机控制系统高	对于少于 30 个继电器的系统，成本最低	一般比 PLC 低

4.2 PLC 的应用与发展

PLC（可编程序控制器）在国内外已广泛应用于钢铁、石化、机械制造、汽车装配、电力及轻纺等各行各业。目前典型的 PLC 功能有下面几点。

1）顺序控制：这是可编程序控制器最广泛应用的领域，取代了传统的继电器—接触器顺序控制，如注塑机、印刷机械、订书机械、切纸机、组合机床、磨床、装配生产线、包装生产线、电镀流水线及电梯控制等。

2）过程控制：过程控制指对温度、压力、流量、液位及速度等模拟量的闭环控制。通过 PLC 模拟量输入、输出模块，实现模拟量（Analog）和数字量（Digital）之间的转换（A-D 转换或 D-A 转换），并利用 PID（Proportional-Integral-Derivative）子程序或专用的 PID 模块对模拟量进行闭环控制。PLC 的模拟量 PID 控制已经广泛应用于水处理、锅炉、冷冻设备、酿酒以及闭环速度控制等方面。

3）数据处理：一般可编程序控制器都设有四则运算指令，可以很方便地对生产过程中的数据进行处理。用 PLC 可以构成监控系统，进行数据采集和处理、监控生产过程。较高档次的可编程序控制器都有位置控制模块，用于控制步进电动机或伺服电动机，实现对各种机械的位置控制。

4）通信联网和显示打印：某些控制系统需要多台 PLC 连接起来使用或者由一台计算机与多台 PLC 组成分布式控制系统。可编程序控制器的通信模块可以满足这些通信联网要求。

可编程序控制器还可以连接显示终端和打印机等外围设备，从而实现显示和打印功能。

　　5）可编程序控制器的更新很快：可编程序控制器的技术发展特点为高速度、大容量、系列化、模块化、多品种。可编程序控制器的编程语言、编程工具多样化，通信联网能力越来越强。可编程序控制器的联网和通信可分为两类：一类是可编程序控制器之间的联网通信，各制造厂商都有自己的专有联网手段；另一类是可编程序控制器与计算机之间的联网通信，一般可编程序控制器都有通信模块用于与计算机通信。在网络中要有通用的通信标准，否则在同一个网络中不能连接许多厂商的产品。美国通用汽车公司在 1983 年提出的制造自动化协议（Manufacture Automation Protocol，MAP）是众多通信标准中发展最快的一个。MAP 的主要特点是提供以开放性为基础的局部网络，使来自许多厂商的设备可以通过相同的通信协议而相互连接。MAP 的出现推动了通信标准化的进程。

4.3　PLC 的基本结构和工作原理

4.3.1　PLC 的基本结构

　　可编程序控制器的结构多种多样，但其组成的一般原理基本相同，都是以微处理器为核心的结构，其功能的实现不仅基于硬件的作用，更要靠软件的支持。实际上，可编程序控制器就是一种新型的工业控制计算机。目前，PLC 生产厂家很多，产品结构各不相同，其基本组成部分大致如图 4-1 所示。

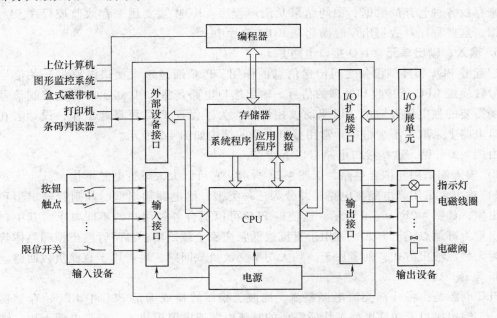

图 4-1　PLC 的典型结构

　　由图可以看出，PLC 采用了典型的计算机结构，主要包括 CPU、存储器（RAM、ROM）和输入接口、输出接口等。其内部采用总线结构进行数据和指令的传输。如果把 PLC 看作一个系统，该系统由输入变量—PLC—输出变量组成，外部的各种开关信号、模拟信号以及

　　传感器检测的各种信号均作为 PLC 的输入变量，它们经 PLC 外部输入端子输入到内部寄存器中，经 PLC 内部逻辑运算或其他各种运算处理后送到输出端子，它们是 PLC 的输出变量。由这些输出变量对外围设备进行各种控制。这里可以把 PLC 看作一个中间处理器或变换器，它将输入变量转换为输出变量。

　　下面结合图 4-1 具体介绍各部分的作用。

　　1. 中央处理单元（CPU）

　　中央处理单元（Central Processing Unit，CPU）一般由控制电路、运算器和寄存器组成。它作为整个 PLC 的核心，起着总指挥的作用。它主要完成以下功能：

　　1）将输入信号送入 PLC 中存储起来。

　　2）按存放的先后顺序取出用户指令，进行编译。

　　3）完成用户指令规定的各种操作。

　　4）将结果送到输出端。

　　5）响应各种外围设备（如编程器、打印机等）的请求。

　　目前，PLC 中所用的 CPU 多为单片机，在高档机中现已采用 16bit 甚至 32bit CPU。

　　2. 存储器

　　存储器是具有记忆功能的半导体电路，用来存放系统程序、用户程序、逻辑变量和其他一些信息。

　　PLC 内部存储器有两类：一类是 RAM（即随机存取存储器），可以随时由 CPU 对它进行读出、写入；另一类是 ROM（即只读存储器），CPU 只能从中读取而不能写入。RAM 主要用来存放各种暂存的数据、中间结果及用户程序。ROM 主要用来存放监控程序及系统内部数据，这些程序及数据出厂时固化在 ROM 芯片中。

　　3. 输入、输出单元（I/O 接口电路）

　　它起着 PLC 和外围设备之间传递信息的作用。PLC 通过输入接口电路将开关信号等输入信号转换成 CPU 能接收和处理的信号。输出接口电路是将 CPU 送出的弱电控制信号转换成现场需要的强电信号输出，以驱动被控设备。为了保证 PLC 可靠地工作，设计者在 PLC 的接口电路上采取了不少措施。常用接口电路的结构如图 4-2 所示。

　　由图 4-2 可见，这些接口电路有以下特点：

　　1）输入端采用光耦合电路，如图 4-2a 所示，它可以大大减少电磁干扰。

　　2）输出也采用光电隔离电路，并分为三种类型：继电器输出型、晶闸管输出型和晶体管输出型，如图 4-2b、c、d 所示。这使得 PLC 可以适合各种用户的不同要求。其中，继电器输出型为有触点输出方式，可用于直流或低频交流负载回路；晶闸管输出型和晶体管输出型皆为无触点输出方式，前者用于高频大功率交流负载回路，后者用于直流负载回路。

　　4. 电源

　　PLC 电源是指将外部交流电经整流、滤波、稳压转换成满足 PLC 中 CPU、存储器、输入接口、输出接口等内部电路工作所需的直流电源或电源模块。为避免电源干扰，输入接口、输出接口电路的电源回路彼此相互独立。

　　5. 编程器

　　编程器是 PLC 最重要的外围设备，它实现了人与 PLC 的联系对话。用户利用编程器不但可以输入、检查、修改和调试用户程序，还可以监视 PLC 的工作状态、修改内部系统寄

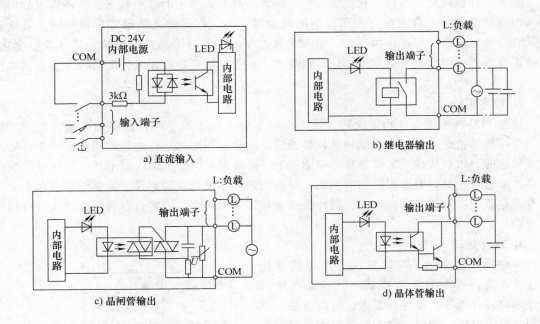

图 4-2 PLC 接口电路

存器的设置参数以及显示错误代码等。编程器分两种：一种是手持编程器，只需通过编程电缆与 PLC 相接即可使用；另一种是带有 PLC 专用工具软件的计算机，它通过 RS-232 通信口与 PLC 连接，若 PLC 用的是 RS-422 通信口，则需另加适配器。

6. I/O 扩展接口

当主机单元（带有 CPU）的 I/O 点数不够用时，可进行 I/O 扩展，即通过 I/O 扩展接口电缆与 I/O 扩展单元（不带有 CPU）相接，以扩充 I/O 点数。A-D、D-A 单元一般也通过接口与主机单元相接。

4.3.2 PLC 的工作原理

PLC 采用循环扫描的工作方式，其扫描过程示意图如图 4-3 所示。

这个工作过程分为内部处理、通信操作、输入处理、程序执行、输出处理几个阶段。全过程扫描一次所需的时间称为扫描周期。内部处理阶段，PLC 检查 CPU 模块的硬件是否正常，复位监视定时器等。在通信操作阶段，PLC 与一些智能模块通信、响应编程器键入的命令、更新编程器的显示内容等，当 PLC 处于停止（STOP）状态时，只进行内部处理和通信操作等内容。在 PLC 处于运行（RUN）状态时，从内部处理、通信操作到输入处理、程序执行、输出处理，一直循环扫描工作。

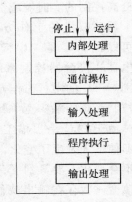

图 4-3 PLC 循环扫描过程示意图

1. 输入处理

输入处理也叫输入采样。在此阶段顺序读入所有输入端子的通断状态，并将读入的信息存入内部存储器（简称内存）中所对应的映像寄存器。在此输入映像寄存器被刷新。接着进入程序执行阶段。在程序执行时，输入映像寄存器与外界隔离，即使输入信号发生变化，其映像寄存器的内容也不会发生变化，只有在下一个扫描周期的输入处理阶段才能被读入信息。

2. 程序执行

根据 PLC 梯形图程序扫描原则，按先左后右先上后下的步序，逐句扫描执行程序。但遇到程序跳转指令时，则根据跳转条件是否满足来决定程序的跳转地址。用户程序涉及输入输出状态时，PLC 从输入映像寄存器中读出上一阶段采入的对应输入端子状态，从输出映像寄存器读出对应映像寄存器的当前状态，根据用户程序进行逻辑运算，运算结果再存入有关器件寄存器中。对每个器件而言，器件映像寄存器中所寄存的内容，会随着程序执行过程而变化。

3. 输出处理

程序执行完毕后，将输出映像寄存器（即器件映像寄存器中的 Y 寄存器）的状态在输出处理阶段转存到输出锁存器，通过隔离电路，驱动功率放大电路，使输出端子向外界输出控制信号，驱动外部负载。

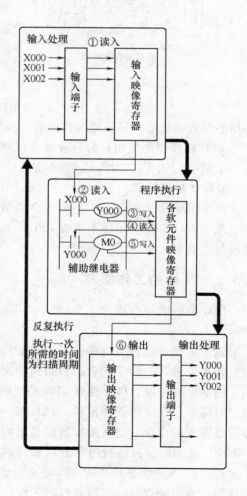

PLC 的输入处理、程序执行和输出处理工作方式如图 4-4 所示。PLC 的扫描既可按固定的顺序进行，也可按用户程序所指定的可变顺序进行。这不仅因为有的程序不需每扫描一次就执行一次，而且也因为在一些大系统中需要处理的 I/O 点数多，通过安排不同的组织模块，采用分时分批扫描的执行方法，可缩短循环扫描的周期和提高控制的实时响应性。

循环扫描的工作方式是 PLC 的一大特点，也可以说 PLC 是"串行"工作的，这和传统的继电器—接触器控制系统"并行"工作有质的区别。PLC 的串行工作方式避免了继电器—接触器控制系统中触头竞争和时序失配的问题。

由于 PLC 是扫描工作过程，在程序执行阶段即使输入发生了变化，输入映像寄存器的内容也不会变化，要等到下一周期的输入处理阶段才能改变。暂存在输出映像寄存器中的输出信号，等到一个循环周期结束，CPU 集中将这些输出信号全部输送给输出锁存器。由此可以看出，全部输入、输出状态的改变，需要一个扫描周期。

图 4-4 PLC 扫描工作过程

换言之，输入、输出的状态保持一个扫描周期。

扫描周期是 PLC 一个很重要的指标，小型 PLC 的扫描周期一般为十几毫秒到几十毫秒。PLC 的扫描时间取决于扫描速度和用户程序长短。对于一般工业设备，毫秒级的扫描时间通常是可以接受的。

4.3.3　输出响应滞后

可编程序控制器的输入状态 ON 时间或 OFF 时间，必须比可编程序控制器的循环扫描时间与输入滤波器的时间相加还要长。考虑输入滤波器 10ms 的响应延迟，若循环扫描时间为 10ms，则输入状态 ON 时间、OFF 时间各需要 20ms。因此，PLC 不可以处理 1000Hz/（20 + 20）＝25Hz 以上的输入脉冲。如图 4-5 所示，PLC 不能获取宽度窄的输入脉冲。但是，使用可编程序控制器的特殊功能和应用指令时，可以改善这个情况。

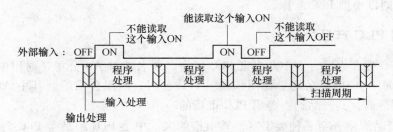

图 4-5　PLC 不能获取宽度窄的输入脉冲

PLC 的响应滞后是允许的，但是对于某些 I/O 快速响应的设备，则应采取相应的处理措施。如选用高速 CPU，提高扫描速度，采用快速响应模块、高速计数模块以及不同的中断处理等措施减少滞后时间。影响 I/O 滞后的主要原因有输入滤波器的惯性、输出继电器触点的惯性、程序执行的时间以及程序设计不当的附加影响等。对用户来说，选择了一个 PLC，合理地编制程序是缩短响应的关键。为了确保 PLC 在任何情况下都能正确无误地工作，一般情况下，输入信号的脉冲宽度必须大于一个扫描周期。另外，还应该注意的一个问题是，输出信号的状态是在输出刷新时才送出的。因此，在一个程序中，当给一个输出端多次赋值时，中间状态将改变输出映像寄存器的内容。只有最后一次赋值才能送到输出端。这就是常说的执行指令的后者优先。

思考与练习题

4-1　简述 PLC 定义，比较 PLC 控制、继电器—接触器控制和微机控制系统的优缺点。

4-2　PLC 由哪几部分组成？各部分的作用是什么？

4-3　PLC 执行用户程序的方式（工作方式）是怎样的？输出响应滞后又是怎么产生的？

4-4　PLC 有哪几种输出类型？各有什么特点？

4-5　PLC 执行程序的过程分为哪三个阶段？程序执行的结果保存在什么地方？

第5章 三菱FX系列可编程序控制器应用基础

5.1 国内外PLC产品简介

世界上PLC产品可按地域分成三大流派：一个流派是美国产品，一个流派是欧洲产品，一个流派是日本产品。美国和欧洲的PLC技术是在相互隔离情况下独立研究开发的，因此美国和欧洲的PLC产品有明显的差异性。日本的PLC技术是由美国引进的，对美国的PLC产品有一定的继承性，但日本的主推产品定位在小型PLC上。美国和欧洲以大中型PLC而闻名，而日本则以小型PLC著称。

5.1.1 美国PLC产品

美国是PLC生产大国，有100多家PLC厂商，著名的有AB公司、通用电气（GE）公司、莫迪康（MODICON）公司、德州仪器（TI）公司、西屋公司等。其中AB公司是美国最大的PLC制造商，其产品约占美国PLC市场的一半。

AB公司产品规格齐全、种类丰富，其主推的大、中型PLC产品是PLC-5系列。该系列为模块式结构，CPU模块为PLC-5/10、PLC-5/12、PLC-5/15、PLC-5/25时，属于中型PLC，I/O点配置范围为256～1024点；当CPU模块为PLC-5/11、PLC-5/20、PLC-5/30、PLC-5/40、PLC-5/60、PLC-5/40L、PLC-5/60L时，I/O点最多可配置到3072点。该系列中PLC-5/250功能最强，最多可配置到4096个I/O点，具有强大的控制和信息管理功能。大型机PLC-3最多可配置到8096个I/O点。AB公司的小型PLC产品有SLC500系列等。

GE公司的代表产品是：小型机GE-1、GE-1/J、GE-1/P等，除GE-1/J外，均采用模块式结构。GE-1用于开关量控制系统，最多可配置到112个I/O点。GE-1/J是更小型化的产品，其I/O点最多可配置到96点。GE-1/P是GE-1的增强型产品，增加了部分功能指令（数据操作指令）、功能模块（A-D、D-A等）、远程I/O功能等，其I/O点最多可配置到168点。中型机GE-Ⅲ，它比GE-1/P增加了中断、故障诊断等功能，最多可配置到400个I/O点。大型机GE-Ⅴ，它比GE-Ⅲ增加了部分数据处理、表格处理、子程序控制等功能，并具有较强的通信功能，最多可配置到2048个I/O点。GE-Ⅵ/P最多可配置到4000个I/O点。

德州仪器（TI）公司的小型PLC产品有510、520和TI100等系列，中型PLC产品有TI300、5TI等系列，大型PLC产品有PM550、530、560、565等系列。除TI100和TI300无联网功能外，其他PLC都可实现通信，构成分布式控制系统。

莫迪康（MODICON）公司有M84系列PLC。其中M84是小型机，具有模拟量控制、与上位机通信功能，最多I/O点为112点。M484是中型机，其运算功能较强，可与上位机通信，也可与多台联网，最多可扩展I/O点为512点。M584是大型机，其容量大、数据处理和网络能力强，最多可扩展I/O点为8192。M884是增强型中型机，它具有小型机的结构、大型机的控制功能，主机模块配置两个RS-232C接口，可方便地进行组网通信。

5.1.2　欧洲 PLC 产品

德国的西门子（SIEMENS）公司、AEG 公司以及法国的 TE 公司是欧洲著名的 PLC 制造商。德国的西门子公司的电子产品以性能精良而久负盛名，在中、大型 PLC 产品领域与美国的 AB 公司齐名。

西门子 PLC 主要产品是 S5、S7 系列。在 S5 系列中，S5-90U、S5-95U 属于微型整体式 PLC；S5-100U 是小型模块式 PLC，最多可配置到 256 个 I/O 点；S5-115U 是中型 PLC，最多可配置到 1024 个 I/O 点；S5-115UH 是中型机，它是由两台 S5-115U 组成的双机冗余系统；S5-155U 为大型机，最多可配置到 4096 个 I/O 点，模拟量可达 300 多路；S5-155H 是大型机，它是由两台 S5-155U 组成的双机冗余系统。而 S7 系列是西门子公司在 S5 系列 PLC 基础上推出的新产品，其性能价格比高，其中 S7-200 系列属于微型 PLC、S7-300 系列属于中小型 PLC、S7-400 系列属于中高性能的大型 PLC。

5.1.3　日本 PLC 产品

日本的小型 PLC 最具特色，在小型机领域中颇具盛名，某些用欧美的中型机或大型机才能实现的控制，日本的小型机就可以解决。在开发较复杂的控制系统方面明显优于欧美的小型机，所以格外受用户欢迎。日本有许多 PLC 制造商，如三菱、欧姆龙、松下、富士、日立、东芝等，在世界小型 PLC 市场上，日本产品约占有 70% 的份额。

三菱公司的 PLC 是较早进入中国市场的产品。其小型机 F1/F2 系列是 F 系列的升级产品，早期在我国的销量也不小。F1/F2 系列加强了指令系统，增加了特殊功能单元和通信功能，比 F 系列有了更强的控制能力。继 F1/F2 系列之后，20 世纪 80 年代末三菱公司又推出 FX 系列，在容量、速度、特殊功能及网络功能等方面都有了全面的加强。FX2 系列是在 20 世纪 90 年代开发的整体式高性能小型机，它配有各种通信适配器和特殊功能单元。FX2N 是近几年推出的高性能整体式小型机，它是 FX2 的换代产品，各种功能都有了全面的提升。近年来还不断推出满足不同要求的微型 PLC，如 FX0S、FX1S、FX0N、FX1N、FX3G、FX3U、FX3UC 及 α 系列等产品。

三菱公司的大中型机有 A 系列、QnA 系列及 Q 系列，具有丰富的网络功能，I/O 点数可达 8192 点。其中 Q 系列具有超小的体积、丰富的机型、灵活的安装方式、双 CPU 协同处理、多存储器及远程口令等特点，是三菱公司现有 PLC 中性能最高的。

欧姆龙（OMRON）公司的 PLC 产品，大、中、小、微型规格齐全。微型机以 SP 系列为代表，其体积极小，速度极快。小型机有 P 型、H 型、CPM1A 系列、CPM2A 系列、CPM2C、CQM1 等。P 型机现已被性价比更高的 CPM1A 系列所取代，CPM2A/2C、CQM1 系列内置 RS-232C 接口和实时时钟，并具有 PID 功能，CQM1H 是 CQM1 的升级产品。中型机有 C200H、C200HS、C200HX、C200HG、C200HE、CS1 系列。C200H 是前些年畅销的高性能中型机，配置齐全的 I/O 模块和高功能模块，具有较强的通信和网络功能。C200HS 是 C200H 的升级产品，指令系统更丰富、网络功能更强。C200HX/HG/HE 是 C200HS 的升级产品，有 1148 个 I/O 点，其容量是 C200HS 的 2 倍，速度是 C200HS 的 3.75 倍，有品种齐全的通信模块，是适应信息化的 PLC 产品。CS1 系列具有中型机的规模、大型机的功能，是一种极具推广价值的新机型。大型机有　C1000H、C2000H、CV（CV500、CV1000、

CV2000、CVM1）等。C1000H、C2000H 可单机或双机热备运行，安装带电插拔模块，C2000H 可在线更换 I/O 模块；CV 系列中除 CVM1 外，均可采用结构化编程，易读、易调试，并具有更强大的通信功能。

松下公司的 PLC 产品中，FP0 为微型机，FP1 为整体式小型机，FP3 为中型机，FP5、FP10、FP10S（FP10 的改进型）、FP20 为大型机，其中 FP20 是最新产品。松下公司近几年 PLC 产品的主要特点是：指令系统功能强；有的机型还提供可以用 FP-BASIC 语言编程的 CPU 及多种智能模块，为复杂系统的开发提供了软件手段；FP 系列各种 PLC 都配置通信机制，由于它们使用的应用层通信协议具有一致性，这给构成多级 PLC 网络和开发 PLC 网络应用程序带来方便。

5.1.4　国内 PLC 产品

我国有许多厂家、科研院所从事 PLC 的研制与开发，产品如深圳市汇川技术股份有限公司 H2U-XP 系列，深圳市矩形科技有限公司 N80 系列，中国科学院自动化研究所的 PLC-0088，北京联想计算机集团公司的 GK-40，上海机床电器厂的 CKY-40，上海起重电器厂的 CF-40MR/ER，苏州电子计算机厂的 YZ-PC-001A，原机械工业部北京机械工业自动化研究所的 MPC-001/20、KB-20/40，杭州机床电器厂的 DKK02，天津中环自动化仪表公司的 DJK-S-84/86/480，上海自立电子设备厂的 KKI 系列，上海香岛机电制造有限公司的 ACMY-S80、ACMY-S256，无锡华光电子工业有限公司（合资）的 SR-10、SR-20/21 等。

随着经济的全球化，国内相关企业与国外著名 PLC 制造厂商进行了合资或引进技术、生产线等，促进了国内 PLC 技术的发展。我国的 PLC 产品发展势头迅猛，在价格上具有明显优势。

5.2　三菱 FX 系列 PLC 硬件配置及性能指标

三菱小型可编程序控制器分为 F、F1、F2、FX（包括 FX0、FX2、FX0N、FX2C、FX2N、FX3G、FX3U、FX3UC 等）几个系列，其中 FX 系列产品应用最为普遍。下面侧重介绍 FX 系列 PLC 产品，并以 FX2N 为例详细介绍产品的硬件配置及性能指标。详细技术资料请查阅相关产品使用说明书。

5.2.1　FX 系列型号命名

FX 系列可编程序控制器基本单元可以独立使用，也可以将基本单元与扩展单元、扩展模块组合使用。基本单元内置电源、输入电路、输出电路以及 CPU、存储器，是可编程序控制器的核心部分。扩展单元是为扩展基本单元的 I/O 点数的单元，内置电源。扩展模块与扩展单元同样是为了扩展 I/O 点数，所不同的是电源由基本单元提供。

FX 系列可编程序控制器的型号及含义如下：

1）系列序号：如 0、2、0N、2C、1S、1N、2N、1NC、2NC、3U 等。

2）I/O 总点数：16～256（以 FX2N 为例）。

3）单元类型：M——基本单元。

　　　　　　　E——输入输出混合扩展单元及扩展模块。

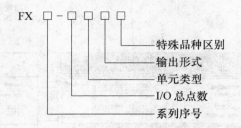

　　　　EX——输入专用扩展模块。

　　　　EY——输出专用扩展模块。

　4）输出形式：R——继电器输出。

　　　　　　　　T——晶体管输出。

　　　　　　　　S——晶闸管输出。

　5）特别品种区别：D ——DC 电源，DC 输入。

　　　　　　　　　A1——AC 电源，AC 输入。

　　　　　　　　　H——大电流输出扩展模块（1A/1 点）。

　　　　　　　　　V——立式端子排的扩展模块。

　　　　　　　　　C——接插口输入输出方式。

　　　　　　　　　F——输入滤波器 1ms 的扩展模块。

　　　　　　　　　L——TTL 输入型扩展模块。

　　　　　　　　　S——独立端子（无公共端）扩展模块。

　　若特殊品种项无符号，则通指 AC 电源，DC 输入，横式端子排。

　　例如，FX2N-48MR 表示 FX2N 系列基本单元，I/O 总点数为 48 个，继电器输出，使用 AC 电源，DC 输入。

5.2.2　FX 系列 PLC 硬件配置

　　FX 系列 PLC 的外部特征如图 5-1 所示。

　　FX 系列 PLC 是由基本单元、扩展单元、扩展模块及特殊功能单元构成的。基本单元包括 CPU、存储器、I/O 和电源，是 PLC 的主要部分。扩展单元是扩展 I/O 点数的装置，内部有电源。扩展模块用于增加 I/O 点数和改变 I/O 点数的比例，内部无电源（由基本单元和扩展单元供给）。扩展单元和扩展模块内无 CPU，必须与基本单元一起使用。特殊功能单元是-些特殊用途的装置。

　　图 5-1 中，1 为安装孔；2 为电源端子（L、N 接地）；3 为输入端子（COM、X0、X1…）；4 为透明端子盖板；5 为输入 LED 指示灯（状态指示）；6 为座盖板；7 为扩展用插座；8 为 1 号模拟电位器；9 为 2 号模拟电位器；10 为外部设备插座；11 为 RUN/STOP 开关；12 为输出 LED 指示灯（状态指示）；13 为卡钩（用于安装 DIN 标准导轨）；14 为输出端子（COM、Y0、Y1…）；15 为面板；16 为辅助电源（+24V、COM）端子；17 为程控器状态指示灯，其中 POWER 指示电源状态，RUN 指示运行状态，ERROR 灯亮时 CPU 出错、闪烁时程序出错；18 为存储器卡盒盘用插座；19 为 DIN 标准导轨。

　　FX2N 系列 PLC 的硬件包括基本单元、扩展单元、扩展模块、各种特殊功能单元和模块

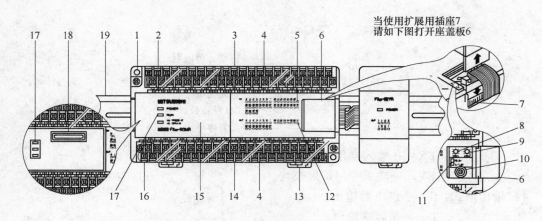

图 5-1　FX 系列 PLC 外部特征

及外部设备等。

　　特殊功能单元和模块主要是指扩展适配器、脉冲输出单元、模拟量输入模块、模拟量输出模块及一些接口模块等。

　　FX2N 系列 PLC 基本单元可以单独使用，或者通过选用扩展单元、扩展模块，使 I/O 点数可在 16～256 点内变化。各单元间采用叠装式连接。根据它们与基本单元的距离，对每个模块按 0～7 的顺序编号，最多可连接 8 个特殊功能模块。

　　系统扩展时，基本上在同一排水平方向进行配置，如果空间不够，只有扩展单元能用选购扩展单元加长电缆以便分成上下两排进行配置。对于输入地址号、输出地址号，各自由基本单元按次序对它们进行编号（采用八进制值）。系统扩展如图 5-2 所示。

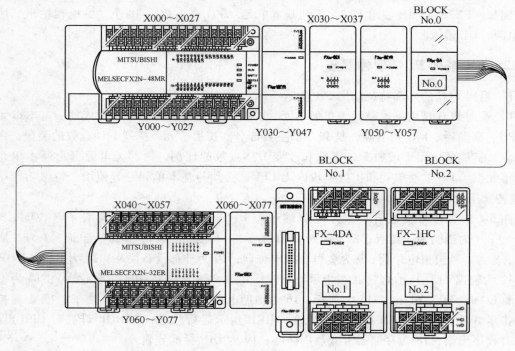

图 5-2　系统扩展

5.2.3　FX 系列 PLC 性能指标

FX2N 系列 PLC 采用一体化箱体结构，其基本单元将 CPU、存储器、I/O 接口及电源等都集成在一个模块内，结构紧凑，体积小巧，成本低，安装方便。FX2N 是 FX 系列中功能较强、运行速度较快的 PLC。FX2N PLC 基本指令执行时间高达 0.08μs，仅为 FX2 PLC 的 1/4，超过了许多大、中型 PLC。FX2N PLC 的用户存储器容量可扩展到 16k 步，其 I/O 点数最大可扩展到 256 点。FX2N PLC 有多种特殊功能模块，如模拟量输入/输出模块、高速计数器模块、脉冲输出模块、位置控制模块、RS-232C/RS-422/RS-485 串行通信模块或功能扩展板、模拟定时器扩展板等。三菱公司于 2005 年开发了新一代小型 PLC 产品 FX3U，在整个 FX 系列中其可控制的 I/O 点更多、功能更强、处理速度更快。

FX 系列 PLC 环境指标及主要产品的性能比较，见表 5-1 及表 5-2。

表 5-1　FX 系列 PLC 的环境指标

环境温度	使用温度 0～55℃，储存温度 -20～70℃
环境湿度	使用时 35%～85% RH（无凝露）
抗振性能	JISC0911 标准，10～55Hz，0.5mm（最大 2g，g 为重力加速度），3 轴方向各 2 次（但用 DIN 导轨安装时为 0.5g）
抗冲击性能	JISC0912 标准，10g，3 轴方向各 3 次
抗噪声能力	用噪声模拟器产生电压为 1000V（峰峰值）、脉宽 1μs、30～100Hz 的噪声
绝缘耐压	AC1500V，1min（接地端与其他端子间）
绝缘电阻	5MΩ 以上（DC500V 兆欧表测量，接地端与其他端子间）
接地电阻	第三种接地，如接地有困难，可以不接
使用环境	无腐蚀性气体，无尘埃

表 5-2　FX 系列 PLC 主要产品的性能比较表

项目		基本参数			
		FX1S	FX1N	FX2N	FX3U
最大输入点		16+4（内置扩展板）	128	184	248
最大输出点		14+2（内置扩展板）	128	184	248
I/O 点总数		30（34，内置扩展板）	128	256	384（本地 I/O：256）
最大程序存储器容量/步		2000	8000	16000	64000
基本逻辑指令执行时间/μs		0.7	0.7	0.08	0.065
基本应用指令执行时间/μs		3.7	3.7	1.52	0.642
电源	交流电源输入	AC85～264V	AC85～264V	AC85～264V	AC85～264V
	直流电源输入	DC20.4～26.4V	DC10.2～28.5V	DC16.8～28.8V	DC16.8～28.8V

（续）

项目		基本参数			
		FX1S	FX1N	FX2N	FX3U
基本单元输入	DC24V 输入	●	●	●	●
	AC100V 输入	—	—	●	—
基本单元输出	继电器输出	●	●	●	●
	晶体管输出	●	●	●	●
	双向晶闸管输出	—	—	●	—
I/O 扩展性能		内置扩展板	扩展单元＋扩展模块		
基本单元功能	内置高速计数	6 通道，最高 60kHz		6 通道，最高 60kHz	6 通道，最高 100kHz
	内置高速脉冲输出	2 通道，最高 100kHz		2 通道，最高 20kHz	3 通道，最高 100kHz
	PID 运算	●	●	●	●
	浮点运算	—	—	●	●
	函数运算	—	—	●	●
	简易定位控制	●	●	●	●
	显示器单元	●	●	—	●
特殊功能模块	模拟量 I/O 模块	2 点（内置扩展板）	●	●	●
	温度测量与控制模块	—	—	●	●
	高速计数模块	—	—	●	●
	定位控制模块	—	—	●	●
	网络定位控制模块	—	—	—	●
	角度控制模块	—	—	●	●
网络链接	CC-Link 主站	—	●	●	●
	CC-Link 从站	—	●	●	●
	CC-Link/LT 主站	—	●	●	●
	MELSEC-I/O Link 主站	—	●	●	●
	AS-i 主站	—	●	●	●
	PLC 互联（n∶n 链接）	●	●	●	●
	计算机/PLC 的 1∶n 链接	●	●	●	●
通信接口	RS-232 接口与通信	●	●	●	●
	RS-422 接口与通信	●	●	●	●
	RS-485 接口与通信	●	●	●	●
	USB 接口与通信	—	—	—	●

注："●"表示功能可以使用；"—"表示无此功能。

5.3　电源及输入输出回路接线

FX 系列 PLC 上有两组电源端子，分别为 PLC 电源输入端子和输入回路所用直流电源端子。L、N 为 PLC 电源输入端子，FX 系列 PLC 要求输入单相交流电源，规格为 AC85 ~ 264V 50/60Hz。24 + 、COM 是机器为输入回路提供的直流 24V 电源，为减少接线，其正极在机器内已与输入回路连接（参见图 4-2a），当某输入点需加入输入信号时，只需将 COM 通过输入设备接至对应的输入点，一旦 COM 与对应点接通，该点就为"ON"，此时对应输入指示就点亮。机器输入电源还有一接地端子，该端子用于 PLC 的接地保护。电源及输入输出端子如图 5-3 所示。

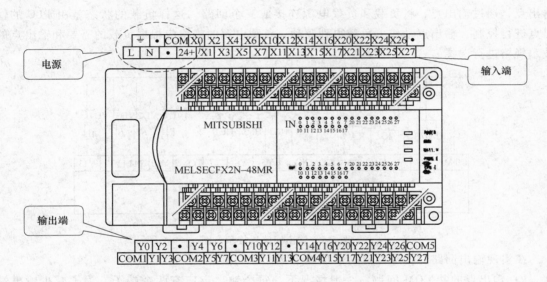

图 5-3　电源及输入输出端子

I/O 点的作用是将 I/O 设备与 PLC 进行连接，使 PLC 与现场构成系统，以便从现场通过输入设备（元件）得到信息（输入），或将经过处理后的控制命令通过输出设备（元件）送到现场（输出），从而实现自动控制的目的。

输入回路连接的示意图如图 5-4 所示。无源开关或触头（如按钮、转换开关、行程开关、继电器的触头等）输入回路通过 COM 端子连接到对应的输入端子上；开关量传感器接线示意图如图 5-4 所示，传感器根据其信号线可以分为两线式、三线式和四线式三种，其中四线式提供一对常开触头和一对常闭触头，实际使用时，只用其中一对触头，或第四根线为传感器校验线，不与 PLC 连接。两线式为信号线和电源线，三线式为电源正、负极和信号线，导线用不同颜色标识。一般常用的传感器多为 NPN 型，其信号线为黑色时是常开型，白色时是常闭型，棕色线接电源正极，蓝色线接 COM 端。实际应用中，请参考相关技术资料。

输出回路就是 PLC 的负载驱动回路。输出回路连接的示意图如图 5-5 所示。PLC 仅提供

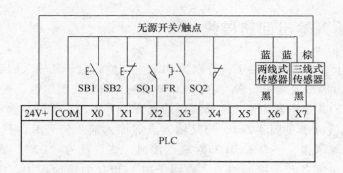

图 5-4　输入回路连接示意图

输出点，通过输出点，将负载和负载电源连接成一个回路。这样负载的状态就由 PLC 的输出点进行控制，输出点动作，负载得到驱动。负载电源的规格应根据负载的需要和输出点的技术规格进行选择。

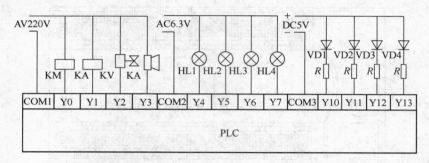

图 5-5　输出回路连接示意图

在实现输出回路时，应注意的事项如下：

1）输出点的共 COM 问题。一般情况下，每个输出点应有两个端子，为了减少输出端子的个数，PLC 在内部将其中的一个输出点采用公共端连接，即将几个输出点的一端连接到一起，形成公共端 COM。FX 系列 PLC 的输出点一般采用每 4 个点共 COM 连接，如图 5-6 所示。在使用时要特别注意，否则可能导致负载不能正确驱动。

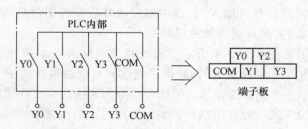

图 5-6　输出点的共 COM 连接

2）输出点的技术规格。不同的输出类别，有不同的技术规格。我们应根据负载的类别、大小、负载电源的等级、响应时间等选择不同类别的输出形式。

要特别注意负载电源的等级和最大负载的限制，以防止出现负载不能驱动或 PLC 输出点损坏等情况的发生。

3）多种负载和多种负载电源共存的处理。同一台 PLC 控制的负载，负载电源的类别、电压等级可能不同，在连接负载时（实际上在分配 I/O 点时），应尽量让负载电源不同的负载不使用共 COM 的输出点。若要使用，应注意干扰和短路等问题。

5.4　PLC 编程语言及分类

在可编程序控制器中有多种程序设计语言，它们是梯形图语言、指令表（布尔助记符）语言、顺序功能图语言、功能模块图语言及结构化语句描述语言等。梯形图语言和指令表语言是基本程序设计语言，它通常由一系列指令组成，用这些指令可以完成大多数简单的控制功能，例如，代替继电器、计数器、计时器完成顺序控制和逻辑控制等，通过扩展或增强指令集，它们也能执行其他的基本操作。顺序功能图语言和结构化语句描述语言是高级程序设计语言，它可根据需要去执行更有效的操作，例如，模拟量控制、数据操作和其他基本程序设计语言无法完成的功能。功能模块图语言采用功能模块图的形式，通过软连接的方式完成所要求的控制功能，它不仅在可编程序控制器中得到了广泛的应用，在集散控制系统的编程和组态时也常常被采用，由于它具有连接方便、操作简单、易于掌握等特点，为广大工程设计和应用人员所喜爱。

1. 梯形图（Ladder Diagram）**程序设计语言**

梯形图程序设计语言是用梯形图的图形符号来描述程序的一种程序设计语言。采用梯形图程序设计语言，程序采用梯形图的形式描述。这种程序设计语言采用因果关系来描述事件发生的条件和结果。每个梯级是一个因果关系。在梯级中，描述事件发生的条件表示在左面，事件发生的结果表示在后面，如图 5-7 所示。

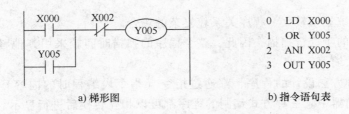

a) 梯形图　　　　　　　　　　b) 指令语句表

图 5-7　梯形图及对应的指令表

梯形图编程方式，就是使用顺序符号和软元件在图示的画面上画顺序控制梯形图的方式。由于顺序控制回路是通过触点符号和线圈符号来表现的，所以程序的内容更加容易理解。

梯形图程序设计语言是最常用的一种程序设计语言。它来源于继电器—接触器逻辑控制系统的描述。在工业过程控制领域，电气技术人员对继电器—接触器逻辑控制技术较为熟悉，因此，由这种逻辑控制技术发展而来的梯形图受到了欢迎，并得到了广泛应用。

梯形图程序设计语言的特点是：

1）与继电器—接触器控制原理图相对应，具有直观性和对应性。

2）与原有继电器逻—接触器逻辑控制技术相一致，对电气技术人员来说，易于掌握和学习。

3）与原有的继电器—接触器逻辑控制技术的不同点是，梯形图中的能流（Power Flow）不是实际意义的电流，内部的继电器也不是实际存在的继电器，因此，应用时需与原有继电器—接触器逻辑控制技术的有关概念区别对待。

4）与指令表程序设计语言有一一对应关系，便于相互的转换和程序的检查，如图 5-7 所示。

2. 指令表或布尔助记符（Boolean Mnemonic）**程序设计语言**

指令表程序设计语言是用布尔助记符来描述程序的一种程序设计语言。指令表程序设计语言与计算机中的汇编语言非常相似，采用布尔助记符来表示操作功能。

指令表程序设计语言具有下列特点：

1）采用助记符来表示操作功能，具有容易记忆，便于掌握的特点。

2）在编程器的键盘上采用助记符表示，具有便于操作的特点，可在无计算机的场合进行编程设计。

3）与梯形图有一一对应关系。其特点与梯形图语言基本类同。

3. 顺序功能图（Sequential Function Chart，SFC）**程序设计语言**

SFC 程序设计语言是用顺序功能图来描述程序的一种程序设计语言。它是近年来发展起来的一种程序设计语言。采用顺序功能图的描述，控制系统被分为若干个子系统，从功能入手，使系统的操作具有明确的含义，便于设计人员和操作人员设计思想的沟通，便于程序的分工设计和检查调试。SFC 程序设计语言的特点是：

1）依据机械的动作流程设计程序。

2）以功能为主线，条理清楚，便于对程序操作的理解和沟通。

3）对大型的程序，可分工设计，采用较为灵活的程序结构，可节省程序设计时间和调试时间。

4）常用于系统规模较大、程序关系较复杂的场合。

5）只对激活的步进行扫描，因此，整个程序的扫描时间较采用其他程序语言编制的程序扫描时间要大大缩短。

采用上述三种方法设计的程序，都通过指令（指令表编程时的内容）保存到可编程序控制器的程序存储器中。三种方式编制的程序都可以相互转换后进行显示、编辑。

5.5　三菱 FX 系列 PLC 的编程软元件

PLC 内部有许多被称为继电器（输入继电器、辅助继电器、输出继电器）、定时器、计数器和数据寄存器等的软元件。任何一个软元件均有无数个触点，这些触点在 PLC 内部可
随意使用。用这些软元件的线圈和触点可构成与继电器—接触器控制相类似的控制电路（梯形图）。

需要特别指出的是，不同厂家、甚至同一厂家生产的不同型号的 PLC 编程软元件的数量和种类都不一样，下面以 FX2N 小型 PLC 为例，介绍编程软元件。

1. 输入继电器 X（X000～X267），**输出继电器 Y**（Y000～Y267）

各基本单元、扩展单元和扩展模块中均有输入、输出继电器，这些继电器是 I/O 点在 PLC 内部的反映。输入、输出继电器的功能示意图如图 5-8 所示。

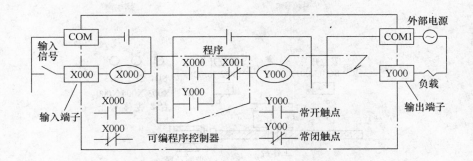

图 5-8　输入、输出继电器功能示意图

输入端子是 PLC 从外部接受信号的窗口，输入继电器直接接受外部开关量输入信号的控制，其数量决定于 PLC 的实际硬件配置，而且在 PLC 程序中只能使用触点，而不能对其线圈进行赋值。若外部输入开关闭合，输入继电器动作，对应的输入点指示发光二极管点亮。一般而言，输入继电器为"输入映像"状态，它在一个 PLC 循环周期内的状态保持不变。

输出端子是 PLC 向外部负载输出信号的窗口，输出继电器的输出触点接到 PLC 的输出端子上，若输出继电器动作，其输出触点闭合，对应的输出点指示发光二极管点亮。在 PLC 程序中，输出继电器既可以使用触点，也能对其线圈赋值。线圈的状态可以随时改变，改变的结果可以直接用于下面的程序，但向外部的输出状态唯一（即程序执行后的最终状态结果）。

若将图 5-8 的程序写入 PLC 运行，当输入点 X000、X001 变化时，可观察到输入继电器（X000，X001）、输出继电器 Y000 状态的变化。FX2N 型 PLC 输入、输出继电器采用八进制地址编号，最多可达 256 点。

2. 辅助继电器 M

逻辑运算需要一些中间继电器用于辅助运算。这些继电器不能直接对外输入或输出，一般用作状态暂存、移动运算等。辅助继电器的触点（包括常开触点和常闭触点）在 PLC 内部自由使用，而且使用次数不限，不过，这些触点不能直接驱动外部负载。辅助继电器由 PLC 内各元件的触点驱动，所以在输出端子上就找不到它们，但可以通过它们的触点驱动输出继电器，再通过输出继电器驱动外部负载。

辅助继电器分为以下三种类型：

1）普通用途的辅助继电器 M0 ～ M499，共 500 个点。

2）具有停电保持功能的辅助继电器 M500 ～ M3071，共 2572 个点。这些辅助继电器即使 PLC 停电，也能保持动作状态，故称为停电保持继电器，它们在某些需停电保持的场合很有用。

停电保持用辅助继电器应用如图 5-9 所示。

正常情况下，X003 为 ON，M600 动作，Y001 动作，工作台右移；X004 为 ON，M601 动作，Y002 动作，工作台左移。若在右移过程中 PLC 停电，工作台移动停止，但 M600 一直保持为 ON。当电源恢复后，由于 M600 为 ON，工作台继续右移。这样可以将停电时的状态保持，当电源恢复时继续停电前的状态。

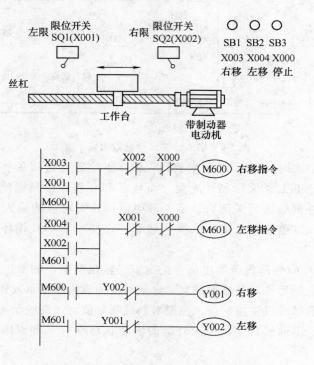

图 5-9　停电保持用辅助继电器应用

3）特殊功能辅助继电器 M8000 ～ M8255，共 256 个点。这些辅助继电器与 PLC 的状态、时钟、标志、运行方式、步进顺序控制、中断、出错检测、通信、扩展和高速计数等有密切关系，在 PLC 技术应用中起着非常重要的作用。特殊辅助继电器可分为触点型和线圈型两大类。

① 触点型。用户可以直接使用其触点。例如，运行监控（M8000、M8001），M8000 在 PLC 运行中处于接通状态，M8001 与 M8000 为相反逻辑。初始脉冲（M8002、M8003），M8002 在 PLC 运行开始瞬间接通，M8003 与 M8002 为相反逻辑。时钟脉冲（M8011、M8012、M8013、M8014 等）分别产生周期为 10ms、100ms、1s 和 1min 的时钟脉冲。

② 线圈型。由用户程序驱动线圈后 PLC 执行特定的动作，用户并不使用其触点，例如，禁止转移（M8040）。在 SFC（顺序功能图）程序中，驱动 M8040 时，禁止状态之间的转移（即便转移条件满足）。

特殊辅助继电器功能图如图 5-10 所示。FX 系列 PLC 常见特殊辅助继电器的功能可参见附录 D。

3. 状态软元件 S

这是步进顺序控制指令用的软元件（在不采用步进顺序控制指令时，也可当做普通用途的辅助继电器使用）。

初始化用状态元件：S0 ～ S9，共 10 点。

普通用状态元件：S10 ～ S499，共 490 点，其中，S10 ～ S19 为回参考点专用状态元件。

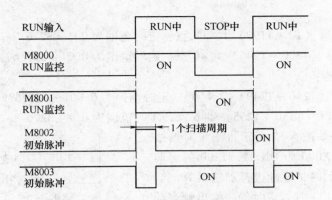

a) 运行监控和初始脉冲

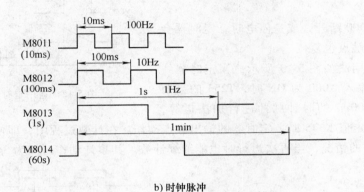

b) 时钟脉冲

图 5-10　特殊辅助继电器功能图

保持用状态元件：S500 ~ S899，共 400 点（FX0N 型 PLC 的所有状态元件均有掉电保持功能）。

报警器用状态元件：S900 ~ S999，共 100 点。

4. 定时器 T

定时器作为时间元件相当于时间继电器，为字、位复合软元件，由设定值寄存器（字）、当前值寄存器（字）和定时器触点（位）组成。定时器内部有计数器，通过计数器对 PLC 内部的时钟脉冲进行计数。其当前值寄存器的值等于设定值寄存器的值时，定时器触点动作。所以，使用定时器时应掌握其设定值、当前值和定时器触点三个要素。图 5-11 所示为定时器模型。

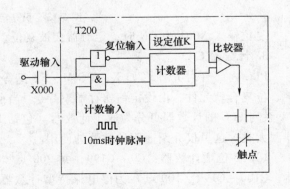

图 5-11　定时器模型

PLC 内部的时钟脉冲有 1ms、10ms 和 100ms 三挡，当所计时间达到设定值时，输出触点就动作。定时器有 0.1s、0.01s 和 0.001s 三种类型。

1）通用定时器：

100ms 通用定时器（T0～T199）共 200 点，定时范围为 0.1～3276.7s。

10ms 通用定时器（T200～T245）共 46 点，定时范围为 0.01～327.67s。

2）积算型定时器：

1ms 积算定时器（T246～T249）共 4 点，定时范围为 0.001～32.767s。

100ms 积算定时器（T250～T255）共 6 点，定时范围为 0.1～3276.7s。

通用定时器用法如图 5-12 所示，当定时器线圈 T200 的驱动输入 X000 为 ON 时，T200 的当前值计数器就对 10ms 的时钟脉冲进行加法运算，当这个值等于设定值 K123 时，定时器的输出触点动作。也就是说，输出触点是在驱动线圈后的 1.23s 后动作。

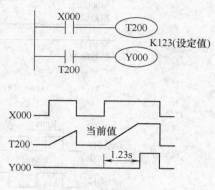

图 5-12　通用定时器用法

驱动输入 X000 断开，或是停电时，定时器会被复位并且输出触点也复位。

积算定时器用法如图 5-13 所示，当定时器线圈 T253 的驱动输入 X000 为 ON 时，T253 的当前值计数器就对 100ms 的时钟脉冲进行加法运算，当这个值等于设定值 K345 时，定时器的输出触点动作。在计数过程中，即使出现输入 X000 变为 OFF 或停电的情况，当再次运行时也能继续计数。其累计动作时间为 34.5s。

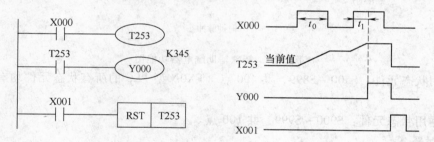

图 5-13　积算定时器用法

复位输入 X001 为 ON 时，定时器会被复位，并且输出触点也复位。

5. 计数器 C

PLC 内部有对元件（如 X、Y、M、S、T 等）信号进行计数的计数器。计数器同样为字、位复合软元件，由设定值寄存器（字）、当前值寄存器（字）和计数触点（位）组成。FX 系列 PLC 的计数器可分为通用计数器（包括 16 位增计数、32 位增/减计数）和高速计数器两大类。这里仅介绍通用计数器的使用。

1）16 位增计数器：C0～C199，共 200 点。其中，C0～C99（100 点）为通用型计数器；C100～C199（100 点）为停电保持型计数器（停电后能保持当前值，待通电后继续计数）。首先设置一设定值，当输入信号（上升沿）个数累计达到设定值时，计数器动作，相应触点动作。计数器设定值为 1～32767（16 位二进制数），设定值也可间接通过指定的数据寄存器设定。

2）32 位增/减计数器：C200 ~ C234，共 35 点，其中，C200 ~ C219（20 点）为通用型计数器，C220 ~ C234（15 点）为停电保持型计数器。C200 ~ C234 是增计数还是减计数，由对应的特殊辅助继电器 M8200 ~ M8234 的状态决定，当 M△△△ 被置为 ON 时，对应的计数器为减计数，反之，则为增计数。

16 位增计数器工作原理如图 5-14 所示，X010 为复位信号，当 X010 为 ON 时 C0 复位。X011 是计数输入，X011 每接通一次，计数器当前值增加 1。当计数器当前值计数达到设定值 10 时，计数器 C0 的输出触点动作，Y000 被接通。此后，即使输入 X011 再接通，计数器的当前值保持不变。当 X010 接通时，计数器复位，其输出触点也复位，Y000 断开。

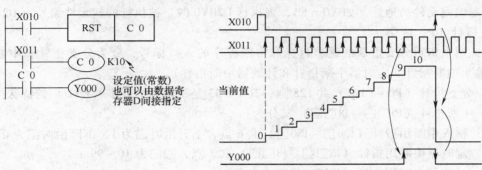

图 5-14 16 位增计数器工作原理

32 位增/减计数器工作原理如图 5-15 所示，X012 用来控制 M8200，X012 接通时为减计数方式，X014 为计数输入，设定值为-5（可正可负）。增计数方式下（X012 断开，M8200 为 OFF），当 X014 计数输入累加由 −6→−5 时，计数器输出触点动作；当前值由 −5→−6 时，计数器才变为 OFF。只要当前值小于 −5，则输出保持 OFF 状态。X013 接通时，计数器复位。

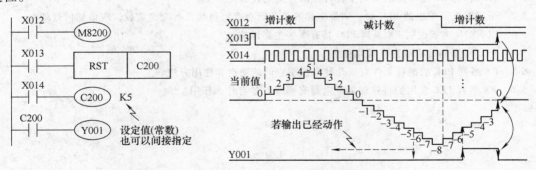

图 5-15 32 位增/减计数器工作原理

在使用计数器时应注意：一是计数器的复位；二是当计数信号的动作频率较高时（通常为每秒几个扫描周期），应采用高速计数模块。

6. 数据寄存器 D

FX2N 系列 PLC 中有许多 16 位存储数据的软元件——数据寄存器（D），用来存储数值型数据，两个合并可组成 32 位数据寄存器。数据寄存器可分为通用型、停电保持型和特殊数据寄存器三类，各类数据寄存器的作用与同类辅助继电器相同，只不过辅助继电器是用来存储 1 位二进制数，数据寄存器可以用来存储 16 位或 32 位二进制数而已。

1）通用数据寄存器：D0 ~ D199。

2）停电保持型数据寄存器：D200 ~ D7999。

3）特殊数据寄存器：D8000 ~ D8255，共 28 个点，它们是可写入特定目的数据或已写入特定意义数据的数据寄存器。

7. 变址寄存器（V、Z）

V、Z 都是 16 位的寄存器，可进行数据的读与写，当进行 32 位操作时，将 V、Z 合并使用，指定 Z 为低位。FX2N 系列 PLC 有 V0 ~ V7 和 Z0 ~ Z7 共 16 个变址寄存器。变址寄存器是数据寄存器的一种，但它的存储内容（数值）可以直接加到其他编程元件的编号或数值上，改变编程元件的地址，如 V0 = K5，则执行 D20V0 时，被执行的软元件编号为 D25。

8. 指针（P、I）

指针用来指示分支指令的跳转目标和中断程序的入口标号，分为分支指针和中断指针（包括输入中断指针、定时器中断指针和计数器中断指针）。

1）分支指针（P0 ~ P127）共 128 点，其中 P63 是跳转到结束步（END）的特殊指针。

2）中断指针（I0□□ ~ I8□□）又分为：

①　输入中断用指针（I00□ ~ I50□）共 6 点，上升沿时□为 1，下降沿时□为 0。

②　定时器中断用指针（I6□□ ~ I8□□）共 3 点，□□为 10 ~ 99ms。

③　计数器中断用指针（I010 ~ I060）共 6 点。

9. 常数（K、H）

常数也作为元件对待，十进制常数用 K 表示，如 15，表示为 K15；十六进制常数用 H 表示，如 18 表示为 H12。

思考与练习题

5-1　FX 系列 PLC 型号命名格式中各符号的含义是什么？

5-2　采用继电器输出的 PLC 时，如果驱动的负载既有直流负载又有交流负载，应该如何处理？

5-3　以 FX2N 为例说明 FX 系列 PLC 具有哪些主要性能。

5-4　PLC 常用的编程语言有哪几种？

5-5　FX 系列 PLC 的编程元件有哪几种？说明它们的用途和使用方法。

5-6　FX 系列 PLC 常用的特殊辅助继电器有哪些？各有什么作用？

第6章 FX系列PLC的基本逻辑指令

可编程序控制器是按照用户的控制要求编写程序来进行控制的。程序的编写就是用一定的编程语言把一个控制任务描述出来。PLC程序的表达方式有几种：梯形图、指令表、逻辑功能图和高级语言，但最常用的语言是梯形图和指令表。梯形图是一种图形语言，它沿用了传统的继电器—接触器控制系统的形式，读图方法和习惯也相同，所以梯形图比较形象和直观，便于熟悉继电器—接触器控制系统的技术人员接受。指令表一般由助记符和操作元件组成，助记符是每一条基本指令的符号，表示不同的功能；操作元件是基本指令的操作对象。本章主要介绍FX系列PLC的基本逻辑指令形式、功能和编程方法。

6.1 PLC 基本逻辑指令简介

6.1.1 指令格式

基本逻辑指令包括逻辑状态的读入，逻辑"与"、"或"、"非"运算，置位、复位等操作指令。基本逻辑指令在程序中使用最广，编程最容易，采用梯形图编程时可以直接用触点、线圈、连接线等简单图形符号表示。FX系列PLC基本逻辑指令的指令符号、功能、操作元件及在梯形图上的符号与格式见表6-1。

表6-1 FX系列PLC基本逻辑指令格式

指令助记符	功能	操作元件	梯形图表示
LD	取常开触点状态	X，Y，M，S，T，C	
LDI	取常闭触点状态	X，Y，M，S，T，C	
OUT	线圈驱动	Y，M，S，T，C	
AND	逻辑"与"，串联单个常开触点	X，Y，M，S，T，C	
ANI	逻辑"与"，串联单个常闭触点	X，Y，M，S，T，C	

（续）

指令助记符	功能	操作元件	梯形图表示
OR	逻辑"或"，并联单个常开触点	X, Y, M, S, T, C	
ORI	逻辑"或"，并联单个常闭触点	X, Y, M, S, T, C	
ANB	并联电路块的串联	—	
ORB	串联电路块的并联	—	
MPS	压入堆栈	—	
MRD	读出堆栈	—	
MPP	弹出堆栈	—	
MC	连接到公共触点	Y, M	
MCR	解除连接到公共触点	Y, M	
SET	动作保持	Y, M, S	
RST	解除保持的动作，清除当前值及寄存器	Y, M, S, T, C, D, V, Z	

（续）

指令助记符	功能	操作元件	梯形图表示
PLS	上升沿微分输出	Y，M	
PLF	下降沿微分输出	Y，M	
INV	运算结果的逻辑"非"	—	
LDP	检测上升沿的运算开始	X，Y，M，S，T，C	
LDF	检测下降沿的运算开始	X，Y，M，S，T，C	
ANDP	检测上升沿的串联连接	X，Y，M，S，T，C	
ANDF	检测下降沿的串联连接	X，Y，M，S，T，C	
ORP	检测上升沿的并联连接	X，Y，M，S，T，C	
ORF	检测下降沿的并联连接	X，Y，M，S，T，C	
NOP	空操作	—	—
END	程序结束	—	

6.1.2　逻辑取及线圈驱动指令 LD、LDI、OUT

LD：取指令。表示-个与输入母线相连的常开触点指令，即常开触点逻辑运算起始。

LDI：取反指令。表示一个与输入母线相连的常闭触点指令，即常闭触点逻辑运算起始。

OUT：线圈驱动指令，也叫输出指令。

下面用一个简单的实例来说明上述三条基本逻辑指令的使用。

【例 6-1】　LD、LDI 和 OUT 指令的使用，如图 6-1 所示。

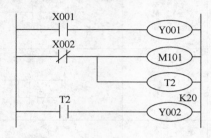

a) 梯形图

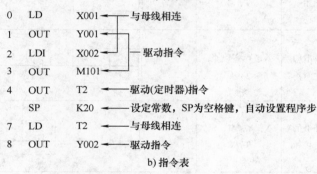

b) 指令表

图 6-1　LD、LDI 和 OUT 指令的使用

LD、LDI 两条指令的操作元件是 X、Y、M、S、T、C，用于将触点接到母线上。也可以与后述的 ANB 指令、ORB 指令配合使用，在分支起点也可使用。

OUT 是驱动线圈的输出指令，它的操作元件是 Y、M、S、T、C。对输入继电器 X 不能使用。OUT 指令可以连续使用多次。

LD、LDI 是一个程序步指令，这里的一个程序步即是一个字。OUT 是多程序步指令，要视操作元件而定。

OUT 指令的操作元件是定时器 T 和计数器 C 时，必须设置常数 K。表 6-2 是 K 值设定范围与步数值。

表 6-2　K 值设定范围与步数值

定时器，计数器	K 的设定范围	实际的设定值	步数
1ms 定时器		0.001 ~ 32.767s	3
10ms 定时器	1 ~ 32767	0.01 ~ 327.67s	3
100ms 定时器		0.1 ~ 3276.7s	3

（续）

定时器，计数器	K 的设定范围	实际的设定值	步数
16 位计数器	1 ~ 32767	1 ~ 32767	3
32 位计数器	− 2147483648 ~ 2147483647	− 2147483648 ~ 2147483647	5

6.1.3　触点串联指令 AND、ANI

AND：与指令，用于单个常开触点的串联。

ANI：与非指令，用于单个常闭触点的串联。

AND 与 ANI 都是一个程序步指令，它们串联触点的个数没有限制，也就是说这两条指令可以多次重复使用。AND、ANI 指令的使用说明见例 6-2。这两条指令的操作元件为 X、Y、M、S、T、C。

【例 6-2】　触点串联指令的使用，如图 6-2 所示。

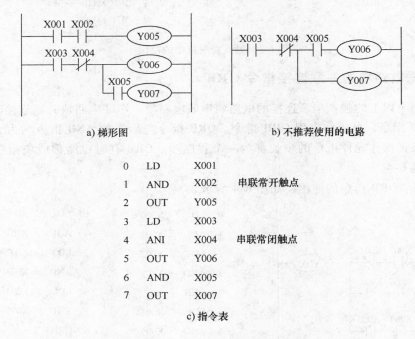

0　LD　　X001

1　AND　　X002　　串联常开触点

2　OUT　　Y005

3　LD　　X003

4　ANI　　X004　　串联常闭触点

5　OUT　　Y006

6　AND　　X005

7　OUT　　X007

c) 指令表

图 6-2　触点串联指令的使用

OUT 指令后，再通过触点对其他线圈使用 OUT 指令称为纵接输出或连续输出，如例 6-2 中的"OUT Y007"指令。这种连续输出如果顺序不错，可以多次重复。但是如果驱动顺序换成图 6-2b 的形式，则必须用后述的 MPS 指令，这时程序步增多，因此不推荐使用图 6-2b 的形式。

6.1.4　触点并联指令 OR、ORI

OR：或指令，用于单个常开触点的并联。

ORI：或非指令，用于单个常闭触点的并联。

OR 与 ORI 指令都是一个程序步指令，它们的操作元件是 X、Y、M、S、T、C，这两条指令都是并联一个触点。需要两个以上触点串联连接电路块的并联连接时，要用后述的 ORB 指令。

OR、ORI 是从该指令的当前步开始，对前面的 LD、LDI 指令并联连接，并联的次数无限制。OR、ORI 指令的使用见例 6-3。

【例 6-3】　触点并联指令的使用，如图 6-3 所示。

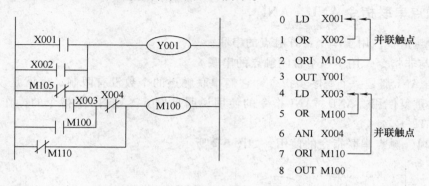

图 6-3　触点并联指令的使用

6.1.5　串联电路块的并联连接指令 ORB

两个或两个以上的触点串联连接的电路叫串联电路块。串联电路块并联连接时，分支开始用 LD、LDI 指令，分支结束用 ORB 指令。ORB 指令与后述的 ANB 指令均为无操作元件指令，这两条无操作元件指令的步长都为一个程序步。ORB 有时也简称或块指令。ORB 指令的使用见例 6-4。

【例 6-4】　ORB 指令的使用，如图 6-4 所示。

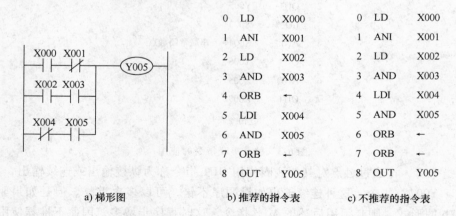

图 6-4　ORB 指令的使用

ORB 指令的使用方法有两种：一种是在要并联的每个串联电路块后加 ORB 指令，详见例 6-4 中图 6-4b 推荐的指令表程序，另一种是集中使用 ORB 指令，详见例 6-4 中图 6-4c 不推荐的指令表程序。对于前者分散使用 ORB 指令时，并联电路块的个数没有限制，但对于后者集中使用 ORB 指令时，这种电路块并联的个数不能超过 8 个（即重复使用 LD、LDI 指令的次数限制在 8 次以下），所以不推荐使用后者编程。

6.1.6　并联电路块的串联连接指令 ANB

两个或两个以上触点并联的电路称为并联电路块，分支电路并联电路块与前面电路串联连接时，使用 ANB 指令。分支的起点用 LD、LDI 指令，并联电路块结束后，使用 ANB 指令与前面电路串联。ANB 指令也简称与块指令，ANB 也是无操作元件指令，是一个程序步指令。ANB 指令的使用说明见例 6-5。

【例 6-5】　ANB 指令的使用，如图 6-5 所示。

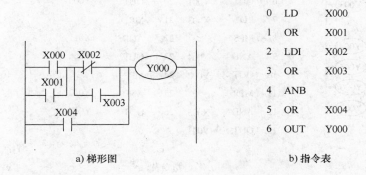

0	LD	X000
1	OR	X001
2	LDI	X002
3	OR	X003
4	ANB	
5	OR	X004
6	OUT	Y000

a) 梯形图　　　　　　　　b) 指令表

图 6-5　ANB 指令的使用

【例 6-6】　ORB、ANB 指令的使用，如图 6-6 所示。

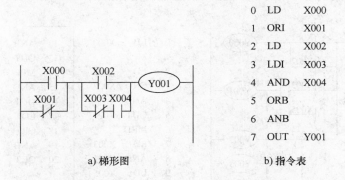

0	LD	X000
1	ORI	X001
2	LD	X002
3	LDI	X003
4	AND	X004
5	ORB	
6	ANB	
7	OUT	Y001

a) 梯形图　　　　　　　　b) 指令表

图 6-6　ORB、ANB 指令的使用

6.1.7　多重输出指令 MPS、MRD、MPP

MPS 为进栈指令；MRD 为读栈指令；MPP 为出栈指令。

这三条指令都是无操作元件指令，都为一个程序步长。这组指令用于多输出电路，可将连接点先存储，用于连接后面的电路。

FX 系列 PLC 中 11 个存储中间运算结果的存储区域被称为栈存储器，如图 6-7c 所示。使用进栈指令 MPS 时，当时的运算结果压入堆栈的第一层，堆栈中原来的数据依次向下一层推移；使用出栈指令 MPP 时，各层的数据依次向上移动一次。MRD 是最上层所存数据的读出专用指令。读出时，堆栈内数据不发生移动。MPS 和 MPP 指令必须成对使用，而且连续使用应少于 11 次。有关 MPS、MRD、MPP 指令的使用可参见下面的例子。

【例 6-7】 多重输出，如图 6-7 所示。

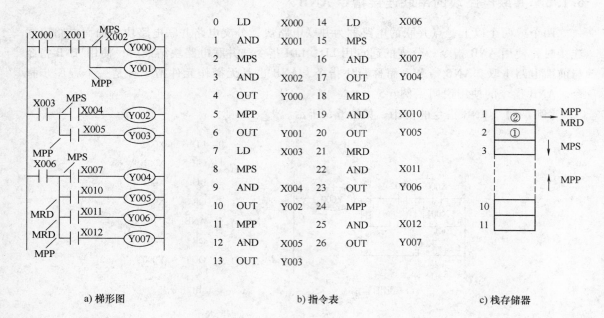

0	LD	X000	14	LD	X006
1	AND	X001	15	MPS	
2	MPS		16	AND	X007
3	AND	X002	17	OUT	Y004
4	OUT	Y000	18	MRD	
5	MPP		19	AND	X010
6	OUT	Y001	20	OUT	Y005
7	LD	X003	21	MRD	
8	MPS		22	AND	X011
9	AND	X004	23	OUT	Y006
10	OUT	Y002	24	MPP	
11	MPP		25	AND	X012
12	AND	X005	26	OUT	Y007
13	OUT	Y003			

　a) 梯形图　　　　　　　　　　b) 指令表　　　　　　　　c) 栈存储器

图 6-7　多重输出

【例 6-8】 一层栈与 ANB、ORB 指令的配合使用，如图 6-8 所示。

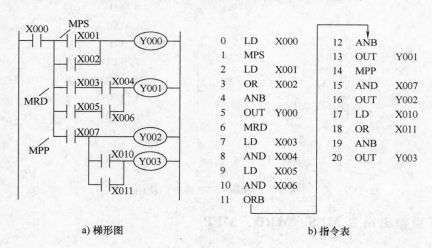

0	LD	X000	12	ANB	
1	MPS		13	OUT	Y001
2	LD	X001	14	MPP	
3	OR	X002	15	AND	X007
4	ANB		16	OUT	Y002
5	OUT	Y000	17	LD	X010
6	MRD		18	OR	X011
7	LD	X003	19	ANB	
8	AND	X004	20	OUT	Y003
9	LD	X005			
10	AND	X006			
11	ORB				

　a) 梯形图　　　　　　　　　　　　b) 指令表

图 6-8　一层栈与 ANB、ORB 指令的配合使用

【例 6-9】 二层栈电路，如图 6-9 所示。

【例 6-10】 四层栈电路，如图 6-10 所示。

特别要指出的是，MPS 和 MPP 连续使用必须少于 11 次，并且 MPS 与 MPP 必须配对使用。

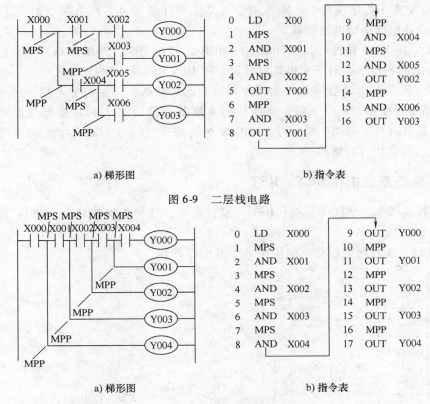

a) 梯形图

0	LD	X00	9	MPP	
1	MPS		10	AND	X004
2	AND	X001	11	MPS	
3	MPS		12	AND	X005
4	AND	X002	13	OUT	Y002
5	OUT	Y000	14	MPP	
6	MPP		15	AND	X006
7	AND	X003	16	OUT	Y003
8	OUT	Y001			

b) 指令表

图 6-9　二层栈电路

a) 梯形图

0	LD	X000	9	OUT	Y000
1	MPS		10	MPP	
2	AND	X001	11	OUT	Y001
3	MPS		12	MPP	
4	AND	X002	13	OUT	Y002
5	MPS		14	MPP	
6	AND	X003	15	OUT	Y003
7	MPS		16	MPP	
8	AND	X004	17	OUT	Y004

b) 指令表

图 6-10　四层栈电路

6.1.8　主控及主控复位指令 MC、MCR

MC 为主控指令，用于公共串联触点的连接，MCR 叫主控复位指令，即 MC 的复位指令。在编程时，经常遇到多个线圈同时受一个或一组触点控制，如果在每个线圈的控制电路中都串入同样的触点，将多占用存储单元，应用主控指令可以解决这一问题。使用主控指令的触点称为主控触点，它在梯形图中与一般的触点垂直。它们是与母线相连的常开触点，是控制一组电路的总开关。MC、MCR 指令的使用说明见例 6-11。

【例 6-11】　主控及主控复位指令的使用，如图 6-11 所示。

a) 梯形图

0	LD	X000	
1	MC	N0	MC 为 3 步指令
	SP	M100	
4	LD	X001	
5	OUT	Y000	
6	LD	X002	
7	OUT	Y001	
8	MCR	N0	← MCR 为 2 步指令
10	LD	X003	
11	OUT	Y002	

b) 指令表

图 6-11　主控及主控复位指令的使用

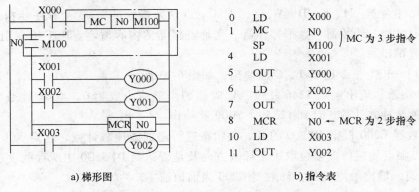

　　MC 指令是 3 个程序步指令，MCR 指令是 2 个程序步指令，两条指令的操作元件是 Y、M，但不允许使用特殊辅助继电器。

　　例 6-11 中当 X000 接通时，执行 MC 与 MCR 之间的指令；当输入条件断开时，不执行 MC 与 MCR 之间的指令。对于非积算定时器，用 OUT 指令驱动的元件复位；对于积算定时器、计数器，用 SET/RST 指令驱动的元件保持当前的状态；与主控触点相连的触点必须用 LD 或 LDI 指令。使用 MC 指令后，母线移到主控触点的后面，MCR 使母线回到原来的位置。在 MC 指令内再使用 MC 指令时，嵌套级 N 的编号（0~7）顺次增大，返回时用 MCR 指令，从大的嵌套级开始解除。

6.1.9　置位与复位指令 SET、RST

　　SET 为置位指令，使动作保持；RST 为复位指令，使操作保持复位。SET、RST 指令的使用说明见例 6-12。

　　【例 6-12】　置位与复位指令的使用，如图 6-12 所示

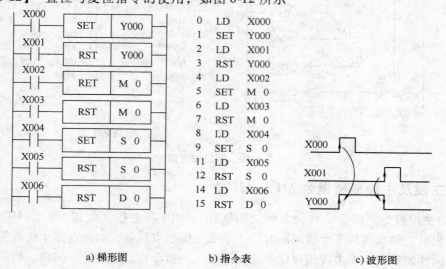

　　a) 梯形图　　　　　　　　b) 指令表　　　　　　　　c) 波形图

图 6-12　置位与复位指令的使用

　　由图 6-12 中波形图可见，当 X000 一接通，即使再变成断开，Y000 也保持接通。X001 接通后，即使再变成断开，Y000 也将保持断开。SET 指令的操作元件为 Y、M、S，而 RST 指令的操作元件为 Y、M、S、D、V、Z、T、C。这两条指令是 1~3 个程序步指令。用 RST 指令可以对定时器、计数器、数据寄存器、变址寄存器的内容清零。RST 指令用于 T、C 的使用说明见例 6-13。

　　【例 6-13】　RST 指令用于 T、C 的使用，如图 6-13 所示。

　　当 X000 接通，输出触点 T246 复位，定时器的当前值也成为 0。X001 接通期间，T246 接收 1ms 时钟脉冲并计数，计到 1234 时 Y000 就动作。

　　32 位计数器 C200 根据 M8200 的开、关状态进行递加或递减计数，它对 X004 的开关次数计数。输出触点的置位或复位取决于计数方向及是否达到 D1、D0 中所存的设定值。

　　X003 接通，输出触点复位，计数器 C200 当前值清零。

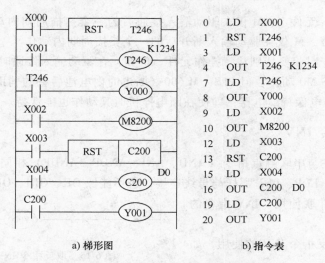

a) 梯形图　　　　　　　　　　　　b) 指令表

图 6-13　RST 指令用于 T、C 的使用

6.1.10　脉冲输出指令 PLS、PLF

　　PLS 指令在输入信号上升沿产生脉冲输出，而 PLF 指令在输入信号下降沿产生脉冲输出。这两条指令都是 2 程序步指令，它们的操作元件是 Y、M，但特殊辅助继电器不能作为操作元件。PLS、PLF 指令的使用说明见例 6-14。

　　【例 6-14】　PLS、PLF 指令的使用，如图 6-14 所示。

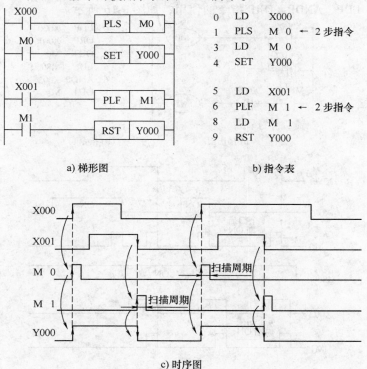

a) 梯形图　　　　　　　　　　　　b) 指令表

c) 时序图

图 6-14　PLS、PLF 指令的使用

使用 PLS 指令，元件 Y、M 仅在驱动输入接通后的一个扫描周期内动作（置 1）。而使用 PLF 指令，元件 Y、M 仅在驱动输入断开后的一个扫描周期内动作。

使用这两条指令时，要特别注意操作元件。例如，在驱动输入接通时，PLC 由运行→停机→运行，此时 PLS M0 动作，但 PLS　M 600（断电时内电池后备的辅助继电器）不动作，这是因为 M600 是停电保持继电器，即使在断电停机时其动作也能保持。

6.1.11　取反指令 INV

INV 指令可以在与串联触点指令（AND、ANI、ANDP、ANDF）相同的位置处编辑。不能像指令 LD、LDI、LDP、LDF 那样与母线连接，也不能像 OR、ORI、ORP、ORF 指令那样独立地与触点指令并联使用。INV 指令的使用说明见例 6-15。

【例 6-15】　取反指令 INV 的使用，如图 6-15 所示。

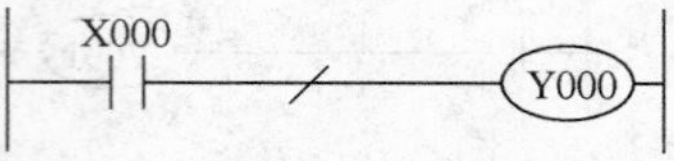

```
0  LD   X000
1  INV
2  OUT  Y000
```

图 6-15　取反指令 INV 的使用

6.1.12　触点上升沿／下降沿检测指令 LDP、ANDP、ORP、LDF、ANDF、ORF

LDP、ANDP、ORP 是触点上升沿检测指令，仅在指定操作元件的上升沿（从 OFF→ON）时，接通一个扫描周期。LDF、ANDF、ORF 是触点下降沿检测指令，仅在指定操作元件的下降沿（从 ON→OFF）时，接通一个扫描周期。LDP、ANDP、ORP、LDF、ANDF、ORF 指令的使用说明见例 6-16、例 6-17。

【例 6-16】　LDP、ANDP、ORP 指令的使用，如图 6-16 所示。

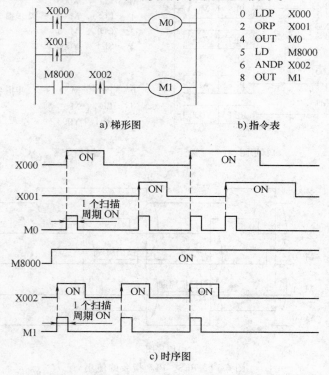

```
0  LDP   X000
2  ORP   X001
4  OUT   M0
5  LD    M8000
6  ANDP  X002
8  OUT   M1
```

a) 梯形图　　　　　　b) 指令表

c) 时序图

图 6-16　LDP、ANDP、ORP 指令的使用

【例 6-17】　LDF、ANDF、ORF 指令的使用，如图 6-17 所示。

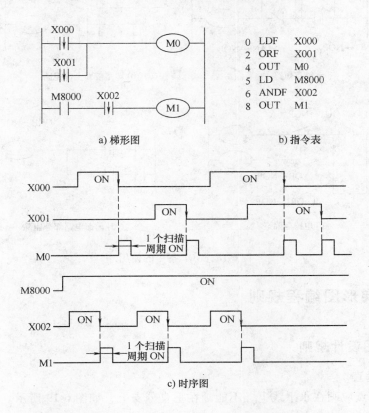

a) 梯形图　　　　　　　　　　　　　　b) 指令表

```
0  LDF    X000
2  ORF    X001
4  OUT    M0
5  LD     M8000
6  ANDF   X002
8  OUT    M1
```

c) 时序图

图 6-17　LDF、ANDF、ORF 指令的使用

6.1.13　空操作指令 NOP

NOP 指令是一条无动作、无操作元件的一程序步指令。NOP 指令使该步序做空操作。用 NOP 指令替代已写入指令，可以改变电路。在程序中加入 NOP 指令，在改动或追加程序时可以减少步序号的改变。NOP 指令的使用说明见例 6-18。

【例 6-18】　NOP 指令的使用，如图 6-18 所示。

6.1.14　程序结束指令 END

END 是一条无操作元件的一程序步指令。PLC 反复进行输入处理、程序执行、输出处理，若在程序最后写入 END 指令，则 END 以后的程序步就不再执行，直接进行输出处理。在程序调试过程中，按段插入 END 指令，可以顺序扩大对各程序段动作的检查。采用 END 指令将程序划分为若干段，在确认处于前面电路块的动作正确无误之后，依次删去 END 指令。要注意的是在执行 END 指令时，也刷新监视时钟。

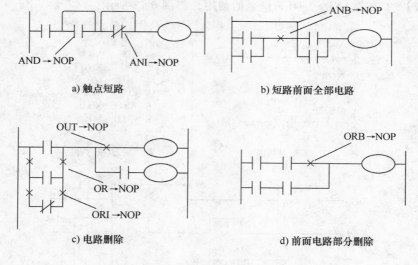

a) 触点短路　　　　　　　　　　　b) 短路前面全部电路

c) 电路删除　　　　　　　　　　　d) 前面电路部分删除

图 6-18　NOP 指令的使用

6.2　PLC 梯形图编程规则

6.2.1　梯形图设计规则

1. 水平不垂直

梯形图的触点应画在水平线上，不能画在垂直分支上，如图 6-19 所示。

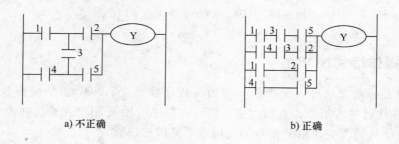

a) 不正确　　　　　　　　　　　　b) 正确

图 6-19　梯形图画法之一

2. 多上串左

有串联电路相并联时，应将触点最多的那个串联回路放在梯形图最上面。有并联电路相串联时，应将触点最多的并联回路放在梯形图的最左边。这种安排使程序简捷，语句少。如图 6-20 所示。

3. 线图右边无触点

不能将触点画在线圈右边，只能在触点的右边接线圈，如图 6-21 所示。

4. 双线圈输出不可用

如果在同一程序中同一元件的线圈使用两次或多次，则称为双线圈输出，这时前面的输出无效，只有最后一次才有效，如图 6-22 所示。一般不应出现双线圈输出。

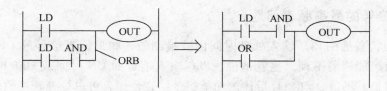

a) 串联多的电路尽量放上部

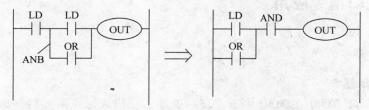

b) 并联多的电路尽量靠近左母线

图 6-20　梯形图画法之二

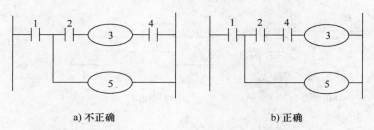

a) 不正确　　　　　　　　　　　　　　b) 正确

图 6-21　梯形图画法之三

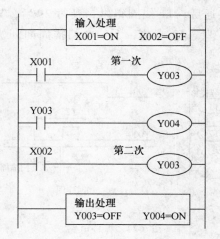

图 6-22　双线圈输出

6.2.2　输入信号的最高频率问题

输入信号的状态是在 PLC 输入处理时间内被检测的。如果输入信号的 ON 时间或 OFF 时间过窄，就有可能检测不到。也就是说，PLC 输入信号的 ON 时间或 OFF 时间，必须比 PLC 的扫描周期长。不过，与 PLC 后述的功能指令结合使用，可以处理较高频率的信号。

6.3　PLC 逻辑指令应用

6.3.1　简单程序

1. 延时断定时器

如图 6-23 所示，Y000 在 X001 断开 20s 后关断。在输入触点断开后，输出触点延时断开的定时器被认为是一个延时断定时器。

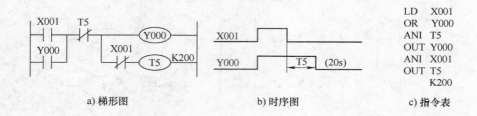

| a) 梯形图 | b) 时序图 | c) 指令表 |

图 6-23　延时断定时器

2. 振荡电路

如图 6-24 所示，X001 接通后，T1 线圈得电，延时 2s 后，Y000 接通，同时 T2 线圈得电，1s 后，Y000 断开，同时 T1、T2 复位，下一个扫描周期开始，重复前面的动作，Y000 振荡输出。

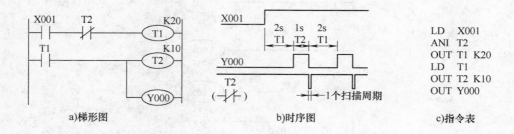

| a) 梯形图 | b) 时序图 | c) 指令表 |

图 6-24　振荡电路

3. 脉冲输出电路

如图 6-25 所示，X003 第一次闭合，Y001 立即接通，X003 再次闭合时，Y001 断开。M103 只在一个执行周期内接通（脉冲输出）。实际上，使用 PLS 指令就可以很容易地获得像 M103 这样的脉冲输出。

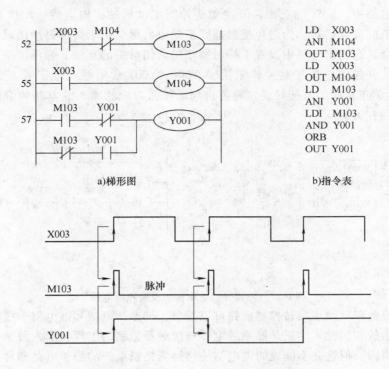

```
52  X003  M104         (M103)      LD   X003
       ┤├──┤/├──────             ANI  M104
                                  OUT  M103
55  X003                (M104)      LD   X003
       ┤├──────────             OUT  M104
                                  LD   M103
57  M103  Y001         (Y001)      ANI  Y001
       ┤├──┤/├──────             LDI  M103
    M103  Y001                    AND  Y001
       ┤/├──┤├──                ORB
                                  OUT  Y001
```

a)梯形图　　　　　　　　　　　　b)指令表

图 6-25　脉冲输出电路

4. 三相异步电动机起动、保持和停止电路

图 6-26 中的梯形图是可编程序控制器应用极为广泛的起动、保持和停止电路起动按钮 SB1 闭合以后，X000 为 ON，其常开触点接通；而此时停止按钮 SB2 未动，X001 仍旧为 OFF，其常闭触点闭合，所以 Y000 的"线圈"通电。如果 Y000 接口所接的 KM 主触头控制的是三相异步电动机，那么电动机就会运行。当 X000 变为 OFF 后，其常开触点断开，但由于程序的执行是先上后下、先左后右，从输出映像寄存器 Y000"读入"的是上一个周期输出指令执行的 ON 的结果，所以 Y000"线圈"通过 Y000 常开触点的闭合和 X001 常闭触点仍然能够"通电"，这就是所谓的"自保持"，简称为"自保"。当 X001 为 ON 时，其常闭触点断开，导致 Y000"线圈"断电，Y000 常开触点断开，即便 X001 常闭触点再接通，Y000"线圈"仍然"断电"。此电路也简称为起保停电路。

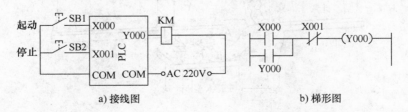

a)接线图　　　　　　　　　　　　b)梯形图

图 6-26　三相异步电动机起动、保持和停止电路

5. 三相异步电动机正反转控制电路

图 6-27 为三相异步电动机正反转 PLC 控制系统的接线图和梯形图电路，系统的主电路

省略未画。主电路中，KM1 的三个常开主触头控制电动机的正向运转，KM2 的三个常开主触头控制电动机的反向运转。为避免接触器线圈断电后触头由于熔焊仍然接通情况下另一个接触器得电吸合，在输出电路中设置了接触器辅助常闭触头的互锁。梯形图采用了两个起保停电路的组合，并像继电器控制一样采用了 Y000，Y001 常闭触点串于对方进行"电气互锁"。为了能达到正反转的直接转换，将各自起动按钮对应的输入继电器的常闭触点串于对方，进行了"按钮互锁"。

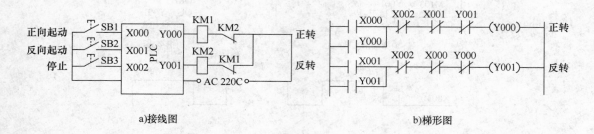

a)接线图　　　　　　　　　　　　　　　b)梯形图

图 6-27　三相异步电动机正反转控制电路

通过起保停电路以及正反转控制电路可以看出，梯形图电路和继电器—接触器控制中的控制电路有很大的相似性，这正是熟悉继电器—接触器控制的工程技术人员学习可编程序控制器很容易的原因。但这并不能说明继电器—接触器控制系统的控制电路和梯形图有着绝对的对应关系，毕竟一个是并行工作方式，一个是串行工作方式，二者有着本质的不同。

6.3.2　实例一：抢答显示系统

1. 控制要求

抢答显示系统如图 6-28 所示，控制要求如下：

图 6-28　抢答显示系统

1）竞赛者若要回答主持人所提问题时，需要抢先按下桌上的按钮。

2）指示灯亮后，需等到主持人按下复位键 SB4 后才熄灭。为了给参赛儿童一些优待，SB11 和 SB12 中任一个按下时，灯 HL1 都亮；而为了对教授组做一定限制，HL3 只有在

SB31 和 SB32 键都按下时才亮。

3）如果竞赛者在主持人打开开关 S 的 10s 内按下按钮，电磁线圈将使彩球摇动，以示竞赛者得到一次幸运的机会。

2. 输入/输出设备

抢答显示系统输入/输出（I/O）分配表见表 6-3。

表 6-3　抢答显示系统输入/输出（I/O）分配表

输入装置	输入端子号	输出装置	输出端子号
按钮 SB11	X000	灯 HL1	Y001
按钮 SB12	X001	灯 HL2	Y002
按钮 SB2	X002	灯 HL3	Y003
按钮 SB31	X003	电磁开关 SOL	Y004
按钮 SB32	X004		
按钮 SB4	X005		
选择开关 S	X006		

程序控制设计中，首先要确定需要使用哪些输入、输出，然后分别给它们标上可编程序控制器的端子号。

3. 抢答显示系统梯形图设计

可编程序控制器的控制逻辑电路设计与继电器—接触器控制系统完全相同。本例中用自锁和互锁电路构成各输出电路的简单程序，抢答显示系统梯形图和指令表如图 6-29 和图 6-30 所示。

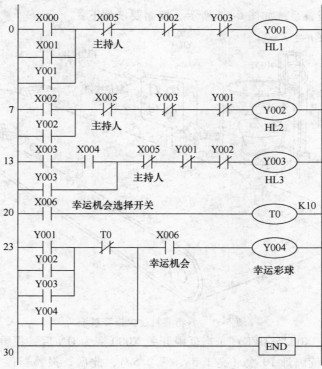

图 6-29　抢答显示系统梯形图

0	LD	X000	10	ANI	Y003	20	LD	X006
1	OR	X001	11	ANI	Y001	21	OUT	T0
2	OR	Y001	12	OUT	Y002	22	K	10
3	ANI	X005	13	LD	X003	23	LD	Y001
4	ANI	Y002	14	AND	X004	24	OR	Y002
5	ANI	Y003	15	OR	Y003	25	OR	Y003
6	OUT	Y001	16	ANI	X005	26	ANI	T0
7	LD	X002	17	ANI	Y001	27	OR	Y004
8	OR	Y002	18	ANI	Y002	28	AND	X006
9	ANI	X005	19	OUT	Y003	29	OUT	Y004
						30	END	

图 6-30　抢答显示系统指令表

图 6-29 中，X000 或 X001 闭合后，Y001 的状态为 ON，同时由于 X000 和 X001 还与 Y000 的常开触点并联，所以在 X000 或 X001 断开后，Y001 仍保持在 ON 状态（自锁状态）。但是，如果 Y002 或 Y003 先于它变成 ON 状态，则 Y001 不能变为 ON，这就是互锁或自锁电路的基本特点。

Y002 和 Y003 以同样方式动作。Y001、Y002 和 Y003 线圈回路在常闭触点 X005 断开后，将清零。X006 闭合后，10s 定时器 T0 起动。如 Y001、Y002 或 Y003 在定时器动作前闭合，则 Y004 将变为 ON。常开触点 X006 断开后，幸运彩球输出回路断开，Y004 清零。

6.3.3　实例二：料箱盛料过少报警系统

1. 控制要求

料箱盛料过少报警系统如图 6-31 所示，控制要求如下：

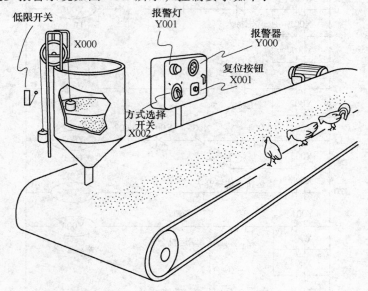

图 6-31　料箱盛料过少报警系统

（1）自动方式（X002 = OFF）　　当低限开关 X000 变为 ON 后，报警器 Y000 开始鸣叫，同时报警灯 Y001 连续闪烁 10 次（亮 1.5s、灭 2.5s），此后，报警器停止鸣叫，灯也熄灭。此外，复位按钮 X001 可以使二者中止。

（2）手动方式（X002 = ON）　当低限开关 X000 变为 ON 后，报警器 Y000 开始鸣叫，同时报警灯 Y001 开始闪烁。当按下复位按钮 X001 时，二者中止。

2. 输入输出设备

报警系统输入/输出（I/O）分配表见表 6-4。

表 6-4　报警系统输入/输出（I/O）分配表

输入装置	输入端子号	输出装置	输出端子号
低限开关	X000	报警器	Y000
复位按钮	X001	报警灯	Y001
方式选择开关	X002		

3. 料箱盛料过少报警系统梯形图设计

闪烁电路由计数器和定时器实现。料箱盛料过少报警系统梯形图和指令表如图 6-32 所示。

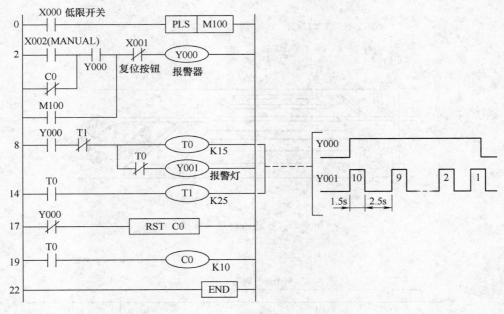

a) 梯形图

0	LD	X000	8	LD	Y000	16	K	25
1	PLS	M100	9	ANI	T1	17	LDI	Y000
2	LD	X002	10	OUT	T0	18	RST	C0
3	ORI	C0	11	K	15	19	LD	T0
4	AND	Y000	12	ANI	T0	20	OUT	C0
5	OR	M100	13	OUT	Y001	21	K	10
6	ANI	X001	14	LD	T0	22	END	
7	OUT	Y000	15	OUT	T1			

b) 指令表

图 6-32　料箱盛料过少报警系统程序

梯形图中，M100 在低限开关 X000 闭合后，产生一个脉冲输出。报警器 Y000 在 M100 闭合后即刻保持在 ON 状态（报警），只有在计数器 C0 完成计数或按下复位按钮 X001 时，报警器 Y000 才变为 OFF 状态（停止报警）。梯形图 8 ~ 14 步构成一个振荡电路，常开触点 Y000 闭合，Y001 变为 ON 状态，保持 ON 状态 1.5s（由定时器 T0 计时），之后 Y001 变为 OFF 状态，保持 OFF 状态 2.5s（由定时器 T1 计时），周而复始，Y001 振荡输出 10 个周期（由计数器 C0 计数）。C0 计数 10 次后，输出 Y000 变为 OFF。

6.3.4　实例三：按钮人行道

1. 控制要求

按钮人行道示意图如图 6-33 所示，按钮人行道口红绿灯控制要求如下：

当人行道口的按钮被按下时，交通灯按图 6-34 所示顺序变化，如果交通灯已经进入运行变化，按钮将不起作用。

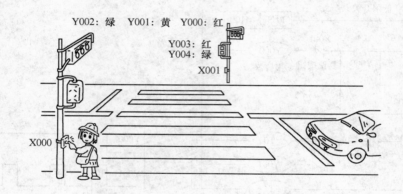

图 6-33　按钮人行道示意图

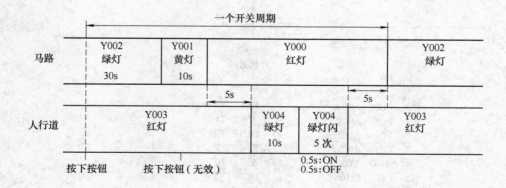

图 6-34　道口交通灯变化顺序

2. 输入输出设备

按钮人行道 I/O 分配表见表 6-5。

表 6-5 按钮人行道 I/O 分配表

输入装置	输入端子号	输出装置	输出端子号
道口按钮 1	X000	马路红灯	Y000
道口按钮 2	X001	马路黄灯	Y001
		马路绿灯	Y002
		人行道红灯	Y003
		人行道绿灯	Y004

3. 按钮人行道口交通灯控制梯形图设计

在使用前例中同样的闪烁电路和计数电路的情况下，采用时序图来设计一个更复杂的逻辑控制程序。按钮人行道口交通灯控制系统时序图、梯形图和指令表如图 6-35、图 6-36 和图 6-37 所示。

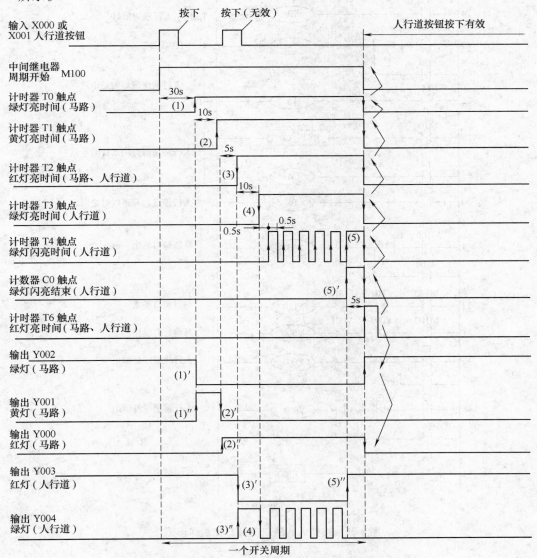

图 6-35 按钮人行道口交通灯控制系统时序图

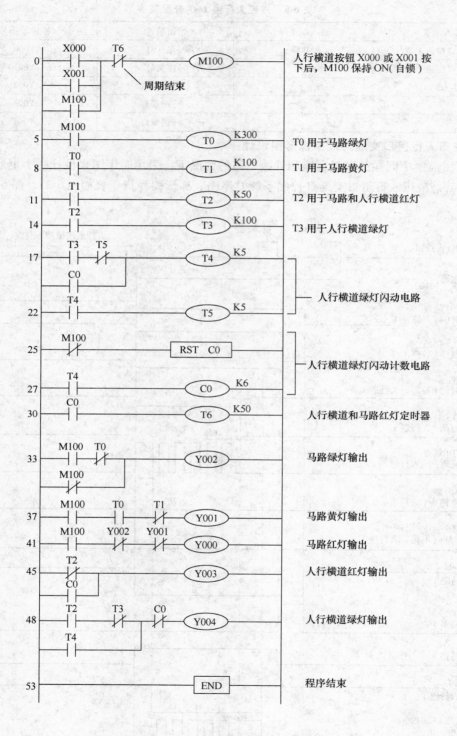

图 6-36 按钮人行道口交通灯控制梯形图

0	LD	X000	19	OR	C0	37	LD	M100
1	OR	X001	20	OUT	T4	38	AND	T0
2	OR	M100	21		K5	39	ANI	T1
3	ANI	T6	22	LD	T4	40	OUT	Y001
4	OUT	M100	23	OUT	T5	41	LD	M100
5	LD	M100	24		K5	42	ANI	Y002
6	OUT	T0	25	LDI	M100	43	ANI	Y001
7		K300	26	RST	C0	44	OUT	Y000
8	LD	T0	27	LD	T4	45	LDI	T2
9	OUT	T1	28	OUT	C0	46	OR	C0
10		K100	29		K6	47	OUT	Y003
11	LD	T1	30	LD	C0	48	LD	T2
12	OUT	T2	31	OUT	T6	49	ANI	T3
13		K50	32		K50	50	OR	T4
14	LD	T2	33	LD	M100	51	ANI	C0
15	OUT	T3	34	ANI	T0	52	OUT	Y004
16		K100	35	ORI	M100	53	END	
17	LD	T3	36	OUT	Y002			
18	ANI	T5						

图 6-37　指令表

思考与练习题

6-1　写出图 6-38 所示梯形图的指令表程序。

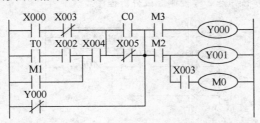

图 6-38　思考与练习题 6-1 图

6-2　写出图 6-39 所示梯形图的指令表程序。画出图中 M3、M6、M9 和 Y006 的时序图。

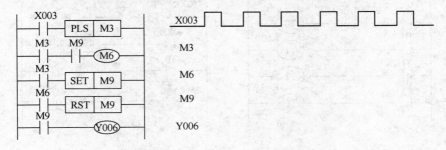

图 6-39　思考与练习题 6-2 图

6-3　画出下面指令表程序对应的梯形图。

0 LD	X000		9 MPP	
1 MPS			10 AND	X004
2 AND	X001		11 MPS	

3 MPS	12 AND　X005
4 AND　X002	13 OUT　Y002
5 OUT　Y000	14 MPP
6 MPP	15 AND　X006
7 AND　X003	16 OUT　Y003
8 OUT　Y001	

6-4　画出图 6-40 中 Y000 的时序图。

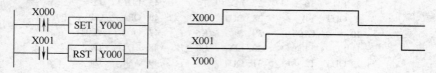

图 6-40　思考与练习题 6-4 图

6-5　图 6-41 所示两个梯形图是否完全等效？为什么？

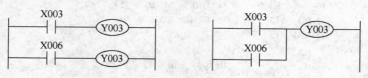

图 6-41　思考与练习题 6-5 图

6-6　图 6-42 所示是一个单按钮起动和停止电路。设 X000 输入端口接一个常开按钮，电路实现对 Y000 输出端所接执行元件的单按钮起、停控制。试分析程序。

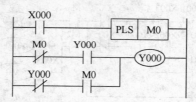

图 6-42　思考与练习题 6-6 图

6-7　如图 6-43 所示梯形图，试分析计算电路延迟时间。

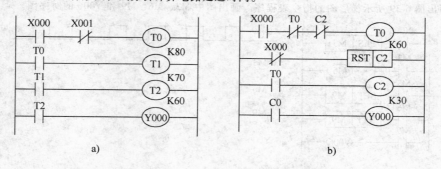

图 6-43　思考与练习题 6-7 图

第 7 章　顺序功能图编程和步进指令

用梯形图编程容易被电气技术人员接受，但对于一个复杂的控制系统，尤其是顺序控制程序，由于内部的联锁、互动关系极其复杂，其梯形图往往长达数百行，通常要由熟练的电气工程师才能编写出这样的程序。三菱 FX 系列 PLC 采用了 IEC 标准的顺序功能图（Sequential Function Chart，SFC）语言，可用于编写复杂的顺序控制程序。利用顺序功能图编程方法，初学者也很容易编写出复杂的顺序控制程序。FX 系列 PLC 除了基本指令之外，还有两条简单的步进指令，其目标器件是状态元件，用类似于顺序功能图语言的方式编程。本章介绍顺序功能图编程以及步进指令。

7.1　顺序功能图的基本特点

顺序功能图是一种按照工艺流程图进行编程的图形编程语言。顺序功能图的基本设计思想是：按照生产工艺的要求，将机械动作的一个工作周期划分为若干个工作阶段（简称为步），并明确每一步所要执行的输出，步与步之间通过指定的条件进行转换。因此，只需要通过正确连接步与步之间的转换，便可以完成机械的全部动作。

顺序功能图程序与其他 PLC 程序在执行过程中的最大区别在于：顺序功能图程序在执行时始终只有处于工作状态的步（称为"有效状态"或"活动步"）能进行逻辑处理与状态输出，其余不工作步（称为"无效状态"或"非活动步"）的全部指令与输出均无效。因此，在设计顺序功能图程序时，编程人员只需要确定每一步的输出及步与步之间的转换条件，运用最简单的逻辑指令（如 LD、AND、OR、OUT 等），便可完成程序设计，而不需要像梯形图编程那样考虑信号之间复杂的互锁要求，顺序控制设计变得简单。顺序功能图具有直观、简单的特点，是设计 PLC 顺序控制程序的一种有力工具。

PLC 执行顺序功能图程序的基本工作过程类似于子程序的调用，PLC 需要根据转换条件选择工作步，然后进行工作步的逻辑处理，对于未选择的工作步则予以跳过。因此，构成顺序功能图程序的基本要素为状态、转换条件和有向线段。

状态与状态之间由转换条件分隔，相邻的状态具有不同的动作。当相邻两状态之间的转换条件得到满足时，就实现转换，即上面状态的动作结束而下一状态的动作开始。

状态元件是构成顺序功能图的基本元件。FX 系列 PLC 有状态元件 1000 点（S0 ~ S999），其中 S0 ~ S9 共 10 个叫初始状态，是顺序功能图的起始状态。

图 7-1 是一个简单顺序功能图示例。状态用矩形框表示。每个状态都有编号，状态之间用有向线段连接。其中从上到下、从左到右的箭头可以省去不画，有向线段上的垂直短线表示状态转移条件。顺序功能图程序中，用状态表示机械运行的各个阶段，当某一状态为 ON 时，与此连接的梯形图（内部梯形图）动作。当状态为 OFF 时，与此连接的内部梯形图不动作。当各状态之间设置的条件（转移条件）被满足时，下一个状态变为 ON，之前为 ON 的状态变为 OFF（即状态转移）。

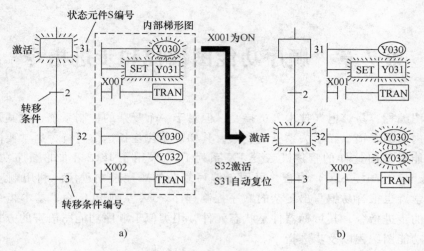

图 7-1　顺序功能图

在图 7-1a 中，状态 S31 为 ON（即 S30 为"激活"状态），状态 S32 为 OFF。此时，Y030 接通，Y031 被置"1"（未复位前 Y031 一直保持接通）。状态 S32 没有激活，其对应的梯形图没有输出，即 PLC 扫描工作时，S32 被跳过。当编号为 2 的转移条件满足时，即 X001 接通，状态发生转移，此时，状态 S32 被"激活"，S31 自动复位，如图 7-1b 所示，Y030、Y032 接通，Y031 仍保持接通。

为了表达方便，图 7-1a 的顺序功能图常用图 7-2 的形式表示。注意，在不同的状态中，可以重复编写输出线圈，如图 7-1 中的 Y030。另外，不能重复使用同一个状态编号。

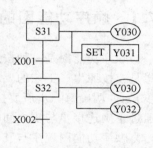

图 7-2　顺序功能图的简约表达形式

7.2　顺序功能图编程

7.2.1　简单流程顺序功能图编程

【例 7-1】　电动机驱动控制，参见图 7-3。

1. 控制要求

1）按下起动按钮 SB 后，由电动机控制的台车前进，限位开关 SQ1 动作后，立即后退。

2）后退至限位开关 SQ2 动作后，停止 5s，以后再次前进，到限位开关 SQ3 动作时，立即后退。

3）此后，限位开关 SQ2 动作时，驱动台车的电动机停止。

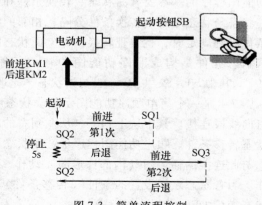

图 7-3　简单流程控制

4）再次起动，重复执行上述的动作。

2. 工序图的创建

按照下述的步骤，创建如图 7-4a 所示的工序流程图。

1）依据控制要求将动作分成各个工序，按照从上至下动作的顺序用矩形框表示。

2）用纵线连接各个工序，写入工序推进的条件。

3）在表示工序的矩形框的右边写入各个工序中执行的动作。

3. 软元件的分配

给已经创建好的工序图分配可编程序控制器的软元件，得到单流程控制的顺序功能图（即 SFC 程序）如图 7-4b 所示。具体方法如下：

1）确定各个工序状态元件编号。

初始工序用初始状态（S0 ~ S9），之后的工序使用除初始状态以外的状态（S20 ~ S999），状态编号的大小与工序的顺序无关。

2）确定各个转移条件软元件编号。

确定按钮、限位开关等装置与 PLC 连接的输入端子（X）编号以及定时器（T）编号。

3）确定各工序执行的动作中各个软元件编号。

确定外部驱动设备与 PLC 连接的输出端子（Y）编号。

4）执行重复动作需指定要跳转的目标状态编号。

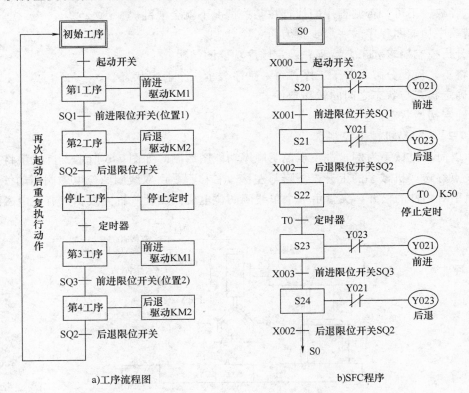

a)工序流程图　　　　　　　　b)SFC程序

图 7-4　工序流程图和 SFC 程序

4. 初始状态的使用

初始状态的使用要特别注意。初始状态可由其他状态元件驱动，如图 7-4b 中的 S24。最开始运行时，初始状态必须用其他方法预先驱动，使之处于工作状态。本例中，初始状态是由 PLC 从停止→起动运行切换瞬间使特殊辅助继电器 M8002 接通，从而使状态元件 S0 置 1，如图 7-5 所示。除初始状态元件之外的一般状态元件

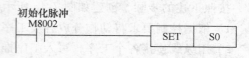

图 7-5　初始状态元件驱动的梯形图

必须由其他状态元件才能驱动，不能脱离状态元件用其他方式驱动。编程时必须将初始状态元件放在其他状态之前。

5. 在 GX Developer 中编辑 SFC 程序

在 GX Developer 中输入程序时，将梯形图程序写入到梯形图块中，SFC 程序写入到 SFC 块中。各个状态执行的动作（程序）及转移条件，被作为状态以及转移条件的内部梯形图处理。关于 GX Developer 的编程操作，参见第 3 篇的实训项目 7。

综上所述，任何一个顺序控制过程都可分解为若干工序，每一工序就是控制过程中的一个状态，顺序功能图就是用状态（工序）来描述控制过程的流程图。

在顺序功能图中，一个完整的状态必须包括：

状态元件；该状态所驱动的对象；向下一个状态转移的条件；明确的转移方向。

状态转移的实现必须满足两个方面的条件：一是转移条件成立；二是前一状态处于激活状态。二者缺一不可，否则程序的执行在某些情况下就会混乱。

编制顺序功能图程序的一般步骤为：

1）分析控制要求和工艺流程，确定顺序功能图结构。

2）将工艺流程分解为若干工序，每一工序表示一个稳定状态。

3）确定状态与状态之间的转移条件。

4）确定初始状态。

【例 7-2】 简易机械手控制。

下面以简易机械手为例，进一步说明顺序功能图编制。如图 7-6 所示，机械手将工件从 A 点向 B 点移送。机械手的上升、下降与左移、右移都是由双线圈两位电磁阀驱动气缸来实现的。抓手对物件的松开、夹紧由一个单线圈两位电磁阀驱动气缸完成，只有在电磁阀通电

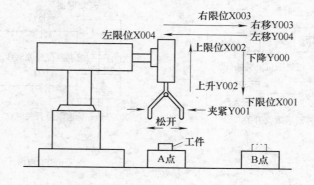

图 7-6　简易机械手

时抓手才能夹紧。该机械手工作原点在左上方，按照下降、夹紧、上升、右移、下降、松开、上升、左移的顺序依次运行。它有手动、自动等几种操作方式。图 7-7 所示为简易机械手自动运行时的顺序功能图。

顺序功能图的特点是由某一状态转移到下一状态后，前一状态自动复位。

S2 为初始状态，用双线框表示。当辅助继电器 M8041、M8044 接通时，状态从 S2 向 S20 转移，下降输出 Y000 动作。当下限位开关 X001 接通时，状态 S20 向 S21 转移，下降输出 Y000 切断，夹紧输出 Y001 接通并保持，同时启动定时器 T0。1s 后定时器 T0 的触点动作，转至状态 S22，上升输出 Y002 动作。当上升限位开关 X002 动作时，状态转移到 S23，右移输出 Y003 动作，右移限位开关 X003 接通，转到 S24 状态，下降输出 Y000 再次动作。当下降限位开关 X001 又接通时，状态转移至 S25，使输出 Y001 复位，即夹钳松开，同时启动定时器 T1，1s 之后状态转移到 S26，上升输出 Y002 动作，到上限位开关 X002 接通，状态转移至 S27，左移输出 Y004 动作，到达左限位开关 X004 接通，状态返回 S2，又进入下一个循环。

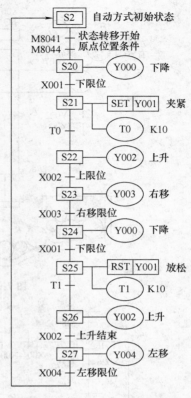

图 7-7　简易机械手顺序功能图
（自动运行）

7.2.2　复杂流程顺序功能图编程

1. 选择性分支

选择执行多个流程中的一个流程称为选择性分支。选择性分支结构顺序功能图如图 7-8 所示，这里，X000、X010、X020 在同一时刻最多只能有一个为接通状态（即条件 1、4、7 不能同时为 ON）。例如，S20 动作时，X000 为 ON，则动作状态转移到 S21，S20 变为不动作。因此，即使此后 X010 和 X020 动作，S31 和 S41 也不动作。汇合状态 S50 可由 S22、S32、S42 中的任意一个驱动。

【例 7-3】　大小球分类传送控制。

图 7-9 为使用传送带，将大、小球分类传送的机械装置。左上为原点，按照下降、吸住、上升、右行、下降、释放、上升、左行的顺序动作。此外，当机械手臂下降，电磁铁压住大球时，下限位开关 SQ2 为 OFF，压住小球时，SQ2 为 ON，依此分辨大下球，进行分类传送。

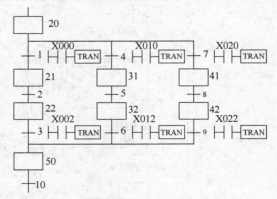

图 7-8　选择性分支结构顺序功能图

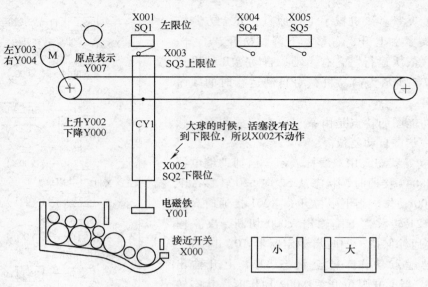

图 7-9　大小球分类传送机械装置

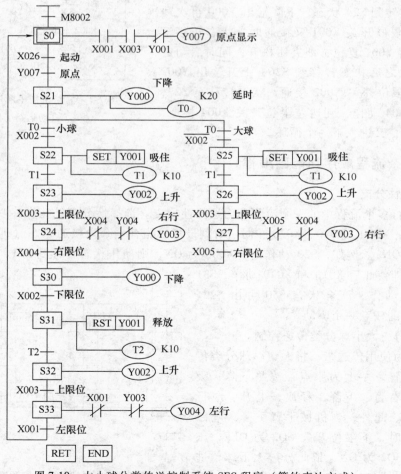

图 7-10　大小球分类传送控制系统 SFC 程序（简约表达方式）

　　通过对控制要求和工艺流程的分析，确定顺序功能图流程形态。本例为典型选择性分支汇合，即从多个流程中选择执行其中的一个流程。大小球分类传送控制系统 SFC 程序，如图 7-10 所示。GX Developer 编程软件中的顺序功能图（SFC）形式如图 7-11 所示。注意，在书写 SFC 程序时，人们习惯用 SFC 简约表达方式。

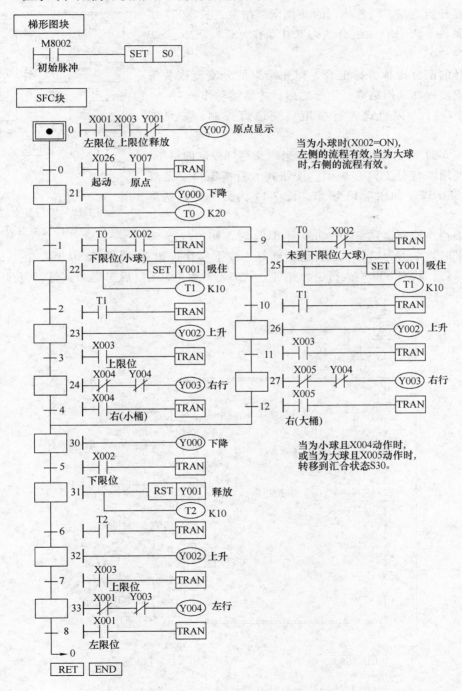

图 7-11　大小球分类传送控制系统 SFC 程序

2. 并行分支

多个流程全部同时进行处理的分支称为并行分支。并行分支结构顺序功能图如图 7-12 所示。S20 动作时，X000 一接通（条件 1 为 ON），S21、S24、S27 就同时动作，各分支流程开始动作。待各流程的动作全部结束，且 X007 接通时（条件 8 为 ON），汇合状态 S30 动作，S23、S26、S29 全部复为"0"状态。

这样的汇合也称等待汇合，即先结束的分支流程要等所有分支流程都动作结束，汇合之后，才继续动作。

【例 7-4】　按钮式人行横道口交通灯控制，参见图 6-33。

如图 6-31 所示，按钮式人行横道口交通灯控制的例子，也可以使用并行分支流程表示。按钮式人行横道口交通灯控制的 SFC 程序如图 7-13 所示，图 7-14 为另一种表达形式。

可编程序控制器从 STOP 切换到 RUN 时，初始状态 S0 动作，平时为车道为绿灯、人行道为红灯。按下横穿按钮 X000 或 X001 后，在状态 S21 中车道为绿灯，状态 S30 中人行道为红灯，状态不改变。30s 以后车道为黄灯，再过 10s 以后

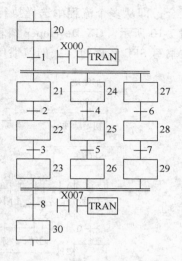

图 7-12　并行分支结构
顺序功能图

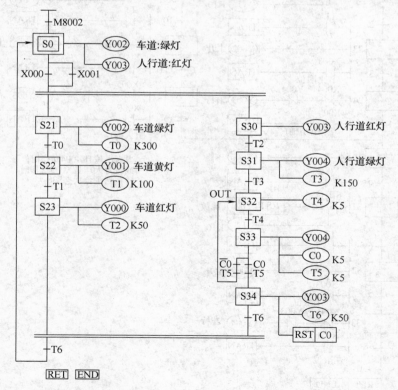

图 7-13　按钮式人行横道的 SFC 程序（简约表达方式）

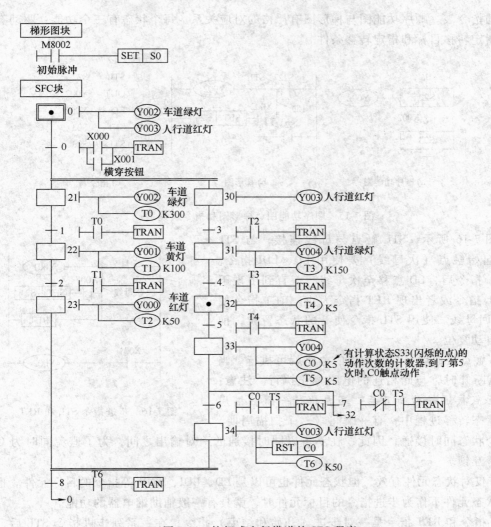

图 7-14　按钮式人行横道的 SFC 程序

变成车道为红灯。此后，定时器 T2（5s）动作后，变成人行道为绿灯。15s 以后，人行道执行绿灯的闪烁（S32 为灭、S33 为亮）。在闪烁过程中，S32、S33 重复动作，但是计数器 C0（设定值为 5 次）动作后，动作状态转移到 S34，在人行道为红灯的 5s 后返回到初始状态。

在动作过程中，即使再按横穿按钮 X000、X001 也无效。

7.3　步进指令简介

7.3.1　步进指令 STL、RET

步进指令有两条：STL 和 RET。STL 是步进开始指令，RET 是步进结束指令，图 7-15 是步进指令 STL 的使用说明，其中图 7-15a 是顺序功能图，图 7-15b 是相应的梯形图，图 7-15c

是相应的指令表。顺序功能图与梯形图有严格的对应关系。每个状态有三个功能：驱动有关负载、指定转移目标和指定转移条件。

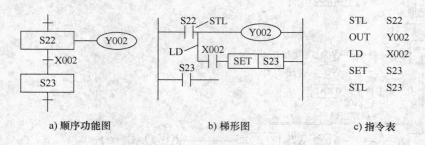

a) 顺序功能图　　　　　　　b) 梯形图　　　　　　　c) 指令表

图 7-15　顺序功能图、梯形图和指令表关系

如图 7-16 所示，STL 触点与母线连接，与 STL 相连的起始触点（次母线）要使用 LD、LDI 指令。使用 STL 指令后，LD 点移至次母线，一直到出现下一条 STL 指令或者出现 RET 指令为止。RET 指令使 LD 点返回母线。使用 STL 指令使新的状态置位，前一状态自动复位。

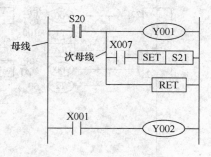

图 7-16　步进指令 STL 和 RET

STL 触点接通后，与此相连的电路就可执行。当 STL 触点断开时，与此相连的电路停止执行。**注意：** 在 STL 触点接通转为断开后，还要执行一个扫描周期。在状态转移过程中，有一瞬间（一个扫描周期）前后两个状态同时接通，因此，在不可以同时接通的一对输出之间，为了避免同时为 ON，需要设置互锁。

STL 仅对状态元件有效，但状态元件也可以是 LD、LDI、AND 等指令的目标元件。也就是说，状态元件不作为步进指令的目标元件时，就具有一般辅助继电器的功能。

STL 指令和 RET 指令是一对步进（开始和结束）指令，在一系列步进指令 STL 后，加上 RET 指令，表明步进梯形指令功能的结束，LD 点返回到原来的母线。

7.3.2　顺序功能图与梯形图的转换

顺序功能图编程时可以将其转换成梯形图，再写出指令表。顺序功能图、梯形图、指令表三者对应关系如图 7-17 所示。

7.3.3　多分支顺序功能图的处理

1. 选择分支与汇合

图 7-18 是选择分支与汇合的顺序功能图和梯形图。

分支选择条件 X001 和 X004 不能同时接通。在状态元件 S21 接通时，根据 X001 和 X004 的状态决定执行哪一条分支。当状态元件 S22 或 S24 接通时，S21 自动复位。状态元件 S26 由 S23 或 S25 置位，同时，前一状态元件 S23 或 S25 自动复位。图 7-18 对应的指令表如下：

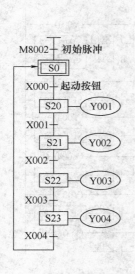

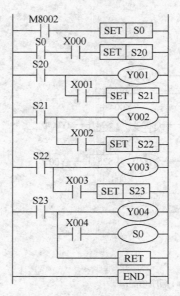

a) 顺序功能图　　　　　　　　　　　b) 梯形图

0	LD	M8002	→ 使用SET
1	SET	S0	初始脉冲的初始驱动
3	STL	S0	
4	LD	X000	状态 S0
5	SET	S20	
7	STL	S20	
8	OUT	Y001	
9	LD	X001	状态 S20
10	SET	S21	
12	STL	S21	
13	OUT	Y002	
14	LD	X002	状态 S21
15	SET	S22	

17	STL	S22	
18	OUT	Y003	
19	LD	X003	状态 S22
20	SET	S23	
22	STL	S23	
23	OUT	Y004	状态 S23
24	LD	X004	→ 使用OUT
25	OUT	S0	
27	RET		在一系列STL指令后使用RET指令
28	END		

c) 对应指令表

图 7-17　顺序功能图、梯形图及指令表的关系

STL	S21	STL	S22	LD	X003	STL	S25
OUT	Y001	OUT	Y002	SEL	S26	OUT	Y005
LD	X001	LD	X002	STL	S24	LD	X006
SET	S22	SET	S23	OUT	Y004	SET	S26
LD	X004	STL	S23	LD	X005	STL	S26
SET	S24	OUT	Y003	SET	S25	OUT	Y006

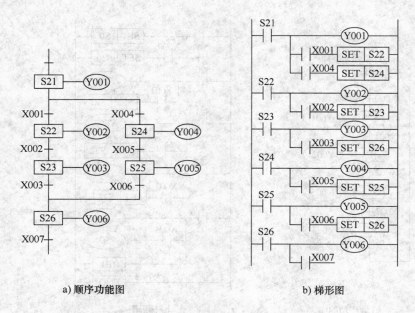

a) 顺序功能图　　　　　　　　　　　　b) 梯形图

图 7-18　选择分支与汇合

2. 并行分支与汇合

图 7-19 是并行分支与汇合的顺序功能图和梯形图。

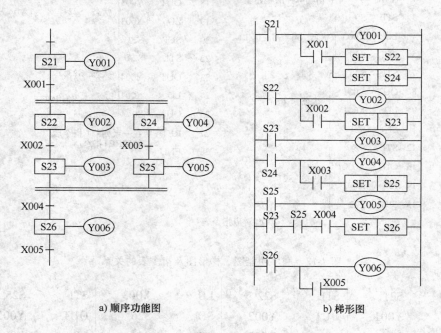

a) 顺序功能图　　　　　　　　　　　　b) 梯形图

图 7-19　并行分支与汇合

当转换条件 X001 接通时，由状态元件 S21 分两路同时进入状态元件 S22 和 S24，以后系统的两个分支并行工作。图 7-19 中水平双线强调的是并行工作，实际上与一般状态编程一样，先进行驱动处理，然后进行转换处理，从左到右依次进行。当两个分支都处理完毕后，S23、S25 同时接通，转换条件 X004 也接通时，S26 接通，同时 S23、S25 自动复位。多条支路汇合在一起，实际上是 STL 指令连续使用（在梯形图上是 STL 接点串联）。STL 指令最多可连续使用 8 次，即最多允许 8 条并行支路汇合在一起。与图 7-19 对应的指令表如下：

STL	S21	LD	X002	LD	X003	LD	X004
OUT	Y001	SET	S23	SET	S25	SET	S26
LD	X001	STL	S23	STL	S25	STL	S26
SET	S22	OUT	Y003	OUT	Y005	OUT	Y006
SET	S24	STL	S24	STL	S23	连续用 STL	
STL	S22	OUT	Y004	STL	S25	表示并行汇合	
OUT	Y002						

这里要说明的是：STL 是一个程序步指令。

7.3.4　步进指令应用实例

步进指令是专为顺序控制而设立的，当然在顺序控制系统，使用步进指令是相当方便的。下面以一个具有多种工作方式的顺序控制系统简易机械手为例，介绍顺序控制程序的设计方法。

1. 工艺要求与工作方式

简易机械手的工作示意图在 7.2.1 节中已有说明。工件工作原点在左上方，机械手运动示意图如图 7-20 所示。

该机械手工作方式有手动、单步、单周期和连续工作（自动）四种形式。简易机械手的操作面板如图 7-21 所示。工作方式选样开关分四挡与四种方式相对应。上升、下降、左移、右移、放松、夹紧几个步序一目了然。下面就操作面板上标明的几种工作方式说明如下：

手动方式是指用各自的按钮使各个负载单独接通或断开。

回原点：按下此按钮，机械手自动回到原点。

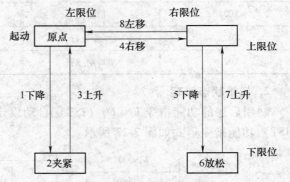

图 7-20　机械手运动示意图

单步：按动一次启动按钮，前进一个工步。

单周期：在原点位置按动启动按钮，自动运行一遍后再在原点停止。若在中途按动停止按钮，则停止运行；再按启动按钮，从断点处继续运行，回到原点处自动停止。

连续工作（自动状态）：在原点位置按动启动按钮，连续反复运行。若中途按动停止按钮，运行到原点后停止。

面板上的起动和急停按钮与 PLC 运行程序无关。这两个按钮是用来接通或断开 PLC 外部负载的电源。有多种运行方式的控制系统，应能根据所设置的运行方式自动进入，这就要

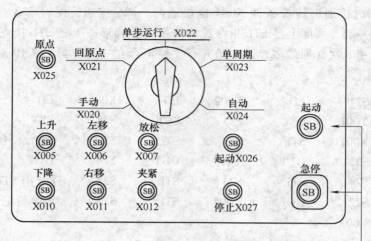

图 7-21　操作面板

求系统应能自动设定与各个运行方式相应的初始状态。后述的 FNC60（IST）功能指令就具有这种功能。为了使用这个指令，必须指定具有连续编号的输入点。此例中指定的输入点见表 7-1。

表 7-1　对照表

输入继电器 X	功　　能	输入继电器 X	功　　能
X020	手动	X024	连续运行
X021	回原点	X025	回原点起动
X022	单步运行	X026	自动起动
X023	单周期运行	X027	停止

2. 初始状态设定

利用后述的功能指令 FNC60（IST）自动设定与各个运行方式相应的初始状态。FNC60（IST）功能指令形式如图 7-22 所示。

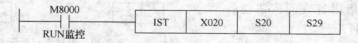

图 7-22　功能指令 IST

X020 是输入的首元件编号，S20 是自动方式的最小状态元件编号，S29 是自动方式的最大状态元件编号。

当应用指令 FNC60 满足条件时，下面的初始状态元件及相应特殊辅助继电器自动被指定如下功能：

S0——手动操作初始状态

S1——回原点初始状态

S2——自动操作初始状态

M8048——禁止转移

M8041——开始转移

M8042——启动脉冲

M8047——STL 监控有效

3. 简易机械手顺序控制程序编写

（1）初始化程序　任何一个完整的控制程序都要初始化。所谓程序初始化，就是设置控制程序的初始化参数。简易机械手控制系统的初始化程序是设置初始状态和原点位置条件。图 7-23 是初始化梯形图程序。

特殊辅助继电器 M8044 作为原点位置条件用。当在原点位置条件满足时，M8044 接通。其他初始状态由 IST 指令自动设定。需要指出的是，初始化程序是在开始时执行一次，其结果存在元件映像寄存器中，这些元件的状态在程序执行过程中大部分都不再变化。有些则不然，像状态元件 S2 就是随程序运行改变其状态的。

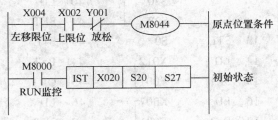

图 7-23　初始化梯形图程序

（2）手动方式程序　手动方式梯形图程序如图 7-24 所示。S0 为手动方式的初始状态。手动方式的夹紧、放松及上升、下降、左移、右移是由相应按钮来控制的。

（3）回原点方式程序　回原点方式顺序功能图程序如图 7-25 所示。S1 是回原点的初始状态。回原点结束后，M8043 置 1。

（4）自动方式　自动方式的顺序功能图已在第 7.2.1 节图 7-7 中列出，其中 S2 是自动方式的初始状态。状态转移开始辅助继电器 M8041、原点位置条件辅助继电器 M8044 的状态都是在初始化程序中设定的，在程序运行中不再改变。

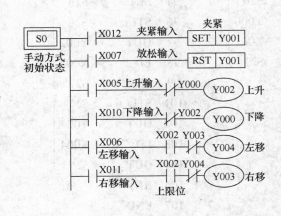

图 7-24　手动方式梯形图程序

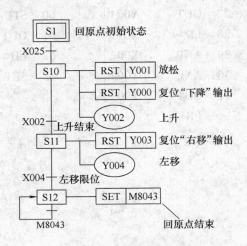

图 7-25　回原点方式顺序功能图程序

与图 7-23、图 7-24、图 7-25 和图 7-7 对应的指令表如下，其中（）中的指令不是必需的。

0	LD	X004
1	AND	X002
2	ANI	Y001
3	OUT	M8044
5	LD	M8000
6	FNC	60
		X020
		S20
		S27
13	STL	S0
14	LD	X012
15	SET	Y001
16	LD	X007
17	RST	Y001
18	LD	X005
19	ANI	Y000
20	OUT	Y002
21	LD	X010
22	ANI	Y002
23	OUT	Y000
24	LD	X006
25	AND	X002
26	ANI	Y003
27	OUT	Y004
28	LD	X011
29	AND	X002
30	ANI	Y004
31	OUT	Y003
	（RET）	

32	STL	S1
33	LD	X025
34	SET	S10
36	STL	S10
37	RST	Y001
38	RST	Y000
39	OUT	Y002
40	LD	X002
41	SET	S11
43	STL	S11
44	RST	Y003
45	OUT	Y004
46	LD	X004
47	SET	S12
49	STL	S12
50	SET	M8043
52	LD	M8043
53	RST	S12
	（RET）	
55	STL	S2
56	LD	M8041
57	AND	M8044
58	SET	S20
60	STL	S20
61	OUT	Y000
62	LD	X001
63	SET	S21

65	STL	S21
66	SET	Y001
67	OUT	T0
		K10
70	LD	T0
71	SET	S22
73	STL	S22
74	OUT	Y002
75	LD	X002
76	SET	S23
78	STL	S23
79	OUT	Y003
80	LD	X008
81	SET	S24
83	STL	S24
84	OUT	Y000
85	LD	X001
86	SET	S25
88	STL	S25
89	RST	Y001
90	OUT	T1
		K10
93	LD	T1
94	SET	S26
96	STL	S26
97	OUT	Y002
98	LD	X002
99	SET	S27
101	STL	S27
102	OUT	Y004
103	LD	X004
104	OUT	S2
106	RET	
107	END	

思考与练习题

7-1　FX 系列 PLC 有多少状态元件 S？按用途分成哪几类？

7-2　某运料小车运行情况如图 7-26 所示。具体控制要求为：

（1）按下按钮 SB1 后，小车由 SQ1 处前进至 SQ2 处停 6s，再后退至 SQ1 处停止。

（2）按下按钮 SB2 后，小车由 SQ1 处前进至 SQ3 处停 9s，再后退至 SQ1 处停止。试用选择性分支结构顺序功能图设计控制程序。

图 7-26 思考与练习题 7-2 图

7-3 写出与图 7-27 所示顺序功能图对应的指令表。

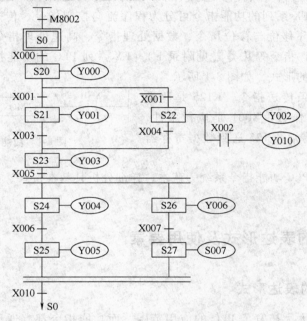

图 7-27 思考与练习题 7-3 图

第 8 章　FX 系列 PLC 的功能指令及其应用

8.1　功能指令的分类及用途

FX 系列 PLC 除了基本指令、步进指令外，还有许多功能指令。功能指令实际上是许多功能不同的子程序。FX 系列的功能指令可分为程序流向控制指令、传送与比较指令、算术与逻辑运算指令、循环移位与移位指令、数据处理指令、高速处理指令、外部 I/O 设备指令、外围设备（SER）指令等几类（见附录 E）。FX 系列 PLC 的功能指令格式采用梯形图和指令助记符相结合的形式，如图 8-1 所示。

图 8-1 所示是一条传送指令，K125 是源操作数，D20 是目标操作数，X001 是执行条件，即当 X001 接通时，将常数 125 送到数据寄存器 D20 中。

图 8-1　功能指令格式

本章以 FX 系列 PLC 功能指令系统为蓝本，详细分析其基本格式、类型及常用功能指令的具体规则。

8.2　功能指令的表达形式及使用要素

8.2.1　功能指令的表达形式

功能指令的出现大大拓宽了 PLC 的应用范围，而功能指令都有通用的表达形式，与基本指令不同，功能指令不含表达梯形图符号间相互关系的成分，而是直接表达本指令要做什么。功能指令的表达形式如图 8-2 所示。

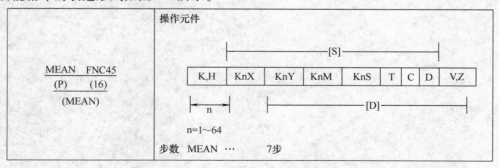

图 8-2　功能指令的表达形式

功能指令按功能号 FNC00～FNC246 编排，每条功能指令都有一个指令助记符，例如图 8-2 中功能号为 45 的 FNC45 功能指令的助记符为 MEAN，它是一条数据处理平均值功能指令，图中的（P）表示脉冲执行功能，（16）表示只能进行 16 位操作，这条平均值指令是 7 步指令。

　　有些功能指令只需要指定功能号即可，但更多的功能指令在指定功能号的同时还必须指定操作元件，操作元件由 1 ~ 4 个操作数组成，下面将操作数说明如下：

　　［S］：源操作数，使用变址功能时，表示为［S·］形式，有时源操作数不止一个，可用［S1·］、［S2·］表示。

　　［D］：目标操作数，使用变址功能时，表示为［D·］，目标操作数不止一个时用［D1·］、［D2·］表示。

　　m、n：表示其他操作数，常用来表示常数或作为源操作数和目标操作数的补充说明；表示常数时，十进制用 K 表示，十六进制用 H 表示，需注释的项目较多时可采用 m1、m2 等方式。

　　功能指令的功能号和指令助记符占一个程序步，操作数占 2 或 4 个程序步（16 位操作数占 2 个程序步，32 位操作数占 4 个程序步）。

　　需要注意的是，某些功能指令在整个程序中只出现一次，即使用跳转指令使其分别处于两段不可能同时执行的程序中也不允许，但可以利用变址寄存器多次改变其操作数。

8.2.2　数据长度和指令类型

1. 数据长度

功能指令可处理 16 位数据和 32 位数据，如图 8-3 所示。

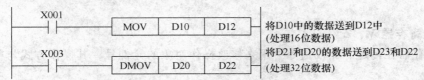

图 8-3　数据长度

功能指令中若有符号 "D"，则表示处理 32 位数据，如 DMOV 指令。处理 32 位数据时，用元件号相邻的两元件组成元件对，元件对的首地址用奇数、偶数均可，但为了避免错误，建议对首地址统一采用偶数编号。

　　需要注意：32 位计数器 C200 ~ C255 不能用作 16 位指令的操作数。

2. 指令类型

FX 系列 PLC 的功能指令有连续执行型和脉冲执行型两种形式，如图 8-4 所示。

助记符后有符号 P 的表示脉冲执行，P 和 D 可同时使用，如 DMOVP。功能指令只在 X001 由 OFF 变为 ON 时执行，在不需要每个扫描周期都执行时，用脉冲方式可缩短程序处理周期。

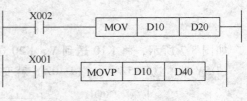

图 8-4　指令类型

助记符后没有符号 P 的表示连续执行，功能指令在 X002 为 ON 状态时上述指令在每个扫描周期都被重复执行。某些指令，如 XCH、INC、DEC 等，用连续执行方式时要特别留意。

3. 位元件

（1）位元件和字元件　只处理 ON/OFF 状态的元件称为位元件，如 X、Y、M 和 S。处理数据的元件称为字元件，例如 T、C 和 D 等。但由位元件也可构成字元件进行数据处理，位元件组合由 Kn 加首元件号来表示。

（2）位元件的组合　4 个位元件为一组组合成单元，KnM0 中的 n 是组数。16 位数操作时为 K1 ~ K4，32 位数操作时为 K1 ~ K8。例如 K4M0 表示 M0 ~ M15 组成 4 个 4 位组，如图 8-5 所示。

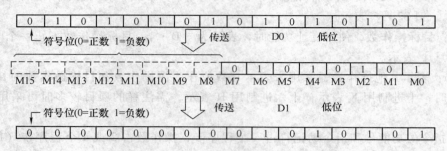

图 8-5　位元件的组合

当一个 16 位的数据传送到 K1M0、K2M0 或 K3M0 时，只传送相应的低位数据，较高位的数据不传送。32 位数据传送也一样。

在进行 16 位数据操作时，参与操作的位元件由 K1 ~ K4 指定，若仅由 K1 ~ K3 指定，则不足部分的高位均作 0 处理，这意味着只能处理正数（符号位为 0）。在进行 32 位数据操作时也一样。

被组合的位元件的首元件号可以是任意的，但习惯上采用以 0 结尾的元件，如 X000、X010 等。

4. 变址寄存器 V、Z

变址寄存器在传送、比较指令中用来修改操作对象的元件号，其操作方式与普通数据寄存器一样。

图 8-6 中表示从 KnY 到 V、Z 都可作为功能指令的目标元件。在 [D·] 中的 （·）表示可以加入变址寄存器。对于 32 位指令，V 为高 16 位，Z 为低 16 位；32 位指令中用到变址寄存器时只需指定 Z，这时 Z 就代表 V 和 Z。

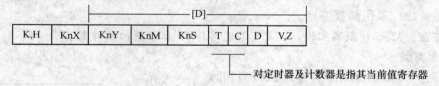

图 8-6　变址寄存器操作对象

如图 8-7 所示，将 K10 送到 V，K20 送到 Z，所以（V）、（Z）内容分别是 10、20。
（D5V）+（D15Z）→（D40Z）就变为（D15）+（D35）→（D60）

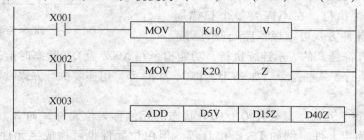

图 8-7　变址寄存器的使用说明

　　利用 V 和 Z 可使编程简化。在 32 位指令中，V、Z 可自动组对使用，V 已由 MOV 指令指定为"0"。

8.3　常用功能指令

8.3.1　程序流向控制指令

　　FX 系列可编程序控制器有 10 条程序流向控制指令。程序流向控制指令 FNC00 ~ FNC09 分别是 CJ（条件跳转）、CALL（子程序调用）、SRET（子程序返回）、IRET（中断返回）、EI 与 DI（中断允许与中断禁止）、FEND（主程序结束）、WDT（监视定时器刷新）和 FOR 与 NEXT（循环开始与循环结束）。

1. 条件跳转指令 FNC00

条件跳转指令助记符、指令代码、操作数和程序步见表 8-1。

表 8-1　条件跳转指令助记符、指令代码、操作数和程序步

指令名称	助记符	指令代码 位数	操作数 D（·）	程序步
条件跳转	CJ（P）	FNC00 （16）	P0 ~ P63 P63 即 END	CJ、CJP：3 步 标号 P：1 步

　　CJ 和 CJP 指令用于跳过顺序程序中的某一部分，这样可以减少扫描时间，由于跳转指令具有选择程序段的功能，在同一程序且位于因跳转而不会被同时执行程序段中的同一线圈不被视为"双线圈"，从而使"双线圈操作"成为可能。

　　图 8-8 所示为跳转指令的使用说明，当 X020 为 ON 时程序从第一步跳到标号 P10 处。如果 X020 为 OFF，跳转不执行，则程序按原顺序向下执行。跳转时，被跳过的那部分指令不执行。

　　一个标号只能出现一次，若出现多于一次则会出错。在跳转指令前的执行条件若用 M8000 时，则此时就称为无条件跳转，因为 PLC 运行时 M8000 总为 ON。

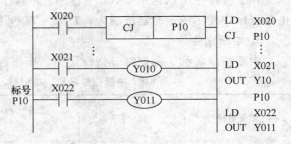

图 8-8　跳转指令使用说明

2. 子程序调用与返回指令

子程序调用与返回指令助记符、指令代码、操作数和程序步见表 8-2。

表 8-2　子程序调用与返回指令助记符、指令代码、操作数和程序步

指令名称	助记符	指令代码 位数	操作数 D（·）	程序步
子程序调用	CALL（P）	FNC01 （16）	P0 ~ P62 嵌套 5 级	指令：3 步 标号：1 步
子程序返回	SRET	FNC02	无	1 步

图 8-9 所示是 CALL 指令的使用说明。当 X000 为 ON 时，子程序调用指令 CALL 使程序跳到标号 P10 处，子程序被执行。在子程序返回指令 SRET 执行后程序回到 104 步处。标号应写在程序结束指令 FEND（后述）之后，标号范围为 P0 ~ P62，但同一标号不能重复使用，也就是说同一标号不能出现多次，而且 CJ 指令中用过的标号不能重复再用，但不同的 CALL 指令可调用同一标号的子程序。

图 8-10 是 CALLP 指令的使用说明，子程序调用指令 CALLP P11 仅在 X001 由 OFF 变为 ON 时执行一次，在执行 P11 子程序时，如果 CALL P12 指令被执行，则程序跳到子程序 P12，在 SRET（2）指令执行后，程序返回到子程序 P11 中 CALL P12 指令的下一步。在 SRET（1）指令执行后再返回主程序。

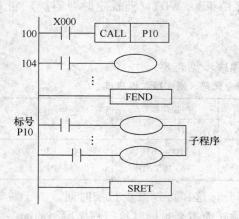

图 8-9　CALL 指令使用说明

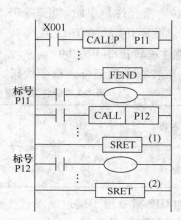

图 8-10　CALLP 指令使用说明

在子程序中可以再用 CALL 子程序，形成子程序嵌套，总数可有 5 级嵌套。在子程序和中断程序中使用的定时器范围为：T192 ~ T199 和 T246 ~ T249。

3. 中断指令

中断指令名称、助记符、指令代码、操作数和程序步见表 8-3。

表 8-3　中断指令名称、助记符、指令代码、操作数和程序步

指令名称	助记符	指令代码位数	操作数 D（·）	程序步
中断返回指令	IRET	FNC03	无	1 步
允许中断指令	EI	FNC04	无	1 步
禁止中断指令	DI	FNC05	无	1 步

FX 系列 PLC 可设置 9 个中断点，中断信号从 X000 ~ X005 输入，有的定时器也可以作为中断源。PLC 一般处在禁止中断状态。允许中断指令 EI 与禁止中断指令 DI 之间的程序段为允许中断区间。当程序处理到该区间并且出现中断信号时，停止执行主程序，去执行相应的中断子程序。处理到中断返回指令 IRET 时返回断点，继续执行主程序。中断指令的使用说明如图 8-11 所示。当程序处理到允许中断区间时，X000 或 X001 为 ON 状态，则转而处理相应的中断子程序（1）或（2）。

当相应的特殊辅助继电器置 1 时，中断
子程序不能执行。例如，当 M805Δ 置 1 时，
相应的中断子程序 IΔ * * 不执行。在一个中
断程序执行时，其他中断被禁止。但是在中
断程序中编入 EI 和 DI 指令可实现 2 级中断
嵌套。多个中断信号产生的顺序，中断指针
号较低的有优先权。中断信号的脉宽必须超
过 200μs。如果中断信号产生在禁止中断区
间（DI 到 EI 范围），这个中断信号被存储，
并在 EI 指令之后被执行。在子程序和中断程
序中使用的定时器范围为：T192 ~ T199 和
T246 ~ T249。

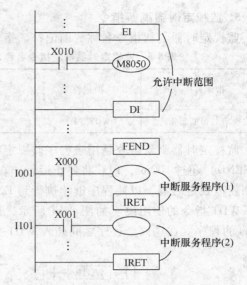

图 8-11　中断指令使用说明

4. 主程序结束指令

主程序结束指令名称、助记符、指令代
码、操作数和程序步见表 8-4。

表 8-4　主程序结束指令名称、助记符、指令代码、操作数和程序步

指令名称	助记符	指令代码 位数	操作数 D（·）	程序步
主程序结束指令	FEND	FNC06	无	1 步

FEND 指令使用说明如图 8-12 所示，从图中可看出 FEND 指令表示主程序结束。程序执
行到 FEND 时机器进行输出处理、输入处理、警戒时钟刷新，完成以后返回第 0 步。

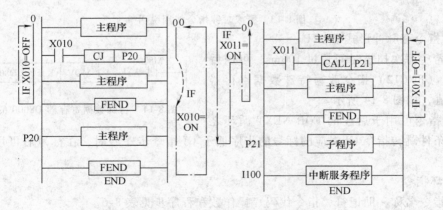

图 8-12　FEND 指令使用说明

子程序应写在主程序结束指令 FEND 之后，即 CALL、CALLP 指令对应的标号应写在
FEND 之后。CALL、CALLP 指令调用的子程序必须以子程序返回指令 SRET 作结束。同理，
中断服务子程序也要写在 FEND 指令之后，中断子程序必须以 IRET 指令结束。

若 FEND 指令在 CALL 或 CALLP 指令执行之后，SRET 指令执行之前出现，则程序出
错。另一个类似的错误是使 FEND 指令处于 FOR-NEXT 循环之中。

子程序及中断子程序必须写在 FEND 指令与 END 指令之间。

5. 监视定时器刷新指令

监视定时器刷新指令名称、助记符、指令代码、操作数和程序步见表 8-5。

表 8-5 监视定时器刷新指令名称、助记符、指令代码、操作数和程序步

指令名称	助记符	指令代码 位数	操作数 D（·）	程序步
监视定时器刷新指令	WDT（P）	FNC07	无	1 步

监视定时器刷新指令是用于程序监视定时器的刷新。如果扫描时间（从 0 步到 END 或者 FEND）超过 100ms，PLC 将停止运行。在这种情况下，应将 WDT 指令插到合适的程序步中刷新监视定时器，以使程序继续执行到 END。

WDT 指令的使用说明如图 8-13 所示，图中将一个扫描时间为 120ms 的程序分为两个 60ms 的程序。在这两个程序之间插入 WDT 指令。

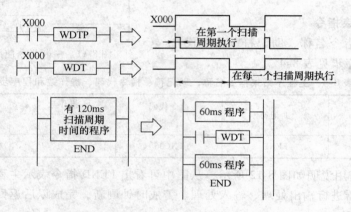

图 8-13 警戒时钟指令使用说明

WDT 指令有脉冲形式 WDTP。

如果希望每次扫描时间超过 100ms，可用后述的 MOV（FNC12）指令改写特殊数据寄存器 D8000 的值，如图 8-14 所示。

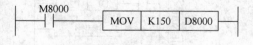

图 8-14 特殊数据寄存器 D8000 的应用

WDT 指令可用于后述的 FOR-NEXT 循环之中。当与条件跳转指令 CJ 对应的标号的步序低于 CJ 指令步序号时，在标号后可用 WDT 指令。

6. 循环指令

循环指令名称、助记符、指令代码、操作数和程序步见表 8-6。

表 8-6 循环指令名称、助记符、指令代码、操作数和程序步

指令名称	助记符	指令代码 位数	操作数 D（·）	程序步
循环开始指令	FOR	FNC08 （16）	K、H、KnX、KnY、KnM、 KnS、T、C、D、V、Z	1 步
循环结束指令	NEXT	FNC09	无	1 步

FOR、NEXT 为循环开始和循环结束指令。在程序运行时，位于 FOR-NEXT 间的程序重复执行 n 次（由操作数指定）后再执行 NEXT 指令后的程序。循环次数范围为 1 ~ 32767。FOR-NEXT 指令的使用说明如图 8-15 所示。程序 C 循环 4 次后，第三个 NFXT 指令后的程序才被执行。如果数据寄存器 D0Z 中的数是 6，则程序 C 每执行 1 次，程序 B 循环 6 次，即程序 B 一共执行 24 次。

利用 CJ 指令（X010 为 ON）可跳出 FOR-NEXT 循环体 A。如果 X010 为 OFF，K1X000 中的值为 7，则程序 B 每执行 1 次，程序 A 执行 7 次，因为程序 A 是在 3 次嵌套中，所以程序 A 共执行了 4 × 6 × 7 = 168 次。

FX 系列 PLC 循环指令最多允许 5 级嵌套。

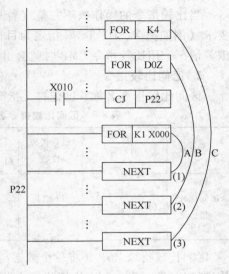

图 8-15　循环指令使用说明

循环指令由 FOR 和 NEXT 指令构成，这两条指令总是成对出现的，而且 NEXT 指令在后，FOR 指令在前，否则要出错。如果 NEXT 指令的数目与 FOR 指令数目不符合，也要出错。

8.3.2　传送与比较指令

1. 比较指令

比较指令名称、助记符、指令代码、操作数和程序步见表 8-7。

表 8-7　比较指令名称、助记符、指令代码、操作数和程序步

指令名称	助记符	指令代码位数	操作数			程序步
			S1（·）	S2（·）	D（·）	
比较指令	(D) CMP (P)	FNC10 (16/32)	K、H KnX、KnY、KnM、KnS T、C、D、V、Z		Y、M、S	CMP、CMPP：7 步 DCMP、DCMPP：13 步

比较指令 CMP 是将源操作数［S1］和源操作数［S2］的数据进行比较，结果送到目标操作数［D］中。比较指令 CMP 的使用说明如图 8-16 所示。

这是一条三个操作数（两个源操作数、一个目标操作数）指令。源操作数的数据作代数比较（如 −2 < 1），且所有源操作数的数据和目标操作数的数据均作二进制数据处理。程序中 M0、M1、M2 根据比较的结果动作。K100 > C20 的当

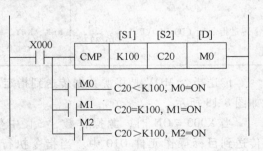

图 8-16　比较指令使用说明

前值时，M0 接通；K100 = C20 的当前值时，M1 接通；K100 < C20 的当前值时，M2 接通。当执行条件 X000 为 OFF 时，比较指令 CMP 不执行，M0、M1、M2 的状态保持不变。

当比较指令的操作数不完整（若只指定一个或两个操作数）、或者指定的操作数不符合要求（例如把 X、D、T、C 指定为目标操作数）、或者指定的操作数的元件号超出了允许范围等情况，用比较指令 CMP 时就会出错。

2. 区间比较指令

区间比较指令名称、助记符、指令代码、操作数和程序步见表 8-8。

表 8-8　区间比较指令名称、助记符、指令代码、操作数和程序步

指令名称	助记符	指令代码位数	操作数				程序步
			S1（·）	S2（·）	S	D（·）	
区间比较指令	(D) ZCP (P)	FNC11 (16/32)	K、H KnX、KnY、KnM、KnS T、C、D、V、Z			Y、M、S	ZCP、ZCPP：9 步 DZCP、DZCPP：17 步

区间比较指令 ZCP 是将一个数据与两个源数据值进行比较。该指令的使用说明如图 8-17 所示。[S1] 的数据不得大于 [S2] 的值。例如，[S1] = K100，[S2] = K90，ZCP 指令执行时就把 [S2] = 100 来执行。源数据的比较是代数比较。M3、M4、M5 的状态取决于比较的结果。例 8-17 中，当 X000 = ON 时，若 K100 > C30 的当前值，

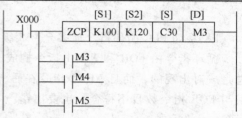

图 8-17　区间比较指令使用说明

则 M3 接通；若 K100 ≤ C30 的当前值 ≤ K120，则 M4 接通；若 C30 的当前值 ≥ K120，则 M5 接通。

当 X000 = OFF 时，不执行 ZCP 指令，M3、M4、M5 保持不变。

3. 传送指令

传送指令名称、助记符、指令代码、操作数和程序步见表 8-9。

表 8-9　传送指令名称、助记符、指令代码、操作数和程序步

指令名称	助记符	指令代码位数	操作数		程序步
			S（·）	D（·）	
传送指令	(D) MOVP	FNC12 (16/32)	K、H KnX、KnY、KnM、KnS T、C、D、V、Z	KnX、KnY、KnM、KnS T、C、D、V、Z	MOV、MOVP：5 步 DMOV、DMOVP：9 步

传送指令 MOV 是将源数据传送到指定的目标，即（S）→（D）。MOV 指令的使用说明如图 8-18 所示。

当 X000 = ON 时，源操作数 [S] 中数据 K100 传送到目标操作元件 D10 中。当指令执行时，常数 K100 自动转换成二进制数。

当 X000 = OFF，指令不执行，数据保持不变。

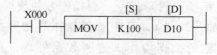

图 8-18　传送指令使用说明

4. 移位传送指令

移位传送指令名称、助记符、指令代码、操作数和程序步见表 8-10。

表 8-10　移位传送指令名称、助记符、指令代码、操作数和程序步

指令名称	助记符	指令代码位数	操作数					程序步
			m1	m2	n	S（·）	D（·）	
移位传送指令	SMOV（P）	FNC13（16）	K、H			K、H、KnX、KnY、KnM、KnS、T、C、D、V、Z	K、H、KnX、KnY、KnM、KnS、T、C、D、V、Z	SMOV、SMOVP：11 步

移位传送指令 SMOV 的使用说明如图 8-19 所示。首先将源操作数元件 D1 中的数据转换成 BCD 码，然后将 BCD 码移位传送。目标操作数元件的 BCD 码自动转换成二进制数。BCD 码值超过 9999 时会出错。

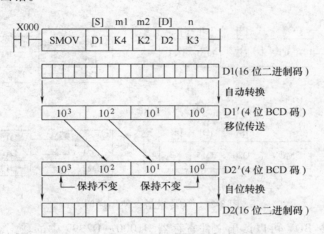

图 8-19　移位传送指令使用说明

5. 取反传送指令

取反传送指令名称、助记符、指令代码、操作数和程序步见表 8-11。

表 8-11　取反传送指令名称、助记符、指令代码、操作数和程序步

指令名称	助记符	指令代码位数	操作数		程序步
			S（·）	D（·）	
取反传送指令	（D）CML（P）	FNC14（16/32）	K、H、KnX、KnY、KnM、KnS、T、C、D、V、Z	KnX、KnY、KnM、KnS、T、C、D、V、Z	CML、CMLP：5 步DCML、DCML（P）：9 步

取反传送指令的使用说明如图 8-20 所示。CML 指令是将源操作数元件 D0 中的数据取反并传送到目标操作元件 K1Y000 中去，即将源元件中的数据逐位取反（即 1→0，0→1）并传送。若源数据为常数 K，则该数据自动转换为二进制数。CML 指令用于反逻辑输出非常方便。

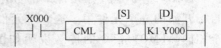

图 8-20　取反传送指令使用说明

6. 块传送指令

块传送指令名称、助记符、指令代码、操作数和程序步见表 8-12。

表 8-12　块传送指令名称、助记符、指令代码、操作数和程序步

指令名称	助记符	指令代码位数	操作数			程序步
			S（·）	D（·）	n	
块传送指令	BMOV（P）	FNC15（16）	KnX、KnY、KnM、KnS、T、C、D	KnY、KnM、KnS、T、C、D	K、H	BMOV、BMOVP：7 步

　　BMOV 指令是从源操作数指定的元件开始的 n 个数组成的数据块传送到指定的目标。如果元件号超出允许的元件号范围，数据仅传送到允许范围内。BMOV 指令的使用说明如图 8-21 所示。传送顺序既可从高元件号开始，也可从低元件号开始。传送顺序是程序自动确定的。若用到需要指定位数的位元件，则源操作数和目标操作数的指定位数必须相同。

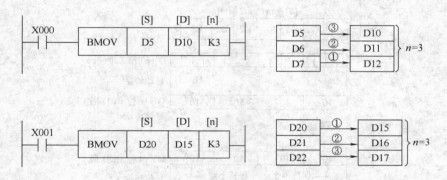

图 8-21　块传送指令使用说明

　　利用块传送指令 BOV 可以读出文件寄存器 D1000 ~ D2999 中的数据。

7. 多点传送指令

　　多点传送指令名称、助记符、指令代码、操作数和程序步见表 8-13。

表 8-13　多点传送指令名称、助记符、指令代码、操作数和程序步

指令名称	助记符	指令代码位数	操作数			程序步
			S（·）	D（·）	n	
多点传送指令	(D) FMOV（P）	FNC16（16）	K、H、KnX、KnY、KnM、KnS、T、C、D、V、Z	KnX、KnY、KnM、KnS、T、C、D	K、H	FMOV、FMOVP：7 步 DFMOV、DFMOVP：13 步

　　FMOV 指令是将源元件中的数据传送到指定目标开始的 n 个元件中。这 n 个元件中的数据完全相同。FMOV 指令的传送说明如图 8-22 所示。K0 传送到 D0 ~ D9，相同的数送到多个目标。如果元件号超出了正常元件号的范围，数据仅送到允许范围的元件中去。

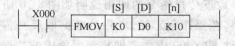

图 8-22　多点传送指令使用说明

8. 数据交换指令

　　数据交换指令名称、助记符、指令代码、操作数和程序步见表 8-14。

表 8-14　数据交换指令名称、助记符、指令代码、操作数和程序步

指令名称	助记符	指令代码位数	操作数		程序步
			D1（·）	D2（·）	
数据交换指令	(D) XCH (P)	FNC17 (16/32)	KnY、KnM、KnS、T、C、D、V、Z	KnY、KnM、KnS、T、C、D、V、Z	XCH、XCHP：5 步 DXCH、DXCHP：9 步

数据交换指令 XCH 是将数据在指定的目标元件之间交换。XCH 指令的使用说明如图 8-23 所示。例如，数据交换指令执行前，目标元件 D1 和 D17 中的数据分别为 20 和 530，即（D1）= 20，（D17）= 530，当 X000 = ON，数据交换指令执行后，目标元件 D1 和 D17 中的数据分别变为 530 和 20，即（D1）= 530，（D17）= 20。

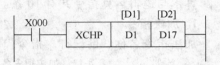

图 8-23　数据交换指令使用说明

9. BCD 变换指令

BCD 变换指令名称、助记符、指令代码、操作数和程序步见表 8-15。

表 8-15　BCD 变换指令名称、助记符、指令代码、操作数和程序步

指令名称	助记符	指令代码位数	操作数		程序步
			S（·）	D（·）	
BCD 变换指令	(D) BCD (P)	FNC18 (16/32)	KnX、KnY、KnM、KnS、T、C、D、V、Z	KnY、KnM、KnS、T、C、D、V、Z	BCD、BCDP：5 步 DBCD、DBCDP：9 步

BCD 变换指令是将源元件中的二进制数转换成 BCD 码送到目标元件中去。BCD 变换指令的使用说明如图 8-24 所示。

当 X000 = ON 时，源元件 D12 中的二进制数转换成 BCD 码送到 Y000 ~ Y007 的目标元件中去。

如果 BCD、BCDP 指令执行的变换（16 位操作）结果超出 0 ~ 9999 的范围，就会出错。

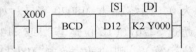

图 8-24　BCD 变换指令使用说明

如果 DBCD、DBCDP 指令执行的变换结果（32 位操作）超出 0 ~ 99999999 的范围，就会出错。

BCD 变换指令可用于将 PLC 中的二进制数据变换成 BCD 码输出以驱动七段显示。

10. BIN 变换指令

BIN 变换指令名称、助记符、指令代码、操作数和程序步见表 8-16。

表 8-16　BIN 变换指令名称、助记符、指令代码、操作数和程序步

指令名称	助记符	指令代码位数	操作数		程序步
			S（·）	D（·）	
BIN 变换指令	(D) BIN (P)	FNC19 (16/32)	KnX、KnY、KnM、KnS、T、C、D、V、Z	KnX、KnY、KnM、KnS、T、C、D	BIN、BINP：5 步 DBIN、DBINP：9 步

BIN 变换指令是将源元件中的 BCD 数据转换成二进制数据送到目标元件中。BIN 变换指令的使用说明如图 8-25 所示。当 X000 = ON 时，BIN 指令执行，该元件 D12 中的 BCD 数据

转换成二进制数送到 Y000 ~ Y007 目标文件中。BIN 指令常用于将 BCD 数字开关串的设定值输入 PLC 中。

常数 K 不能作为本指令的操作数，因为在任何处理之前它会被转换成二进制数。

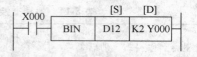

图 8-25　BIN 变换指令使用说明

8.3.3　算术与逻辑运算指令

算术与逻辑运算指令共有 10 条。

1. 加法指令

加法指令名称、助记符、指令代码、操作数和程序步见表 8-17。

表 8-17　加法指令名称、助记符、指令代码、操作数和程序步

指令名称	助记符	指令代码位数	操作数			程序步
			S1（·）	S2（·）	D（·）	
加法指令	（D）ADD（P）	FNC20（16/32）	K、H、KnX、KnY、KnM、KnS、T、C、D、V、Z	KnX、KnY、KnM、KnS、T、C、D、V、Z		ADD、ADDP：7 步 DADD、DADDP：13 步

ADD 指令是将指定的源元件中的二进制数相加，结果送到指定的目标元件中去，ADD 指令的使用说明如图 8-26 所示。每个数据的最高位作为符号位（0 为正，1 为负）。运算是二进制代数运算，如：5 + （-8）= -3。

ADD 指令有 4 个常用标志。M8020 为零标志，M8021 为借位标志，M8022 为进位标志，M8023 为浮点操作标志。如果运算结果为 0，则零标志 M8020 置 1。如果运算结果超过 32767（16 位运算）或 2147483647（32

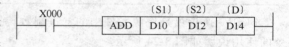

图 8-26　ADD 指令使用说明

位运算），则进位标志 M8022 置 1。如果运算结果小于 - 32768（16 位运算）或 -2147483648（32 值运算），则借位标志 M8021 置 1。

在 32 位运算中，当用字元件时，被指定的字元件是低 16 位元件，而下一个元件即为高 16 位元件。为了避免重复使用某些元件，建议指定操作元件时用偶数元件号。

源元件和目标元件可以用相同的元件号。若源元件号和目标元件号相同而采用连续执行的 ADD、DADD 指令时，加法的结果在每个扫描周期都会改变。ADDP 指令应用如图 8-27 所示。

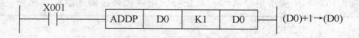

图 8-27　ADDP 指令应用

图 8-27 中，每当 X001 从 OFF 变为 ON 时，D0 的数据加 1，这与 INCP 指令（后述）的执行结果相似。其不同之处在于用 ADD 指令时，零位、借位、进位标志按上述方法置位。

2. 减法指令

减法指令名称、助记符、指令代码、操作数和程序步见表 8-18。

表 8-18　减法指令名称、助记符、指令代码、操作数和程序步

指令名称	助记符	指令代码位数	操作数			程序步
			S1（·）	S2（·）	D（·）	
减法指令	(D) SUB (P)	FNC21 (16/32)	K、H、KnX、KnY、KnM、KnS、T、C、D、V、Z		KnY、KnM、KnS、T、C、D、V、Z	SUB、SUBP: 7 步 DSUB、DSUBP: 13 步

减法指令 SUB 是有两个源操作数的指令，SUB 指令的使用说明如图 8-28 所示。当 X000 = ON 时，SUB 指令执行，将〔S1〕指定的源元件中的数减去〔S2〕指定的源元件中的数，结果送到〔D〕指定的目标元件中去。即（D10）−（D12）→（D14）。这里是二进制代数法，例如 5 −（ −8 ）= 13。

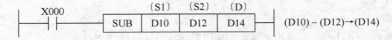

图 8-28　SUB 指令使用说明

减法运算中每个标志的功能、32 位运算的元件指定方法、连续执行和脉冲执行的区别等均与加法指令相同。减法指令中也用到了 4 个常用标志，也与加法指令相同。

3. 乘法指令

乘法指令名称、助记符、指令代码、操作数和程序步见表 8-19。

表 8-19　乘法指令名称、助记符、指令代码、操作数和程序步

指令名称	助记符	指令代码位数	操作数			程序步
			S1（·）	S2（·）	D（·）	
乘法指令	(D) MUL (P)	FNC22 (16/32)	K、H、KnX、KnY、KnM、KnS、T、C、D、V、Z		KnY、KnM、KnS、T、C、D	MUL、MULP: 7 步 DMUL、DMULP: 13 步

乘法指令 MUL 是将指定的源元件中的二进制数相乘，结果送到指定的目标元件中去。它分 16 位和 32 位两种情况。

（1）16 位运算　16 位乘法指令的使用说明如图 8-29 所示，两源操作数的乘积以 32 位形式送到目标元件：低 16 位在指定目标元件，高 16 位在下一个目标元件。

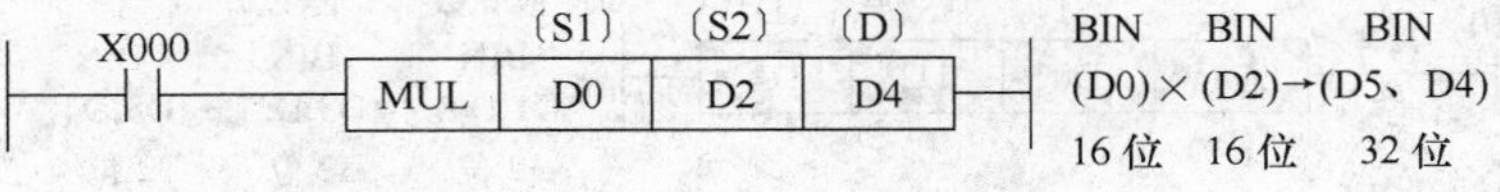

图 8-29　16 位乘法指令使用说明

若（D0）= 8，（D2）= 9，则上例中（D5，D4）= 72。

最高位是符号位（0 为正，1 为负）。

V、Z 不能用于〔D〕中。〔D〕在位元件的组合中可用 K1 ~ K8 来指定位数。

（2）32 位运算　32 位乘法指令的使用说明如图 8-30 所示。当为 32 位运算，执行条件 X001 由 OFF→ON 时，〔D1，D0〕×〔D3，D2〕→〔D7，D6，D5，D4〕。源操作数是 32 位，目标操作数是 64 位。当〔D1，D0〕= 238，〔D3，D2〕= 89 时，〔D7，D6，D5，D4〕

= 21182。最高位为符号位，0 为正，1 为负。

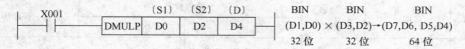

图 8-30　32 位乘法指令使用说明

在 32 位运算中，如用位元件做目标，则乘积只能得到低 32 位，高 32 位丢失。在这种情况下应先将数据移入字元件再进行计算。

用字元件时，不可能监视这 64 位数据。在这种情况下，通过监视高 32 位和低 32 位并利用下式获得 64 位的运算结果：

$$64 \text{ 位结果} = （\text{高 32 位}）\times 2^{32} + （\text{低 32 位}）$$

最高位是符号位。V 和 Z 不能用于〔D〕目标元件。

4. 除法指令

除法指令名称、助记符、指令代码、操作数和程序步见表 8-20。

表 8-20　除法指令名称、助记符、指令代码、操作数和程序步

指令名称	助记符	指令代码 位数	操作数			程序步
			S1（·）	S2（·）	D（·）	
除法指令	（D）DIV（P）	FNC23 （16/32）	K、H、KnX、KnY、 KnM、KnS、T、C、 D、V、Z		KnY、KnM、KnS、 T、C、D	DIV、DIVP：7 步 DDIV、DDIVP：13 步

（1）16 位运算　16 位除法指令使用说明如图 8-31 所示。

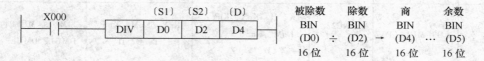

图 8-31　16 位除法指令使用说明

用〔S1〕指定被除数，〔S2〕指定除数，商送到目标〔D〕，余数送到〔D〕的下一个目标元件中。V 不能用于〔D〕中。

（2）32 位运算　32 位除法指令使用说明如图 8-32 所示。

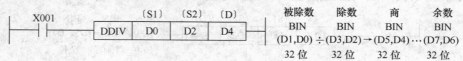

图 8-32　32 位除法指令使用说明

〔S1〕指定的元件及下一个元件存储的二进制数为被除数，〔S2〕指定的元件及下一个元件存储的二进制数是除数，商和余数放在〔D〕指定的 4 个连续目标元件中。V 和 Z 不能用于目标元件〔D〕中。

除数为 0 时，有运算错误，不执行指令。若〔D〕指定位元件，将得不到余数。

商和余数的最高位是符号位。被除数或余数中有一个为负数时，商为负数。被除数为负数时，余数为负数。

上述四则运算指令都可以进行浮点值运算。图 8-33 所示是除法指令 DIV 进行浮点值运算的梯形图典型格式。当 M40 为 OFF 时，浮点操作标志 M8023 启动，除法指令 DDIV 执行，存有浮点值的数据寄存器 D29、D28 与 D31、D30 中的值相除，其商存放在数据寄存器 D41、D40 中，余数存在数据寄存器 D43、D42 中。最后使 M8023 复位，结束浮点操作。四则运算指令用在浮点值运算必在双字节形式下，因为浮点值是存储在一对数据寄存器中，若不用双字节将会出错。

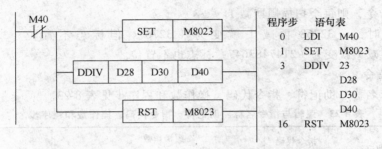

图 8-33 除法指令 DIV 进行浮点值运算的梯形图典型格式

5. 加 1 指令

加 1 指令名称、助记符、指令代码、操作数和程序步见表 8-21。

表 8-21 加 1 指令名称、助记符、指令代码、操作数和程序步

指令名称	助记符	指令代码位数	操作数 D（·）	程序步
加 1 指令	（D）INC（P）	FNC24 (16/32)	KnY、KnM、KnS、T、C、D、V、Z	INC、INCP：3 步 DINC、DINCP：5 步

加 1 指令的使用说明如图 8-34 所示。当 X000 由 OFF →ON 变化时，由 〔D〕指定的元件 D10 中的二进制数自动增加 1。

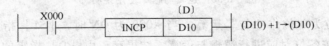

图 8-34 加 1 指令使用说明

若用连续指令，则每个扫描周期加 1。

16 位运算时，到 +32767 再加 1 就变为 −32768，标志不置位。同样，在 32 位运算时，+2147483647 再加 1 就变为 −2147483648 时，标志也不置位。

6. 减 1 指令

减 1 指令名称、助记符、指令代码、操作数和程序步见表 8-22。

表 8-22 减 1 指令名称、助记符、指令代码、操作数和程序步

指令名称	助记符	指令代码位数	操作数 D（·）	程序步
减 1 指令	（D）DEC（P）	FNC25 (16/32)	KnY、KnM、KnS、 T、C、D、V、Z	DEC、DEC（P）：3 步 （D）DEC、（D）DEC（P）：5 步

减 1 指令的使用说明如图 8-35 所示。当 X001 由 OFF→ON 变化时，由［D］指定的元件 D10 中的二进制数自动减 1。

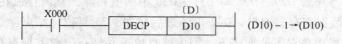

图 8-35　减 1 指令使用说明

若用连续指令，则每个扫描周期减 1。

16 位运算时，– 32768 再减 1 就变为 + 32767，但标志不置位。32 位运算时，– 2147483648 再减 1 就变为 + 2147483647，标志也不置位。

7. 逻辑与指令

逻辑与指令名称、助记符、指令代码、操作数和程序步见表 8-23。

表 8-23　逻辑与指令名称、助记符、指令代码、操作数和程序步

指令名称	助记符	指令代码位数	操作数			程序步
			S1（·）	S2（·）	D（·）	
逻辑与指令	（D）WAND（P）	FNC26（16/32）	K、H、KnX、KnY、KnM、KnS、T、C、D、V、Z		KnY、KnM、KnS、T、C、D、V、Z	WAND、WANDP：7 步 DWAND、DWANDP：13 步

逻辑与指令的使用说明如图 8-36 所示。

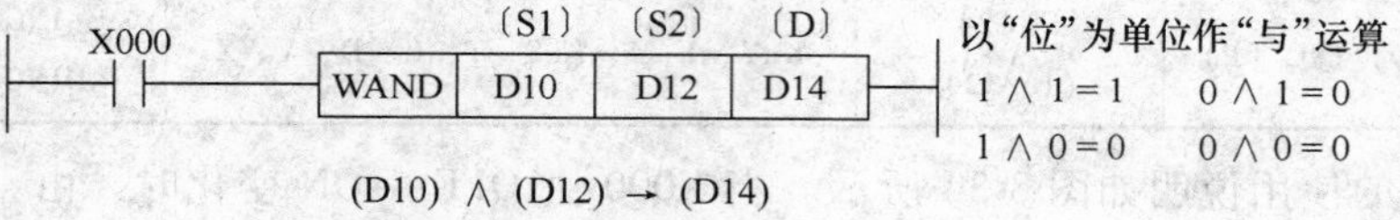

```
      X000              〔S1〕 〔S2〕 〔D〕        以"位"为单位作"与"运算
───┤├──────────┤ WAND │ D10 │ D12 │ D14 │      1 ∧ 1 = 1    0 ∧ 1 = 0
                                                 1 ∧ 0 = 0    0 ∧ 0 = 0
          (D10) ∧ (D12) → (D14)
```

图 8-36　逻辑与指令使用说明

逻辑与指令以位为单位作"与"运算。当 X000 为 ON 时，［S1］指定的 D10 和［S2］指定的 D12 内数据按各位对应进行逻辑与运算，结果存于由［D］指定的元件 D14 中。

8. 逻辑或指令

逻辑或指令名称、助记符、指令代码、操作数和程序步见表 8-24。

表 8-24　逻辑或指令名称、助记符、指令代码、操作数和程序步

指令名称	助记符	指令代码位数	操作数			程序步
			S1（·）	S2（·）	D（·）	
逻辑或指令	（D）WOR（P）	FNC27（16/32）	K、H、KnX、KnY、KnM、KnS、T、C、D、V、Z		KnY、KnM、KnS、T、C、D、V、Z	WOR、WORP：7 步 DWOR、DWORP：13 步

逻辑或指令的使用说明如图 8-37 所示。

逻辑或指令以位为单位作"或"运算。当 X001 为 ON 时，［S1］指定的 D10 和［S2］指定的 D12 内数据按各位对应进行逻辑或运算，结果存于由［D］指定的元件 D14 中。

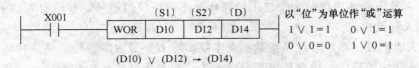

$$(D10) \vee (D12) \to (D14)$$

图 8-37　逻辑或指令使用说明

9. 逻辑异或指令

逻辑异或指令名称、助记符、指令代码、操作数和程序步见表 8-25。

表 8-25　逻辑异或指令名称、助记符、指令代码、操作数和程序步

指令名称	助记符	指令代码位数	操作数			程序步
			S1（·）	S2（·）	D（·）	
逻辑异或指令	(D) WXOR (P)	FNC28 (16/32)	K、H、KnX、KnY、KnM、KnS、T、C、D、V、Z		KnY、KnM、KnS、T、C、D、V、Z	WXOR、WXORP：7 步 DWXOR、DWXORP：13 步

逻辑异或指令的使用说明如图 8-38 所示。

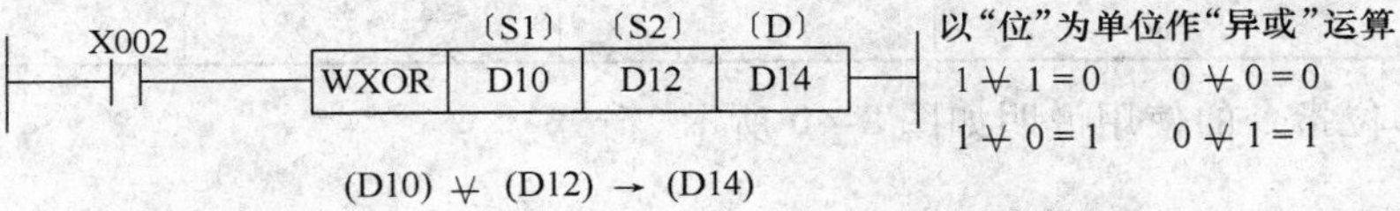

```
     X002                〔S1〕 〔S2〕  〔D〕      以"位"为单位作"异或"运算
  ─┤├───────  WXOR  D10  D12  D14 ─      1 ⊻ 1 = 0    0 ⊻ 0 = 0
                                             1 ⊻ 0 = 1    0 ⊻ 1 = 1
              (D10) ⊻ (D12) → (D14)
```

图 8-38　逻辑异或指令使用说明

逻辑异或指令以位为单位作"异或"运算。当 X002 为 ON 时，〔S1〕指定的 D10 和〔S2〕指定的 D12 内数据按各位对应进行逻辑异或运算，结果存于由〔D〕指定的元件 D14 中。

10. 求补指令

求补指令名称、助记符、指令代码、操作数和程序步见表 8-26。

表 8-26　求补指令名称、助记符、指令代码、操作数和程序步

指令名称	助记符	指令代码位数	操作数	程序步
			D（·）	
求补指令	(D) NEG (P)	FNC29 (16/32)	KnY、KnM、KnS、T、C、D、V、Z	NEG、NEGP：3 步 DNEG、DNEGP：5 步

求补指令的使用说明如图 8-39 所示。

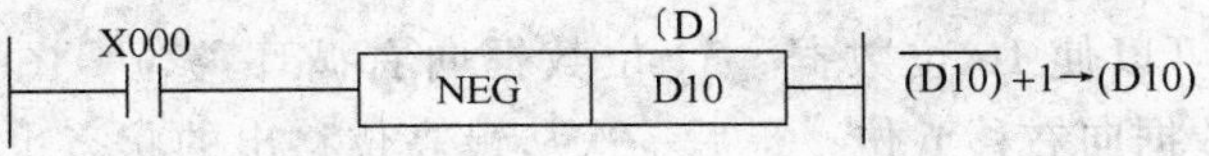

```
     X000              〔D〕          _____
  ─┤├──────  NEG  D10 ─    (D10) +1→(D10)
```

图 8-39　求补指令使用说明

将〔D〕指定的目标元件 D10 中的数的每一位取反后再加 1，结果存于同一目标元件中。也可以说，求补指令是绝对值不变的变号操作。

8.3.4　循环移位与移位指令

FX 系列可编程序控制器循环移位与移位指令有移位、循环移位、字移位及先进先出

FIFO 指令等，其中循环移位分为带进位位循环及不带进位位循环。移位有左移和右移之分。FIFO 分为写入和读出。

从指令功能来说，循环移位是指数据在本字节或双字节内的移位，是一种环形移动。而非循环移位是线性的移位，数据移出部分会丢失，移入部分从其他数据获得。移位指令可用于数据的 2 倍乘处理，形成新数据，或形成某种控制开关。字移位和位移位不同，它可用于数据在存储空间中的位置调整等功能。先进先出 FIFO 指令可用于数据的管理。

1. 右循环移位指令

右循环移位指令名称、助记符、指令代码、操作数和程序步见表 8-27。

表 8-27　右循环移位指令名称、助记符、指令代码、操作数和程序步

指令名称	助记符	指令代码位数	操作数		程序步
			D（·）	n	
右循环移位指令	(D) ROR (P)	FNC30 (16/32)	KnY、KnM、KnS、T、C、D、V、Z	K、H 移位量 n≤16（16 位） n≤32（32 位）	ROR、RORP：5 步 DROR、DRORP：9 步

右循环移位指令的使用说明如图 8-40 所示。

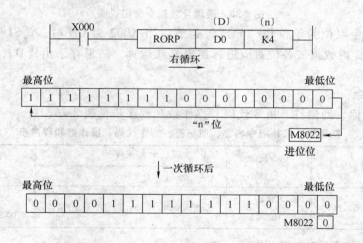

图 8-40　右循环移位指令使用说明

右循环移位指令可以使 16 位数据、32 位数据向右循环移位。图 8-40 中，当 X000 由 OFF →ON 时，各位数据向右移 n 位，最后一次从最高位移出的状态也存于进位标志 M8022 中。

用连续指令执行时，循环移位操作每个周期执行一次。

在指定位软元件的场合下，只有 K4（16 位指令）或 K8（32 位指令）有效。

上面解释 16 位指令的执行情况也适用于 32 位的指令。

2. 左循环移位指令

左循环移位指令名称、助记符、指令代码、操作数和程序步见表 8-28。

表 8-28　左循环移位指令名称、助记符、指令代码、操作数和程序步

指令名称	助记符	指令代码位数	操作数		程序步
			D（·）	n	
左循环移位指令	（D）ROL（P）	FNC31（16/32）	KnY、KnM、KnS、T、C、D、V、Z	K、H移位量n≤16（16 位）n≤32（32 位）	ROL、ROLP：5 步DROL、DROLP：9 步

左循环移位指令的使用说明如图 8-41 所示。

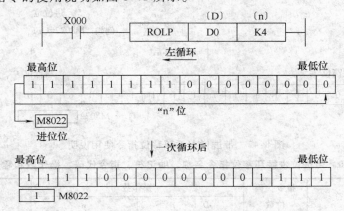

图 8-41　左循环移位指令使用说明

左循环移位指令可以使 16 位数据、32 位数据向左循环移位。图 8-41 中，当 X000 由 OFF→ON 时，各位数据向左连续移 n 位，最后一次从最高位移出的状态也存于进位标志 M8022 中。

用连续执行指令时，循环移位操作每个周期执行一次。

在指定位软元件的场合下，只有 K4（16 位指令）或 K8（32 位指令）有效。

上面解释 16 位指令的 ROL 的执行情况也适用于 32 位的指令。

3. 带进位右循环移位指令

带进位右循环移位指令名称、助记符、指令代码、操作数和程序步见表 8-29。

表 8-29　带进位右循环移位指令名称、助记符、指令代码、操作数和程序步

指令名称	助记符	指令代码位数	操作数		程序步
			D（·）	n	
带进位右循环移位指令	（D）RCR（P）	FNC32（16/32）	KnY、KnM、KnS、T、C、D、V、Z	K、H移位量n≤16（16 位）n≤32（32 位）	RCR、RCRP：5 步DRCR、DRCRP：9 步

带进位右循环移位指令 RCR 的使用说明如图 8-42 所示。

带进位右循环移位指令 RCR 可以使 16 位、32 位数据连同进位一起向右循环移位。图 8-42中，当 X000 由 OFF→ON 时，各位数据向右循环移位 n 位。

4. 带进位左循环移位指令

带进位左循环移位指令名称、助记符、指令代码、操作数和程序步见表 8-30。

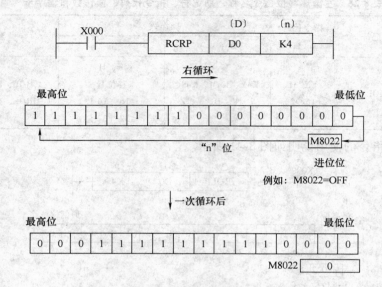

图 8-42　带进位右循环移位指令使用说明

表 8-30　带进位左循环移位指令名称、助记符、指令代码、操作数和程序步

指令名称	助记符	指令代码位数	操作数		程序步
			D（·）	n	
带进位循环左移	（D）RCL（P）	FNC33（16/32）	KnY、KnM、KnS、T、C、D、V、Z	K、H 移位量 n≤16（16 位） n≤32（32 位）	RCL、RCLP：5 步 DRCL、DRCLP：9 步

带进位左循环移位指令 RCL 的使用说明如图 8-43 所示。

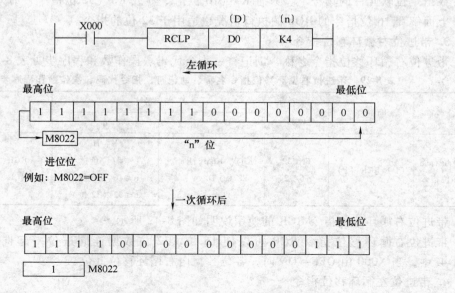

图 8-43　带进位左循环移位指令使用说明

带进位左循环移位指令 RCL 可以使 16 位、32 位数据连同进位一起向左循环移位，当 X000 由 OFF→ON 时，所有位数据向左循环移位 n 位。

5. 位右移位指令

位右移位指令名称、助记符、指令代码、操作数和程序步见表 8-31。

表 8-31　位右移位指令名称、助记符、指令代码、操作数和程序步

指令名称	助记符	指令代码位数	操作数				程序步
			S（·）	D（·）	n1	n2	
位右移位指令	SFTR（P）	FNC34（16）	X、Y、M、S	Y、M、S	K、H		SFTR、SFTRP：9 步

位右移位指令的使用说明如图 8-44 所示。

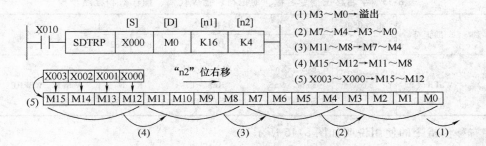

图 8-44　位右移位指令的使用说明

图 8-44 中，当 X010 由 OFF——→ON 时，位右移位指令执行，使位元件中的状态值右移。n1 指定位元件的长度（图 8-44 中 n1 为 16），n2 指定移位位数（图 8-44 中 n2 为 4）。n1 和 n2 的关系及范围因机型不同而有差异，一般为 n2≤n1≤1024。

用连续指令执行时，移位操作是每个扫描周期执行一次，使用指令时必须注意。

6. 位左移位指令

位左移位指令名称、助记符、指令代码、操作数和程序步见表 8-32。

表 8-32　位左移位指令名称、助记符、指令代码、操作数和程序步

指令名称	助记符	指令代码位数	操作数				程序步
			S（·）	D（·）	n1	n2	
位左移位指令	SFTL（P）	FNC35（16）	X、Y、M、S	Y、M、S	K、H		SFTL、SFTLP：9 步

位左移位指令使用说明如图 8-45 所示。

图 8-45 中，当 X010 由 OFF——→ON 时，位左移位指令执行，使位元件中的状态值左移。n1 指定位元件的长度（图 8-45 中 n1 为 16 位），n2 指定移位位移（图 8-45 中 n2 为 4 位），对于 FX 系列 PLC，n2≤n1≤1024；对 FX0N 系列 PLC，n2≤n1≤512。

用连续指令执行时，移位操作是每个扫描周期执行一次，使用指令时必须注意。

7. 字右移位指令

字右移位指令名称、助记符、指令代码、操作数和程序步见表 8-33。

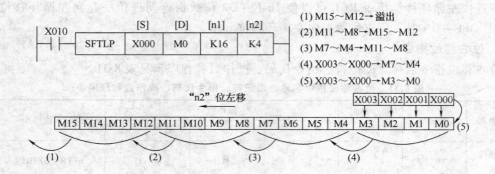

图 8-45　位左移位指令使用说明

表 8-33　字右移位指令名称、助记符、指令代码、操作数和程序步

指令名称	助记符	指令代码 位数	操作数				程序步
			S（·）	D（·）	n1	n2	
字右移位 指令	WSFR（P）	FNC36 (16)	KnX、KnY、 KnM、KnS、 T、C、D	KnY、KnM、 KnS、T、 C、D	K、H		WSFR、WSFRP：9 步

字右移位指令的使用说明如图 8-46 所示。

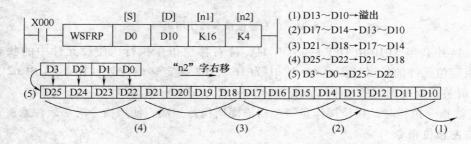

图 8-46　字右移位指令的使用说明

图 8-46 中，当 X000 由 OFF→ON 时，字右移位指令执行，使字元件中的状态值向右移位。n1 指定字元件长度，n2 指定移位字数，而 n2 ≤ n1 ≤ 512。

用连续指令时，若执行条件 ON，则每个扫描周期执行一次。源操作数［S］和目标操作数［D］指定的元件若需要指定"位"数时，其位数应相同。

8. 字左移位指令

字左移位指令名称、助记符、指令代码、操作数和程序步见表 8-34。

表 8-34　字左移位指令名称、助记符、指令代码、操作数和程序步

指令名称	助记符	指令代码 位数	操作数				程序步
			S（·）	D（·）	n1	n2	
字左移位 指令	WSFL（P）	FNC37 (16)	KnX、KnY、 KnM、KnS、 T、C、D	KnY、KnM、 KnS、T、 C、D	K、H n2 ≤ n1 ≤ 512		WSFL、WSFLP：9 步

字左移位指令的使用说明如图 8-47 所示。

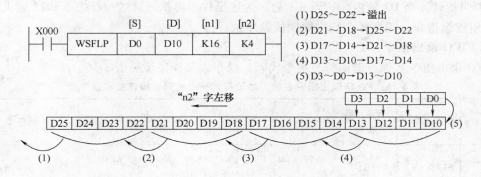

图 8-47　字左移位指令的使用说明

图 8-47 中，当 X000 由 OFF → ON 时，字左移位指令执行，使字元件中的状态值向左移位。n1 指定字元件长度，n2 指定移位字数，而 n2≤n1≤512。

用连续指令时，当执行条件 ON，则每个扫描周期执行一次。源操作数［S］和目标操作数［D］指定的元件若需要指定"位"数时，其位数应相同。

9. FIFO 写入指令

FIFO 写入指令名称、助记符、指令代码、操作数和程序步见表 8-35。

表 8-35　FIFO 写入指令名称、助记符、指令代码、操作数和程序步

指令名称	助记符	指令代码位数	操作数			程序步
			S (·)	D (·)	n	
FIFO 写入指令	SFWR（P）	FNC38（16）	K、H、KnX、KnY、KnM、KnS、T、C、D、V、Z	KnY、KnM、KnS、T、C、D	K、H 2≤n≤512	SFWR、SFWRP：7 步

FIFO 写入指令 SFWH 的使用说明如图 8-48 所示。

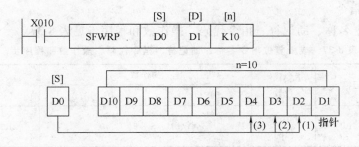

图 8-48　FIFO 写入指令 SFWH 的使用说明

图 8-48 中，当 X000 由 OFF→ON 时，先入先出写入指令执行，在源操作数元件 D0 中的数据写入 D2，而指针 D1 变为 1。这里指针 D1 必须先清零。当 X000 再次由 OFF→ON 时，D0 中的数据写入 D3，D1 中的数据变为 2，其余类推。源 D0 中的数据依次写入寄存器。

很显然，数据存入的顺序是从最右边的寄存据开始，源数据写入的次数存放在 D1 中，所以 D1 叫指针。当 D1 的内容达到 n-1 后，上述操作不再执行，进位标志 M8022 置 1。

若用连续指令，则在各个扫描周期按顺序执行。

10. FIFO 读出指令

FIFO 读出指令名称、助记符、指令代码、操作数和程序步见表 8-36。

表 8-36　FIFO 读出指令名称、助记符、指令代码、操作数和程序步

指令名称	助记符	指令代码位数	操作数			程序步
			S（·）	D（·）	n	
FIFO 读出指令	SFRD（P）	FNC39（16）	KnY、KnM、KnS、T、C、D	KnY、KnM、KnS、T、C、D、V、Z	K、H 2≤n≤512	SFRD、SFRDP：7 步

FIFO 读出指令的使用说明如图 8-49 所示。

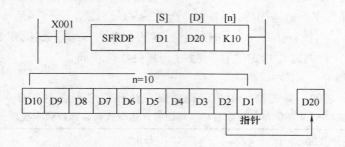

图 8-49　FIFO 读出指令的使用说明

图 8-49 中，当 X001 由 OFF→ON 时，FIFO 读出指令执行，D2 中的数据送到 D20，同时指针 D1 减 1，D3 到 D10 的数据向右移一字。若用连续指令，则每个扫描周期数据右移一字，数据总是从 D2 读出。指针 D1 为 0 时，不再执行上述操作，零标志 M8020 置 1。

8.3.5　数据处理指令

1. 成批复位指令

成批复位指令名称、助记符、指令代码、操作数和程序步见表 8-37。

表 8-37　成批复位指令名称、助记符、指令代码、操作数和程序步

指令名称	助记符	指令代码位数	操作数		程序步
			D1（·）	D2（·）	
成批复位指令	ZRST（P）	FNC40（16）	Y、M、S、T、C、D		ZRST、ZRSTP：5 步

成批复位指令也叫区间复位指令。成批复位指令 ZRST 的使用说明如图 8-50 所示。

图 8-50 中，当 M8002 由 OFF→ON 时，成批复拉指令执行，位元件 M500 ~ M599 成批复位和字元件 C235 ~ C255 成批复位。

目标操作数 [D1] 和 [D2] 指定的元件应为同类元件。[D1] 指定的元件号应小于等于 [D2] 指定的元件号。若 [D1] 指定的元件号大于 [D2] 指定的元件号，则只有 [D1]

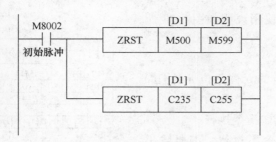

图 8-50　成批复位指令 ZRST 的使用说明

指定的元件被复位。

成批复位指令 ZRST 可作 16 位指令处理，[D1]、[D2] 也可同时指定 32 位计数器。

2. 译码指令

译码指令名称、助记符、指令代码、操作数和程序步见表 8-38。

表 8-38　译码指令名称、助记符、指令代码、操作数和程序步

指令名称	助记符	指令代码位数	操作数			程序步
			S（·）	D（·）	n	
译码指令	DECO（P）	FNC41（16）	K、H、X、Y、M、S、T、C、D、V、Z	Y、M、S、T、C、D	K、H n = 1 ~ 8	DECO、DECOP：7 步

译码指令 DECO 有脉冲和连续两种形式，有 16 位运算和 32 位运算。DECO 指令的使用说明如图 8-51 所示。

当 [D] 指定的目标元件是 T、C、D 时，应使 n≤4，目标元件的每一位都受控；当 [D] 指定的目标元件是 Y、M、S 时，应使 n≤8。n = 0 时，不作处理。

当 [D] 指定的元件是位元件且 n = 8 时，则点数为 2^8 = 256 点。

图 8-51 中，X004 = ON 时，DECO 指令执行；X004 = OFF 时，指令不执行。

图中，因为源是 "1 + 2" = 3，所以 M10 右边第三个元件 M13 被置 1。若源全部为 0，则 M10 置 1。

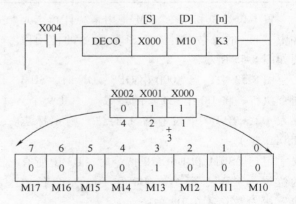

图 8-51　DECO 指令的使用说明

3. 编码指令

编码指令名称、助记符、指令代码、操作数和程序步表 8-39。

表 8-39　编码指令名称、助记符、指令代码、操作数和程序步

指令名称	助记符	指令代码位数	操作数			程序步
			S（·）	D（·）	n	
编码指令	ENCO（P）	FNC42（16）	K、H、X、Y、M、S、T、C、D、V、Z	Y、M、S、T、C、D	K、H n = 1 ~ 8	ENCO、ENCOP：7 步

编码指令 ENCO 的使用说明如图 8-52 所示。

n = 0 时，不作处理。

当［D］、［S］指定的元件是位元件且 n = 8 时，点数为 256。

X005 = ON 时，ENCO 指令执行。

X005 = OFF 时，指令不执行。编码输出中被置 1 的元件，即使在执行条件变为 OFF 后仍保持其状态，直到下一次执行该指令。

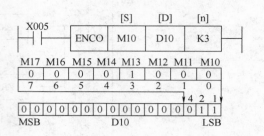

图 8-52　ENCO 的使用说明

4. 置 1 位数总和指令

置 1 位数总和指令名称、助记符、指令代码、操作数和程序步见表 8-40。

表 8-40　置 1 位数总和指令名称、助记符、指令代码、操作数和程序步

指令名称	助记符	指令代码位数	操作数		程序步
			S（·）	D（·）	
置 1 位数总和指令	（D）SUM（P）	FNC43 (16/32)	K、H、KnX、KnY、KnM、KnS、T、C、D、V、Z	KnY、KnM、KnS、T、C、D、V、Z	SUM、SUMP：7 步 DSUM、DSUMP：9 步

置 1 位数总和指令 SUM 是用来统计指定元件中 "1" 的总数的指令，SUM 指令的使用说明如图 8-53 所示。

图 8-53 中，当 X000 由 OFF→ON 时，SUM 指令执行，将 D0 中 "1" 的总数（一共 9 个）存入 D2，若 D0 中没有置 1 的位，则零标志 M8020 置 1。

用到 DSUM 和 DSUMP 指令时，D3 中所有的位均为 "0"，因为在 D0 和 D1 的 32 位中 "1" 的总数存入在 D2 中。

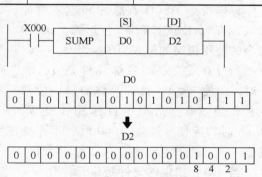

图 8-53　SUM 指令的使用说明

5. 置 1 位判别指令

置 1 位判别指令名称、助记符、指令代码、操作数和程序步见表 8-41。

表 8-41　置 1 位判别指令名称、助记符、指令代码、操作数和程序步

指令名称	助记符	指令代码位数	操作数			程序步
			S（·）	D（·）	n	
置 1 位判别指令	（D）BON（P）	FNC44 (16/32)	K、H、KnX、KnY、KnM、KnS、T、C、D、V、Z	Y、M、S	K、H 16 位操作 n = 0～15 32 位操作 n = 0～31	BON、BONP：7 步 DBON、DBONP：9 步

置 1 位判别指令 BON 是用来检测指定元件中的指定位是否为 "1" 的指令。该指令的使用说明如图 8-54 所示。

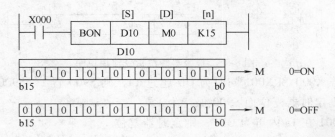

图 8-54　BON 指令的使用说明

若 D10 中的第 15 位（n = 15），为 ON，即 b15 = 1，则 M0 变为 ON 即 M0 = 1；若 D10 中的第 15 位为 OFF，即 b15 = 0，则 M0 也变为 OFF，即 M0 = 0。

6. 平均值指令

平均值指令名称、助记符、指令代码、操作数和程序步见表 8-42。

表 8-42　平均值指令名称、助记符、指令代码、操作数和程序步

指令名称	助记符	指令代码位数	操作数			程序步
			S（·）	D（·）	n	
平均值指令	(D) MEAN (P)	FNC45 (16)	KnX、KnY、KnM、KnS、T、C、D	KnY、KnM、KnS、T、C、D、V、Z	K、H n = 1 ~ 64	MEAN、MEANP：7 步 DMEAN、DMEANP：13 步

MEAN 指令的作用是将 n 个源数据的平均值送到指定目标。平均值是指 n 个源数据的代数和被 n 除所得的商，余数略去。如元件超出指定的范围，n 值会自动缩小，算出元件在允许范围内数据的平均值。若程序中指定的 n 值超出 1 ~ 64 的范围，则出错。

平均值指令的使用说明如图 8-55 所示。

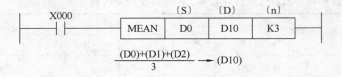

图 8-55　平均值指令使用说明

7. 报警器置位指令

报警器置位指令名称、助记符、指令代码、操作数和程序步见表 8-43。

表 8-43　报警器置位指令名称、助记符、指令代码、操作数和程序步

指令名称	助记符	指令代码位数	操作数			程序步
			S（·）	D（·）	n	
报警器置位指令	ANS (P)	FNC46 (16)	T T0 ~ T99	S S900 ~ S999	1 ~ 32767 （100ms 单位）	ANS、ANSP：7 步

报警器置位指令往往用来驱动报警器，在实际中是很有用的。报警器置位指令的使用说明如图 8-56 所示。

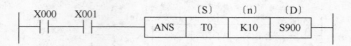

图 8-56　报警器置位指令使用说明

图 8-56 中，若 X000 和 X001 同时为 ON 超过 1s，则 S900 置 1。S900 置 1 后若 X000 或 X001 变为 OFF，则定时器复位而 S900 保持为 1。

若 X000 或 X001 在 1s 内再为 OFF，则定时器复位。

8. 报警器复位指令

报警器复位指令名称、助记符、指令代码、操作数和程序步见表 8-44。

表 8-44　报警器复位指令名称、助记符、指令代码、操作数和程序步

指令名称	助记符	指令代码位数	操作数	程序步
报警器复位指令	ANR（P）	FNC47 (16)	无	ANR、ANRP：1 步

报警器复位指令的使用说明如图 8-57 所示。

图 8-57 中，当 X003 由 OFF→ON 时，S900 ~ S999 之间被置 1 的报警器复位。若超过 1 个报警器被置 1，则元件号最低的那个报警器被复位。

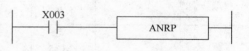

X003 再一次变为 ON 时，下一个被置 1 的报警器复位。

图 8-57　报警器复位指令使用说明

请注意：以上是用报警器复位指令的脉冲形式 ANRP，若用连续形式 ANR，则按扫描周期依次逐个地将报警器复位。

9. 二次方根指令

二次方根指令名称、助记符、指令代码、操作数和程序步见表 8-45。

表 8-45　二次方根指令名称、助记符、指令代码、操作数和程序步

指令名称	助记符	指令代码位数	操作数		程序步
			S（·）	D（·）	
二次方根指令	（D）SQR（P）	FNC48 (16/32)	K、H、D	D	SQR、SQRP：5 步 DSQR、DSQRP：9 步

二次方根指令的使用说明如图 8-58 所示。

图 8-58　二次方根指令使用说明

当 C56 由 OFF→ON 时，SQRP 指令执行，存放在 D256 中的数开二次方，结果存放在 D46 中。

若二次方根指令和浮点操作标志 M8023 结合使用，可进行浮点数运算。图 8-59 是浮点数开二次方指令使用说明。

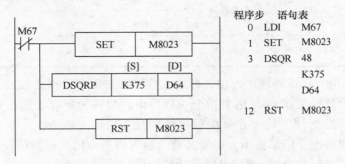

程序步	语句表	
0	LDI	M67
1	SET	M8023
3	DSQR	48
		K375
		D64
12	RST	M8023

图 8-59　浮点数开二次方指令使用说明

SQR 是开二次方指令助记符，DSQR 是指双字节操作。DSQRP 是脉冲形式的 32 位数 SQR 指令，M67 状态改变一次，指令仅执行一次。

［S］是源数据，存放被开二次方值，该数是浮点数格式。

［D］中存放计算结果，其数据也是浮点数格式。

SET M8023 是指在进行浮点数开二次方运算前必须先使浮点操作标志置位，而浮点数开二次方运算结束后，还要使 M8023 复位，即 RST M8023。

10. 浮点操作指令

浮点操作指令名称、助记符、指令代码、操作数和程序步见表 8-46。

表 8-46　浮点操作指令名称、助记符、指令代码、操作数和程序步

指令名称	助记符	指令代码位数	操作数		程序步
			S（·）	D（·）	
浮点数转换指令	（D）FLT（P）	FNC49（16/32）	D	D	FLT、FLTP：5 步 DFLT、DFLTP：9 步

浮点操作指令的使用说明如图 8-60 所示。这是典型浮点指令的梯形图。

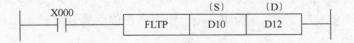

图 8-60　浮点操作指令使用说明

图 8-60 中，当 X000 由 OFF→ON 时，浮点操作指令执行，把存放在［S］中的数值转换成浮点值，并将此值存放在［D］中，即数据寄存器 D13 相 D12 中。

FLT 是浮点操作指令标准格式，FLTP 是脉冲触发浮点操作指令，DFLT 是双字节形式浮点操作指令，DFLTP 是脉冲触发双字节形式的浮点操作指令。

8.3.6　高速处理指令

高速处理指令一共有 9 条。

1. 刷新指令

刷新指令名称、助记符、指令代码、操作数和程序步见表 8-47。

表 8-47　刷新指令名称、助记符、指令代码、操作数和程序步

指令名称	助记符	指令代码	操作 数		程序步
			D	n	
输入输出刷新指令	REF（P）	FNC50	X、Y	K、H	REF、REFP：5 步

　　FX 系列 PLC 是用 I/O 批处理的方法，即输入数据是在程序处理之前成批读入到输入映像寄存器的，而输出数据是在 END 结束指令执行后由输出映像寄存器通过输出锁存器输出到输出端子的。刷新指令 REF 用于在某段程序处理时开始读入最新输入信息或者用于在某一操作结束之后立即将操作结果输出。刷新又分为输入刷新和输出刷新两种。

　　（1）输入刷新　刷新指令用于输入时的使用说明如图 8-61a 所示。

　　当 X000 由 OFF→ON 时，输入 X010 ~ X017 一共 8 点被刷新。该指令有 10ms 的滤波器响应延迟时间，也就是说，若在 REF 刷新指令执行之前 X010 ~ X017 已变为 ON 约 10ms 了，而执行 REF 指令时，X010 ~ X017 的映像寄存器仍会变为 ON。

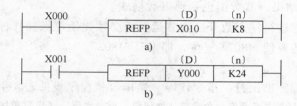

图 8-61　刷新指令使用说明

　　（2）输出刷新　刷新指令用于输出时的使用说明如图 8-61b 所示。

　　当 X001 由 OFF→ON 时，刷新指令 REF 执行，对 Y000 ~ Y007、Y010 ~ Y017、Y020 ~ Y027 的 24 点输出刷新，与输出 Y000 ~ Y027 对应的输出锁存器的数据立即传到输出端子，在输出响应延迟时间后输出触点动作。

　　要说明的是刷新指令操作数 [D] 所指定的首元件号必须是 10 的倍数。如 X000、X010、X020、…；Y000、Y010、Y020、…；而被刷新的点数必须是 8 的倍数，如：8、16、24 等，否则会出错。

　　2. 刷新和滤波时间调整指令

　　刷新和滤波时间调整指令名称、助记符、指令代码、操作数和程序步见表 8-48。

表 8-48　刷新和滤波时间调整指令名称、助记符、指令代码、操作数和程序步

指令名称	助记符	指令代码	操作数	程序步
			n	
刷新和滤波时间调整指令	REFF（P）	FNC51	K、H	REFF、REFFP：3 步

　　为防止输入噪声的影响，PLC 的输入端都有 RC 滤波器，滤波时间常数在 10ms 左右。对于无触点的电子固态开关没有抖动噪声，可以高速输入。对于这类高速输入，PLC 输入端的滤波器又成了高速的障碍。

FX 系列 PLC 的输入端 X000～X007 采用数字式滤波器，滤波时间可用 REFF 指令加以调整，调整的范围是 0～60ms。这些输入端也有 RC 滤波，其最小滤波时间不小于 50μs。

刷新和滤波时间调整指令的使用说明如图 8-62 所示。

当 X010 由 OFF→ON 时，刷新和滤波时间调整指令执行，X000～X007 的映像寄存器被刷新，并取滤波时间为 1ms 的最佳时间，而在刷新和滤波时间调整指令执行前滤波时间为 10ms。

当 M8000 由 OFF→ON 时，刷新和滤波时间调整指令执行。由于 K 取为 20，所以这条指令执行以后的程序步，输入滤波时间为 20ms。

X010 为 OFF 时，刷新和滤波时间调整指令不执行，X000～X007 的滤波时间为 10ms。需要指出的是，当 X000～X007 用做高速计数输入时或者使用 FNC56 速度检测指令、或者用做中断输入时，输入滤波器的滤波时间自动设置为 50μs。

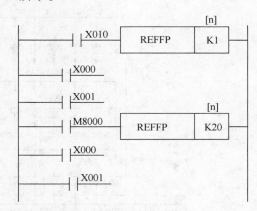

图 8-62　刷新和滤波时间
调整指令使用说明

3. 矩阵输入指令

矩阵输入指令名称、助记符、指令代码、操作数和程序步见表 8-49。

表 8-49　矩阵输入指令名称、助记符、指令代码、操作数和程序步

指令名称	助记符	指令代码	操　作　数				程序步
			S	D1	D2	n	
矩阵输入指令	MTR	FNC52	X	Y	Y、M、S	K、H n = 2～8	MTR：9 步

利用矩阵输入指令 MTR 可以构成连续排列的 8 点输入与 n 点输出组成的 8 列 n 行的输入矩阵。

MTR 指令的使用说明如图 8-63 所示。

由［S］指定的输入点开始的 8 个输入（X010～X017）和由［D1］指定的输出开始的 n 个晶体管输出点（此例中 n 为 3，即 Y020、Y021、Y022）三个输出点反复顺次接通。当 Y020 为 ON 时，读入第一行的输入数据，存到 M30～M37 之中；当 Y021 为 ON 时，读入第二行的输入数据，存到 M40～M47 之中。其余类推，反复执行。

对于每个输出，其 I/O 处理采用中断方式立即执行，时间间隔为 20ms，允许输入滤波器的延迟时间为 10ms。

利用 MTR 指令占用 8 点输入和 8 点输出，可读入 64 个输入点的状态。但读一次所需时间为 20ms×8 = 160ms，因而不适用于需要快速响应的输入。如果输入点用 X000～X007，则每行的读入时间可减至 10ms，即 64 点的读入时间减到约 80ms。

X000 由 OFF→ON，MTR 指令执行。

X000 变为 OFF，M8029 复位，M30～M57 状态保持不变。

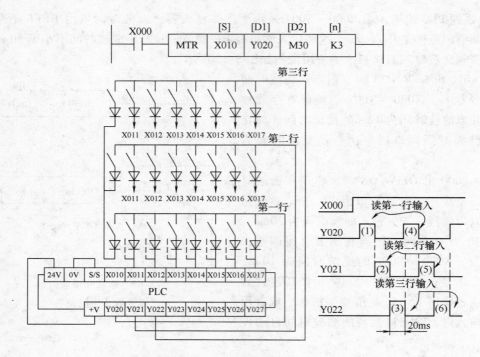

图 8-63　MTR 指令的使用说明

下面几点要特别注意：

①　由于矩阵输入指令 MTR 包含有高速输入输出开关，对快速性有一定要求，该指令推荐用于晶体管输出模式的 PLC。

②　该指令的操作数指定的元件应是 10 的倍数，例如：X000、X010、…，Y010、Y020、…，M30、M40、…。

4. 高速计数器置位指令

高速计数器置位指令名称、助记符、指令代码、操作数和程序步见表 8-50。

表 8-50　高速计数器置位指令名称、助记符、指令代码、操作数和程序步

指令名称	助记符	指令代码	操 作 数			程序步
			S1	S2	D	
高速计数器 置位指令	HSCS	FNC53	K、H KnX、KnY、KnM、KnS T、C、D、V、Z	C （C235 ~ C255）	Y、M、S	DHSCS：13 步

高速计数器置位指令的使用说明如图 8-64 所示。当 C255 的当前值由 99 变为 100，或由 101 变为 100 时，Y010 立即置 1。

HSCS 指令操作数［S2］指定的计数器是高速计数器。高速计数器以中断方式对相应输入脉冲的个数计数。当计数器当前值达到预置值时，计数器的输出触点立即动作。利用该指令可以使置位和输出以中断方式立即执行。

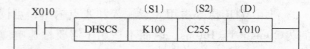

图 8-64　高速计数器置位指令使用说明

5. 高速计数器复位指令

高速计数器复位指令名称、助记符、指令代码、操作数和程序步见表 8-51。

表 8-51　高速计数器复位指令名称、助记符、指令代码、操作数和程序步

指令名称	助记符	指令代码	操作数			程序步
			S1	S2	D	
高速计数器 复位指令	HSCR	FNC54	K、H KnX、KnY、KnM、KnS T、C、D、V、Z	C （C235～C255）	Y、M、S （与 S2 相同 C）	DHSCR：13 步

高速计数器复位指令的使用说明如图 8-65 所示。此例中，C255 的当前值由 199 变为 200 或由 201 变为 200 时，Y010 立即复位。

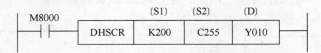

图 8-65　高速计数器复位指令使用说明

对于［D］可以像指定［S］一样指定相同的高速计数器。这种情况下，高速计数器复位指令 HSCR 的应用如图 8-66 所示。C255 的当前值达到 400 时，立即复位。C255 的当前值达到 300 时，C255 的输出触点接通，在当前值复位时，其输出触点断开。

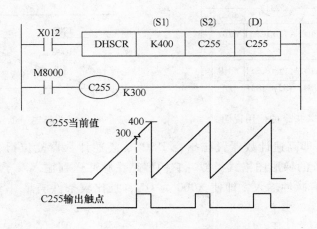

图 8-66　HSCR 指令的应用

6. 高速计数器区间比较指令

高速计数器区间比较指令名称、助记符、指令代码、操作数和程序步见表 8-52。

表 8-52　高速计数器区间比较指令名称、助记符、指令代码、操作数和程序步

指令名称	助记符	指令代码	操作数				程序步
			S1	S2	S3	D	
高速计数器 区间比较指令	HSZ	FNC55	K、H KnX、KnY、KnM、KnS T、C、D、V、Z		C （C235～C255）	Y、M、S （3 个连号元件）	DHSZ：17 步

高速计数器区间比较指令 HSZ 与传送比较功能指令组中的区间比较指令 ZCP 相似，所不同的是高速计数器区间比较指令 HSZ 中的［S］是专门指定的高速计数器。HSZ 指令的使用说明如图 8-67 所示。

当 X010 为 OFF 时，Y010 ~ Y012 为 OFF。

当 X010 为 ON 时，且 C251 的当前值 < K1000 时，Y010 为 ON，其他输出为 OFF。K1000 ≤ C251 的当前值 ≤ K1200 时，Y011 为 ON，其他输出为 OFF。C251 的当前值 > K1200 时，Y012 为 ON，其他输出为 OFF。

计数、比较、外部输出均以中断方式进行，而高速计数器区间比较指令 HSZ 仅在脉冲输入时才能执行，所以最初驱动应以区间比较指令 ZCP 来控制。HSZ 指令操作数［D］是三个连续元件被使用。例如图 8-67 中的［D］指定的是 Y010、Y011、Y012。这里 Y010、Y011、Y012 三个输出可用作高速、低速、停止控制，具体波形图如图 8-68 所示。

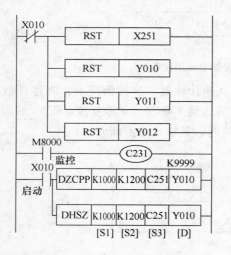

图 8-67　HSZ 指令的使用说明

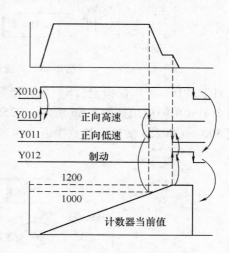

图 8-68　高速→低速→停止控制

以上三条指令，即高速计数器置位指令 HSCS、高速计数器复位指令 HSCR、高速计数器区间比较指令 HSZ 的梯形图格式类似，它们都是在脉冲送到输入端子时以中断方式执行，因此图 8-69 中若没有脉冲输入，即使 X000 为 ON，且比较条件满足［S1］=［S2］。输出 Y010 也不会动作。

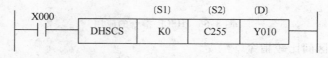

图 8-69　DHSCS 使用说明

特殊辅助继电器 M8025 可用做外部复位标志，如图 8-70 所示。当标志 M8000 由 OFF→ON 时，M8025 为 ON，所有相关的高速比较指令在高速计数器的复位输入为 ON 时执行。这就解决了上面的初始条件的问题，而开始时总是要复位的。

M8025 标志适用于 HSCS、HSCR、HSZ 三条指令。

7. 速度检测指令

速度检测指令名称、助记符、指令代码、操作数和程序步见表 8-53。

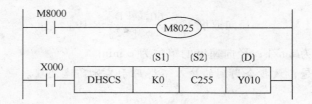

图 8-70　M8025 的使用

表 8-53　速度检测指令名称、助记符、指令代码、操作数和程序步

指令名称	助记符	指令代码	操 作 数			程序步
			S1	S2	D	
速度检测指令	SPD	FNC56	X000 ~ X005	K、H KnX、KnY、KnM、KnS T、C、D、V、Z	T、C、D、Z、V	SPD：7 步

　　SPD 指令是用来检测在给定时间范围内编码器的脉冲个数，从而计算速度，它的使用说明如图 8-71 所示。

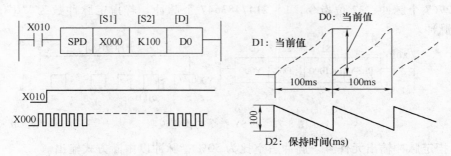

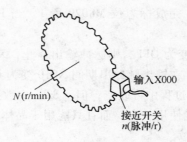

图 8-71　SPD 指令的使用说明

　　操作数 [S1] 指定计数脉冲输入点，即 X000 ~ X005。操作数 [S2] 指定计数时间（以 ms 为单位）。[D] 指定计数结果存放处。[D] 占三个目标元件。在图 8-71 中，D1 对 X000 脉冲的上升沿计数，100ms 以后计数结果存到 D0 中。当结果存入 D0 时，D1 复位，D1 重新开始对 X000 的脉冲数计数。D2 用来计算存储剩余时间。

　　上面的过程是反复计数的，脉冲的个数正比于转速值（其单位为 r/min）。

$$线速度\ N = \frac{3600 \times [D]}{n \times [S2]} \times 10^3$$

$$径向速度\ V = \frac{60 \times [\mathrm{D}]}{n \times [\mathrm{S2}]} \times 10^3$$

式中，线速度的单位为 km/h；径向速度的单位为 r/min。

需要特别指出的是，该指令用到的输入不得用于其他高速处理。

8. 脉冲输出指令

脉冲输出指令名称、助记符、指令代码、操作数和程序步见表 8-54。

表 8-54　脉冲输出指令名称、助记符、指令代码、操作数和程序步

指令名称	助记符	指令代码	操作　数			程序步
			S1	S2	D	
脉冲输出指令	（D）PLSY	FNC57	K、H KnX、KnY、KnM、KnS T、C、D、V、Z		Y	PLSY：7 步 DPLSY：13 步

顾名思义，脉冲输出指令 PLSY 用于产生指定数量脉冲。PLSY 指令的使用说明如图 8-72 所示。[S1] 指定脉冲频率（1～2000Hz）。[S2] 指定脉冲的个数，脉冲数范围：16 位指令，1～32767 个脉冲；32 位指令，1～2147483647 个脉冲。若指定脉冲数为 "0"，则产生无穷多个脉冲。

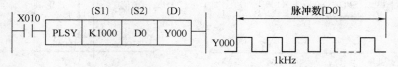

图 8-72　PLSY 指令的使用说明

[D] 指定脉冲输出元件号。脉冲占空比为 50%，脉冲以中断方式输出。

脉冲输出指令只用于晶体管输出的 PLC，在一个扫描周期中使用一次，若脉冲指令用双字节形式 DPLSY，则脉冲数由 [D1，D0] 来指定。

在指定脉冲数输出完成后，完成标志位 M8029 置 1。当 PLSY 指令从 ON 变为 OFF 时，M8029 复位。

在指令执行过程中，X010 变为 OFF，则脉冲输出停止，X010 再次变为 ON 时，脉冲再次输出，脉冲数从头开始计算。在输出脉冲串期间 X010 变为 OFF，则 Y000 也变为 OFF。

[S1] 中的数据在指令执行过程中可改变，但 [S2] 中数据的改变在本指令执行完成之前不生效。该指令在程序中只能使用一次，而且只能用于晶体管输出型 PLC。

9. 脉宽调制指令

脉宽调制指令名称、助记符、指令代码、操作数和程序步见表 8-55。

表 8-55　脉宽调制指令名称、助记符、指令代码、操作数和程序步

指令名称	助记符	指令代码	操作　数			程序步
			S1	S2	D	
脉宽调制指令	PWM	FNC58	K、H KnX、KnY、KnM、KnS T、C、D、V、Z		Y	PWM：7 步

脉宽调制指令 PWM 产生的脉冲宽度和周期是可以控制的。PWM 指令的使用说明如图 8-73 所示。

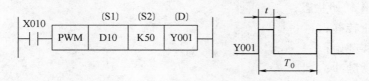

图 8-73　PWM 指令的使用说明

PWM 指令的操作数有三个：[S1] 指定脉冲宽度 t，范围是 $0 \sim 32767\text{ms}$；[S2] 指定脉冲周期 T_0，范围是 $1 \sim 32767\text{ms}$，且满足 [S1] ≤ [S2]；[D] 指定脉冲输出元件 Y 的编号，对 FX0、FXON 型 PLC，[D] 只能指定 Y001，而 FX2、FX2C 型 PLC，[D] 对所有 Y 都适用。输出元件的 ON/OFF 状态用中断方式控制。

脉宽调制指令 PWM 在一个扫描周期中只能使用一次。它只适用于 FX 型 PLC 是在晶体管输出的情况下。

8.3.7　方便指令

1. 初始状态指令

初始状态指令名称、助记符、指令代码、操作数和程序步见表 8-56。

表 8-56　初始状态指令名称、助记符、指令代码、操作数和程序步

指令名称	助记符	指令代码	操作数			程序步
			S	D1	D2	
初始状态指令	IST	FNC60	X、Y、M、S 用 8 个连号元件	S　[D1] < [D2] FX0：S20 ~ S63 FX0N：S20 ~ S127 FX：S20 ~ S899		IST：7 步

初始状态指令 IST 用于自动设置初始状态和特殊辅助继电器。该指令的使用说明如图 8-74 所示。

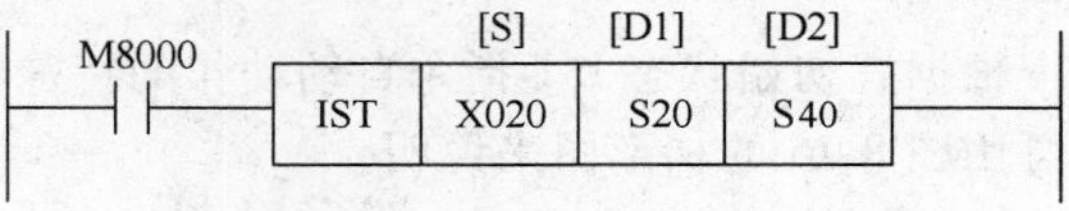

其中 [S] 指定操作方式输入的首元件，一共是 8 个连号的元件。这些元件可以是 X、Y、M 和 S。本例中 8 个连号的元件是：

图 8-74　方便指令使用说明

X020：手动　　　　　　　X021：回原点

X022：单步运行　　　　　X023：一个周期运行（半自动）

X024：全自动运行　　　　X025：回原点起动

X026：自动运行起动　　　X027：停止

为了使 X020 ~ X024 不会同时接通，推荐用选择开关。

[D1] 指定在自动操作中实际用到的最小状态号。

[D2] 指定在自动操作中实际用到的最大状态号。

当 M8000 由 OFF→ON 时，下列元件自动受控；其后执行条件 M8000 变为 OFF 时，这些元件的状态仍保持不变。

S0：手动操作初始状态；

S1：回原点初始状态；

S2：自动操作初始状态；

M8040：禁止转移；

M8041：转移开始；

M8042：起动脉冲；

M8047：STL（步进顺序控制指令）监控有效。

本指令在程序中只能使用 1 次，并且应放在步进顺序控制指令 STL 之前编程。

由初始状态指令 IST 自动指定的初始状态 S0 ~ S2，根据运行方式的切换。运行方式的切换如图 8-75 所示。

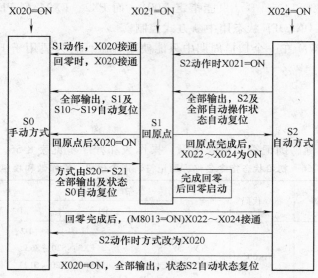

图 8-75　运行方式的切换

根据置初始状态 IST 指令自动动作的特殊辅助继电器 M8040 ~ M8042 和 M8047 的动作内容可用图 8-76 的梯形图来说明。

M8040 是禁止转移用特殊辅助继电器，当 M8040 = ON 时，就禁止所有状态转移。手动状态下，M8040 总是接通的。在回原点、单周期运行时，按动停止按钮后一直到再按起动按钮期间，M8040 一直保持为 ON。单步执行时，M8040 常通，但是在按动起动按钮时，M8040 = OFF，使状态可以顺序转移一步。另外，当 PLC 由 STOP→RUN 切换时，M8040 保持 ON，按起动按钮后，M8040 = OFF。

转移开始辅助继电器 M8041 是从初始状态 S2 向另一状态转移的转移条件辅助继电器。手动回原点 M8041 不动作；步进、单周期时，仅在按动起动按钮时动作，自动时，按起动按钮后保持为 M8041 = ON，按停止按钮后 M8041 = OFF。

起动脉冲辅助继电器 M8042 是在起动按钮按下的瞬时接通。

特殊辅助继电器 M8044 是原点条件，特殊辅助继电器 M8043 是回原点结束，这两个元件应由用户程序控制。

在图 8-76 中，当 M8047 = ON 时，状态 S0 ~ S899 中正在动作的状态元件从最低号开始

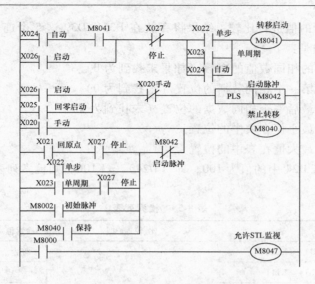

图 8-76　单步自动梯形图

顺序存入特殊数据寄存器 D8040 ~ D8047，最多可存 8 个状态。

若选择开关在回原点完成辅助继电器 M8043 未置 1 之前改变运行方式，则所有输出将变为 OFF。

2. 数据检索指令

数据检索指令名称、助记符、指令代码、操作数和程序步见表 8-57。

表 8-57　数据检索指令名称、助记符、指令代码、操作数和程序步

指令名称	助记符	指令代码	操 作 数				程序步
			S1	S2	D	n	
数据检索指令	(D) SER (P)	FNC61 (16/32)	KnX、KnY、KnM、KnS、T、C、D	K、H、KnX、KnY、KnM、KnS、T、C、D、V、Z	KnY、KnM、KnS、T、C、D	K、H、D	SER、SERP：9 步 DSER、DSERP：17 步

使用数据检索指令 SER 可以方便地查找一个指定值，可根据元件的数据列表来查寻。数据检索指令的使用说明如图 8-77 所示。其中：

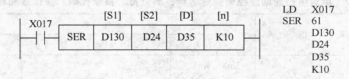

图 8-77　检索指令的使用说明

［S1］：表首地址，数据存储第一个元件。

［S2］：检索值。

［D］：结果存放处。

［n］：表长，指检索项目数。

图 8-77 中，检索项目表长为 10。当 X017 = ON 时，检索表 D130 ~ D139 中的每一值，

并与 D24 中内容符合的值进行比较，结果将存放在 D35 ~ D39 这 5 个连号的数据寄存器中。这 5 个"结果"指的是：

检索表中检索到的相同数值的个数（如果未找到为 0）。

找到的检索值中第一个相同数据的位置（未找到为 0）。

找到的检索值中最后一个相同数据的位置（未找到为 0）。

找到的检索值中最小值在表中的位置。

找到的检索值中最大值在表中的位置 。

在图 8-77 中，若 D24 中的值为 100，即（D24） = K100，则检索列表定义见表 8-58，结论列表见表 8-59。

表 8-58　检索列表

位置	检 索 表	比 较 数 据	检索值	最大值	最小值
0	（D130） = K100		符合		
1	（D131） = K111				
2	（D132） = K100		符合		
3	（D133） = K98				
4	（D134） = K123	（D24） = K100			
5	（D135） = K66				最小
6	（D136） = K100		符合		
7	（D137） = K95				
8	（D138） = K210			最大	

表 8-59　结论列表

结论列表	内 容	主要数据	结论列表	内 容	主要数据
D35	3	符合个数	D38	5	表中最小值
D36	0	第一个符合值	D39	8	表中最大值
D37	6	最后一个符合值			

3. 绝对值凸轮顺序控制指令

绝对值凸轮顺序控制指令名称、助记符、指令代码、操作数和程序步见表 8-60。

表 8-60　绝对值凸轮顺序控制指令名称、助记符、指令代码、操作数和程序步

指令名称	助记符	指令代码	操 作 数				程序步
			S1	S2	D	n	
绝对值凸轮顺序控制指令	ABSD	FNC62	KnX、KnY、KnM、KnS（8 的倍数）T、C、D	C（2 个连续）	Y、M、S（n 个连续元件）	K、H n≤64	ABSD：9 步

绝对值凸轮顺序控制指令 ABSD 产生一组对应于计数值变化的输出波形。ABSD 指令的使用说明如图 8-78 所示。

此例中旋转台旋转一周期间，M0 ~ M3 的 ON、OFF 状态变化是由程序控制的。

用 MOV 指令将对应数据写入 D300 ~ D307 中，将开通点数据存入偶数元件，将关断点

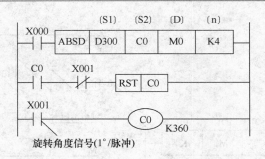

图 8-78　ABSD 指令的使用说明

数据存入奇数元件，见表 8-61。

表 8-61　开通关断表

开通点	关断点	输出	开通点	关断点	输出
D300 = 40	D301 = 140	M0	D304 = 160	D305 = 60	M2
D302 = 100	D303 = 200	M1	D306 = 240	D307 = 280	M3

在图 8-78 中，当执行条件 X000 由 OFF→ON 时，M0 ~ M3 的状态变化如图 8-79 所示。通过重写 D300 ~ D307 的数据可分别改变各开通点和关断点。输出点的数目由 n 值决定。若 X000 = OFF，则输出点的状态保持不变。该指令只能用 1 次。

4. 增量凸轮顺序控制指令

增量凸轮顺序控制指令名称、助记符、指令代码、操作数和程序步见表 8-62。

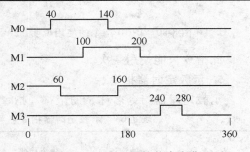

图 8-79　M0 ~ M3 的状态变化

表 8-62　增量凸轮顺序控制指令名称、助记符、指令代码、操作数和程序步

指令名称	助记符	指令代码	操作数				程序步
			S1	S2	D	n	
增量凸轮顺序控制指令	INCD	FNC63	KnX、KnY KnM、KnS、 T、C、D	C （2 个连号 C）	Y、M、S	K、H n≤64	INCD：9 步

增量凸轮顺序控制指令 INCD 是利用一对计数器产生一组变化的输出的指令。INCD 指令的使用说明如图 8-80 所示。

此例中 [n] 为 4，所以控制 4 个输出点 M0 ~ M3 的变化。

预先用 MOV 指令将下列数写入 D300 ~ D303，即：

D300 = 20，D301 = 30，D302 = 10，D303 = 40。

INCD 指令的执行过程如图 8-81 所示。

当计数器 C0 的当前值依次达到 D300 ~ D303 的设定值时自动复位。过程计数器 C1 计算复位次数。M0 ~ M3 按 C1 的值依次动作。当由 n（本例中 n = 4）指定的最后一过程完成后，标志位 M8029 置 1，以后周期性重复。如 X000 关断，则 C0 和 C1 都复位，同时 M0 ~ M3 关断。当 X000 再接通后重新开始运行。

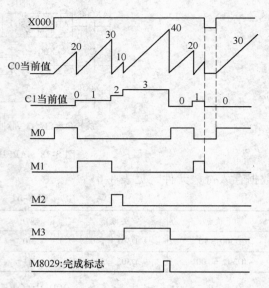

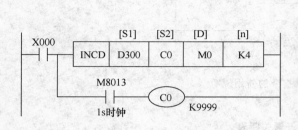

图 8-80　INCD 指令的使用说明　　　　图 8-81　INCD 指令的执行过程

此指令只能使用一次。

5. 示教定时器指令

示教定时器指令名称、助记符、指令代码、操作数和程序步见表 8-63。

表 8-63　示教定时器指令名称、助记符、指令代码、操作数和程序步

指令名称	助记符	指令代码	操 作 数		程序步
			D	n	
示教定时器指令	TTMR	FNC64	D（双元件 16 位字用 2 个 D）	K、H n = 0 ~ 2	TTMR：5 步

示教定时器指令 TTMR 可以将按钮按下的持续时间乘以系数后作为定时器的预置值，监控信号的持续性。

示教定时器指令 TTMR 的使用说明和波形图如图 8-82 所示。

X010 由 OFF→ON 时，示教定时器执行，其持续时间由 D301 记下，该时间乘以 n 指定值并存入 D300。X010 可以是按钮，按钮 X010 按下的持续时间即为 τ_0（单位为 s），存入 D300 的值按 n 指定值而变化。n = K0，$\tau_0 \to$ D300；n = K1，$10\tau_0 \to$ D300；n = K2，$100\tau_0 \to$ D300。X010 关断时，D301 复位，D300 保持不变。

6. 特殊定时器指令

特殊定时器指令名称、助记符、指令代码、操作数和程序步见表 8-64。

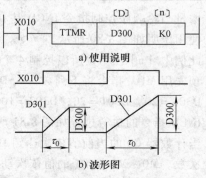

图 8-82　TTMR 指令的使用
说明和波形图

表 8-64　特殊定时器指令名称、助记符、指令代码、操作数和程序步

指令名称	助记符	指令代码	操作数			程序步
			S	n	D	
特殊定时器指令	STMR	FNC65	T T0 ~ T199（100ms）	K、H n = 1 ~ 32767	Y、M、S （4 个连号）	STMR：7 步

特殊定时器指令 STMR 是用来产生延时断开定时、单脉冲定时和闪动定时的指令。ST-MR 指令的使用说明如图 8-83 所示。

其中［n］的指定值是［S］指定的定时器设定值；M0 是延时断开定时器；M1 是单脉冲定时器。M2、M3 是为闪动而设立的。M3 的接法如图 8-84 所示。M2 和 M1 产生闪动输出。当 X000 = OFF 时，M0、M1、M3 经过设定的时间后关断，T10 同时复位。

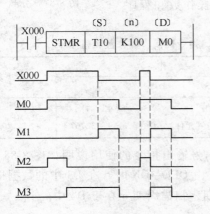

图 8-83　STMR 指令的使用说明

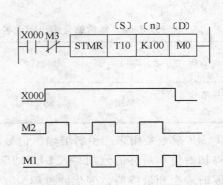

图 8-84　M3 的接法

需要指出的是，这里用到的定时器在其他程序中不能再使用。

7. 交替输出指令

交替输出指令名称、助记符、指令代码、操作数和程序步见表 8-65。

表 8-65　交替输出指令名称、助记符、指令代码、操作数和程序步

指令名称	助记符	指令代码	操作数	程序步
			D	
交替输出指令	ALT（P）	FNC66	Y、M、S	ALT、ALTP：3 步

交替输出指令的使用说明如图 8-85 所示。

当 X000 从 OFF→ON 时，M0 的状态改变一次。若用连续交替输出指令，则 M0 的状态每个扫描周期改变一次。

应用交替输出指令就能做到用一个按钮控制负载的起动和停止，如图 8-86 所示。第一次按下按钮 X000 时，起动输出 Y001 置 1；再次按下 X000，停止输出 Y000 动作，如此反复交替进行。

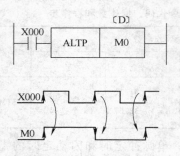

图 8-85　交替指令的使用说明

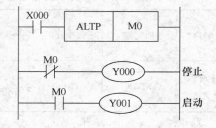

图 8-86　交替输出指令用于起动和停止控制

用 M0 作为 M1 的 ALT 指令的驱动输入可产生分频效果，如图 8-87 所示。

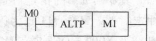

图 8-87　分频

8. 斜坡信号输出指令

斜坡信号输出指令名称、助记符、指令代码、操作数和程序步见表 8-66。

表 8-66　斜坡信号输出指令名称、助记符、指令代码、操作数和程序步

指令名称	助记符	指令代码	操 作 数				程序步
			S1	S2	D	n	
斜坡信号输出指令	RAMP	FNC67	D（2 个连号元件）			K、H n = 1 ~ 32767	RAMP：9 步

RAMP 指令是用来产生斜坡输出信号的。斜坡信号输出指令的使用说明如图 8-88 所示。预先将初始值、最终值分别写入 D1 和 D2。当 X000 由 OFF→ON 时，在 D3 中的数据即从初始值逐渐地变到最终值，变化的过程为 n 个扫描周期，扫描周期 n 存于 D4 中。

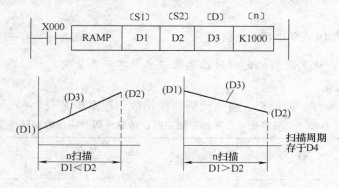

图 8-88　斜坡信号输出指令的使用

将扫描周期时间写入 D8039 数据寄存器，该扫描周期时间稍大于实际值，再令 M8039 置 1，则 PLC 进入恒扫描周期运行方式。例如，扫描周期设定值是 20ms，则 D3 中的值从 D1 的值变到 D2 的值所需时间为 20ms × 1000 = 20s。

在图 8-88 中，当 X000 由 ON→OFF 时，斜坡信号输出停止。以后若 X000 再变为 ON，则 D4 清零，斜坡信号输出重新从 D1 值开始，输出结束时达到 D2 值，标志位 8029 置 1，D3 值回复到 D1 的值。

斜坡信号输出指令 RAMP 与模拟量输出结合可实现软启动、软停止。

X000 为 ON 时进入 RUN 状态，如 D4 是保持的，则必须在开始运行前清零。

PLC 用户用特殊辅助继电器 M8026 的状态设置斜坡信号输出指令的运行方式。M8026 = ON，斜坡信号输出为保持模式；M8026 = OFF，斜坡信号输出为重复模式。斜坡信号输出指令的两种输出方式如图 8-89 所示。

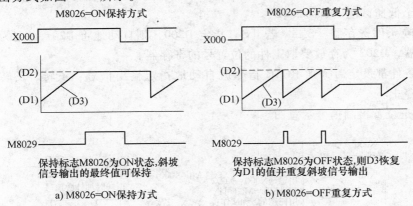

图 8-89　斜坡信号输出指令的两种输出方式

9. 旋转台控制指令

旋转台控制指令名称、助记符、指令代码、操作数和程序步见表 8-67。

表 8-67　旋转台控制指令名称、助记符、指令代码、操作数和程序步

指令名称	助记符	指令代码	操 作 数				程序步
			S	m1	m2	D	
旋转台控制指令	ROTC	FNC68	D（3 个连号元件 S + 1 ≤ m1）	K、H m1 = 2 ~ 32767	K、H m2 = 0 ~ 32767	Y、M、S（8 个连号元件）	ROTC：9 步
				m1 ≥ m2			

ROTC 指令能对旋转台的方向和位置进行控制，ROTC 指令可使旋转工作台上被指定的工件以最短的路径转到出口位置。旋转工作台控制示意图如图 8-90 所示。

图 8-90 所示的旋转工作台分为 10 挡（10 个位置）。使用 ROTC 指令所需的条件如下。

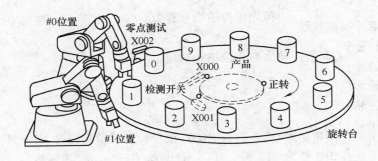

图 8-90　旋转工作台控制示意图

（1）旋转位置检测信号　装一个 2 相开关（A 相——X000，B 相——X001）以检测工

作台的旋转方向（正转与反转），X002 是原点（0 点）开关，当 0 号工件转到 0 号位置时，X002 接通。

（2）源操作数［S1］　源操作数［S1］指定数据寄存器，例如指定 D200 作为旋转工作台位置检测计数寄存器。

（3）分度数 m1 和低速区 m2　图 8-90 所示旋转工作台可以划分为 10 个区域（即 m1 = 10）以及 2 个低速区间（即 m2 = 2）。

（4）呼唤条件寄存器［S］　若［S］指定 D200，则自动地将 D201 指定为存放取出位置号的寄存器，D202 为存放要取工件的位置号的寄存器。

当上述条件都设定后，则 ROTC 指令就自动地指定输出信号：正转、反转；高速、低速；运行、停止。

图 8-91 是位置检测信号示意图。

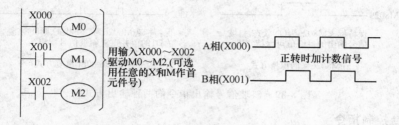

图 8-91　位置检测信号示意图

图 8-92 是 ROTC 指令的使用说明。其中：

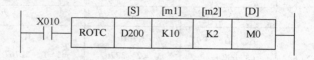

图 8-92　ROTC 指令的使用说明

m1：分度数，（2 ~ 32767）。

m2：低速旋转区（0 ~ 32767 个间隔），必须满足 m1 > m2。

D200：计数寄存器。

D201：设定入、出位置号
D202：设定呼唤位置号 ｝预先用传送指令置数。

M0：A 相信号
M1：B 相信号 ｝编制程序使之与相应输入对应。

M2：原点检测信号。

M3：高速正转
M4：低速正转
M5：停止　　｝X010 变为 ON，执行 ROTC 指令，自动得到结果 M3 ~ M7；
M6：低速反转　X010 变为 OFF 时，M3 ~ M7 均为 OFF。
M7：高速反转

旋转台控制指令 ROTC 为 ON 时，若原点检测号 M2 变为 ON，则计数寄存器 D200 清零，在开始任何操作之前必须先执行上述清零操作。

ROTC 指令只能使用一次。

10. 数据整理排列指令

数据整理排列指令名称、助记符、指令代码、操作数和程序步见表 8-68。

表 8-68　数据整理排列指令名称、助记符、指令代码、操作数和程序步

指令名称	助记符	指令代码	操 作 数					程序步
			S	m1	m2	D	n	
数据整理排列指令	SORT	FNC69	D	K、H	K、H	D	K、H、D	SORT：11 步

数据整理排列指令 SORT 用于将数据编号、列表排列，记录数据有关内容。SORT 指令的标准形式需 11 个程序步，该指令在程序中只能使用一次。SORT 指令的梯形图和指令表如图 8-93 所示。

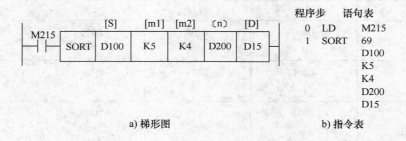

a) 梯形图　　　　　　　　　　　　　　　b) 指令表

图 8-93　SORT 指令的梯形图和指令表

当 M215 由 OFF→ON 后，数据整理排列指令执行，指令将根据 D15 所指定的列号，将数据从小开始进行整理排列，结果存入以 D200 为首地址的目标元件内。新的排序表起始于 D200。

［S］所指定的 D100 是表的首地址，里面指定的值是要进行排序的表的第一项内容的地址，其后有足够的空间来存放整张表的内容。

［m1］指定的是排序表的行数，m1 = 1～32。

［m2］指定的是排序表的列数，m2 = 1～6。

［D］所指定的是排序后新表的首地址，数据被排列后存放于一个新表中。

［n］指定排序结果的次数。

在图 8-93 中的程序执行后的排序表见表 8-69。

表 8-69　排序表（一）

内容	1	2	3	4
记录	姓名	身高	体重	年龄
1	D100 1	D105 150	D110 45	D115 20
2	D101 2	D106 180	D111 50	D116 40

（续）

内容	1	2	3	4
记录	姓名	身高	体重	年龄
3	D102 3	D107 160	D112 70	D117 30
4	D103 4	D108 100	D113 20	D118 8
5	D104 5	D109 150	D114 50	D119 45

如果图 8-93 中的 D15 中数值为 K2，则程序执行结果见表 8-70。

表 8-70　排序表（二）

内容	1	2	3	4
记录	姓名	身高	体重	年龄
1	D200 4	D205 100	D210 20	D215 8
2	D201 1	D206 150	D211 45	D216 20
3	D202 5	D207 150	D212 50	D217 45
4	D203 3	D208 160	D213 70	D218 30
5	D204 2	D209 180	D214 50	D219 40

8.3.8　外部 I/O 设备指令

外部 I/O 设备指令（外部输入输出信息指令）可以使 FX 系列 PLC 与外围设备传递信息。该类指令一共有 10 条。

1. 十键输入指令

十键输入指令名称、助记符、指令代码、操作数和程序步见表 8-71。

表 8-71　十键输入指令名称、助记符、指令代码、操作数和程序步

指令名称	助记符	指令代码	操 作 数			程序步
			S	D1	D2	
十键输入 指令	（D）TKY	FNC70	X、Y、M、S （用 10 个 连号元件）	KnY、KnS、KnM T、C、D、V、Z	Y、M、S （用 11 个 连号元件）	TKY：9 步 DTKY：17 步

十键输入指令 TKY 是用 10 个键输入十进制数的功能指令。该指令的梯形图格式如图 8-94所示。其中〔S〕指定输入元件；〔D1〕指定存储元件；〔D2〕指定读出元件。

输入键盘与 PLC 的连接如图 8-95 所示。

键输入及其对应的辅助继电器的动作时序如图 8-96 所示。如以 ⓐ、ⓑ、ⓒ、ⓓ 顺序按数字键，则 [D1] 中存的数据为 2130。如果送入数据大于 9999，则高位溢出并丢失（数据以二进制码存于 [D1]，即 D0 中）。

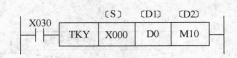

图 8-94　TKY 指令的梯形图格式

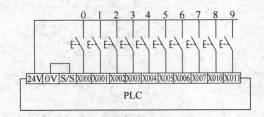

图 8-95　输入键盘与 PLC 的连接

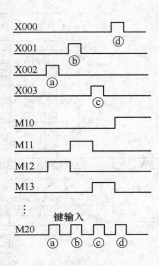

图 8-96　动作时序

当用 DTKY 指令时，D0 和 D1 成对使用，大于 99999999 时溢出。

当 X002 接通后，M12 置 1 并保持至另一键按下。其他键也一样。M10 ~ M19 的动作对应于 X000 ~ X011。任一键按下，键信号置 1 直到该键放开。当两个或更多的键被按下时，首先按下的键有效。

当 X030 变为 OFF 时，D0 中的数据保持不变，但 M10 ~ M20 全部变为 OFF。

此指令只能用一次。

2. 十六键输入指令

十六键输入指令名称、助记符、指令代码、操作数和程序步见表 8-72。

表 8-72　十六键输入指令名称、助记符、指令代码、操作数和程序步

指令名称	助记符	指令代码	操作数				程序步
			S	D1	D2	D3	
十六键输入指令	(D) HKY	FNC71	X (4 个连号元件)	Y (4 个连号元件)	T、C、D、V、Z	Y、M、S (8 个连号元件)	HKY：9 步 DHKY：17 步

十六键输入指令 HKY 能通过键盘上数字键和功能键输入的内容来完成输入或输出的复合运算过程。HKY 指令的梯形图格式如图 8-97 所示。

其中 [S] 指定 4 个输入元件；[D1] 指定 4 个扫描输出点。[D2] 指定键输入的存储元件。

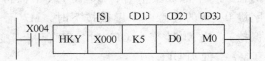

图 8-97　HKY 指令的梯形图格式

［D3］指定读出元件。键盘与 PLC 的连接如图 8-98 所示。

十六键输入分为数字键和功能键。

（1）数字键　输入的 0 ~ 9999 数字以 BIN 码存于 ［D2］，即 D0 中，大于 9999 的数溢出，如图 8-99 所示。

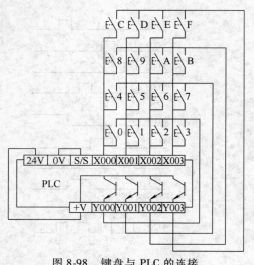

图 8-98　键盘与 PLC 的连接

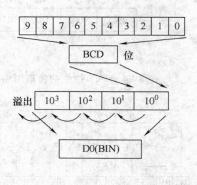

图 8-99　数字键的输入与存储

用 DHKY 指令时，0 ~ 99999999 的数字存于 D1 和 D0 中，多个键同时按下时，最先按下的键有效。

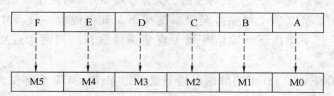

图 8-100　功能键 A ~ F 与 M0 ~ M5 的关系

（2）功能键　功能键 A ~ F 与 M0 ~ M5 的关系如图 8-100 所示。

按下 A 键，M0 置 1 并保持。按下 D 键，M0 置 0、M3 置 1 并保持，其余类推。同时按下多个键，先按下的有效。

（3）键扫描输出　按下键（数字键或功能键）被扫描到后标志 M8029 置 1，功能键 A ~ F 的任意一个键被按下时，M6 置 1（不保持）。数字键 0 ~ 9 的任意一个键被按下时，M7 置 1（不保持）。当 X004 变为 OFF 时，D0 保持不变，M0 ~ M7 全部为 OFF。

扫描全部 16 键需 8 个扫描周期，HKY 指令只能用一次。

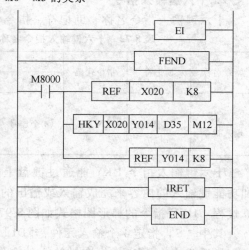

图 8-101　HKY 指令中使用时间中断

十六键输入指令 HKY 执行所需时间取决于程序执行速度。同时，执行速度将由相应的输入时间所限制。

如果扫描时间太长，则必须设置一个时间中断，当使用时间中断程序后，必须使输入端在执行 HKY 前及输出端在执行 HKY 后重新工作。这一过程可用 REF 指令来完成。

时间中断的设置时间要稍长于输入端重新工作时间，对于普通输入，可设置 15ms 或更长一些，对高速输入可设置为 10ms。图 8-101 是使用时间中断程序中用十六键指令 HKY 来加速输入响应的梯形图。

3. 数字开关指令

数字开关指令名称、助记符、指令代码、操作数和程序步见表 8-73。

表 8-73   数字开关指令名称、助记符、指令代码、操作数和程序步

指令名称	助记符	指令代码	操作数				程序步
			S	D1	D2	n	
数字开关指令	DSW	FNC72	X	Y	T、C、D、V、Z	K、H n=1、2	DSW：9 步

DSW 指令是数字开关输入指令，用来读入 1 组或 2 组 4 位数字开关的设置值。DSW 指令的梯形图格式如图 8-102 所示。

其中〔S〕指定输入点，〔D1〕指定选通点，〔D2〕指定数据存储元件，〔n〕指定数字开关组数。

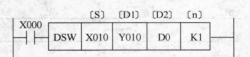

图 8-102   DSW 指令的梯形图格式

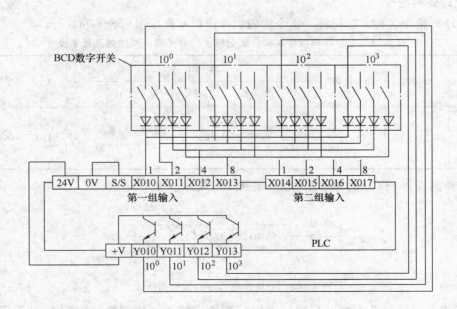

图 8-103   BCD 数字开关与 PLC 的连接

每组开关由 4 个拨盘组成，有时也叫 BCD 码数字开关。BCD 码数字开关与 PLC 的连接如图 8-103 所示。上述格式中 K1 = 1，指一组 BCD 码数字开关，第一组 BCD 码数字开关接到 X010 ~ X013，由 Y010 ~ Y013 顺次选通读入，数据以 BIN 码形式存在［D2］指定的元件 D0 中。若 K2 = 2，有 2 组 BCD 码数字开关，第二组 BCD 数字开关接到 X014 ~ X017 上，由 Y010 ~ Y013 顺次选通读入，数据以 BIN 码存在 D1 中。

当 X000 为 ON 时，Y010 ~ Y013 顺次为 ON，一个周期完成后标志 M8029 置 1，其时序如图 8-104 所示。

当数字开关指令 DSW 在操作中被中止后再重新开始时，是从循环头开始而不是从中止处开始。

使用 1 组 BCD 码开关的 DSW 指令梯形图编程如图 8-105 所示。

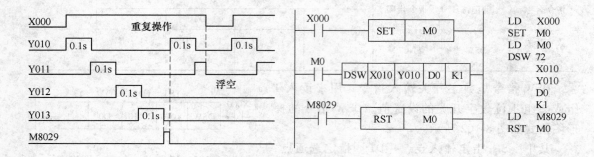

图 8-104　Y010 ~ Y013 的时序　　　　图 8-105　DSW 指令的使用

4. 七段译码指令

七段译码指令名称、助记符、指令代码、操作数及程序步见表 8-74。

表 8-74　七段译码指令名称、助记符、指令代码、操作数及程序步

指令名称	助记符	指令代码	操作数		程序步
			S	D	
七段译码指令	SEGD（P）	FNC73	K、H KnX、KnY、KnM、KnS T、C、D、V、Z	KnY、KnM、KnS T、C、D、V、Z	SEGD、SEGDP：5 步

七段译码指令 SEGD 的梯形图格式如图 8-106 所示。

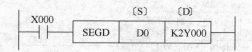

图 8-106　七段译码指令的梯形图格式

［S］指定元件的低 4 位（只用低 4 位）所确定的十六进制数（0 ~ F）经译码驱动七段显示器。译码数据存于［D］指定的元件中。［D］的高 8 位保持不变。译码表见表 8-75。

表 8-75　译码表

[S] 十六进制	[S] 二进制	7 段码构成	[D] B7	[D] B6	[D] B5	[D] B4	[D] B3	[D] B2	[D] B1	[D] B0	显示数据
0	0000		0	0	1	1	1	1	1	1	0
1	0001		0	0	0	0	0	1	1	0	1
2	0010		0	1	0	1	1	0	1	1	2
3	0011		0	1	0	0	1	1	1	1	3
4	0100		0	1	1	0	0	1	1	0	4
5	0101		0	1	1	0	1	1	0	1	5
6	0110		0	1	1	1	1	1	0	1	6
7	0111		0	0	0	0	0	1	1	1	7
8	1000		0	1	1	1	1	1	1	1	8
9	1001		0	1	1	0	1	1	1	1	9
A	1010		0	1	1	1	0	1	1	1	A
B	1011		0	1	1	1	1	1	0	0	b
C	1100		0	0	1	1	1	0	0	1	C
D	1101		0	1	0	1	1	1	1	0	d
E	1110		0	1	1	1	1	0	0	1	E
F	1111		0	1	1	1	0	0	0	1	F

注：表中 B0 代表位元件的首位（本例中为 Y000）和字元件的最低位。

5. 带锁存的七段显示指令

带锁存的七段显示指令名称、助记符、指令代码、操作数和程序步见表 8-76。

表 8-76　带锁存的七段显示指令名称、助记符、指令代码、操作数和程序步

指令名称	助记符	指令代码	操作数 S	操作数 D	操作数 n	程序步
带锁存的七段显示指令	SEGL	FNC74	K、H KnX、KnY、KnM、KnS T、C、D、V、Z	Y	K、H	SEGL：7 步

SEGL 指令是用于控制一组或两组带锁存的七段译码器显示的指令，它的梯形图格式如图 8-107 所示。

带锁存的七段显示器与 PLC 的连接如图 8-108 所示。

带锁存的七段显示指令 SEGL 用 12 个扫描周期显示 4 位数据（1 组或 2 组），完成 4 位显示后标志 M8029 置 1。

当 X000 = ON 时，SEGL 指令则反复执行。若 X000 由 ON 变为 OFF，则指令停止执行。

当执行条件 X000 再为 ON 时，程序从头开始反复执行。

SEGL 指令只能用一次。

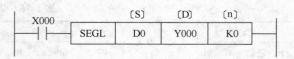

图 8-107　带锁存的七段
显示指令的梯形图格式

要显示的数据放在 D0（1 组）或 D0、D1（2 组）中。数据的传送和选通在 1 组和 2 组的情况不同。

当 1 组（即 n = 0 ~ 3）时，D0 中的数据（BIN 码）转换成 BCD 码（0 ~ 9999）顺次送到 Y000 ~ Y003、Y004 ~ Y007 为选通信号。

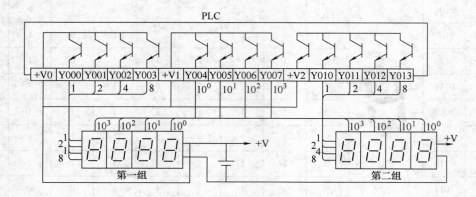

图 8-108　带锁存的七段显示器与 PLC 的连接

当 2 组（即 n = 4 ~ 7）时，与 1 组情况相类似，D0 的数据送 Y000 ~ Y003，D1 的数据送 Y010 ~ Y013。D0、D1 中的数据范围为 0 ~ 9999，选通信号也用 Y004 ~ Y007。

关于参数 n 的选择，与 PLC 的逻辑性质、七段显示逻辑以及显示组数有关，详见表8-77及表8-78。

表 8-77　一组 4 位显示

数据输入	选通信号	n
相同	相同	0
	不相同	1

表 8-78　二组 4 位显示

数据输入	选通信号	n
相同	相同	4
	不相同	5
不相同	相同	6
	不相同	7

例如，PLC 为负逻辑、七段显示器的数据输入为负逻辑（即相同），七段显示器的选通信号为正逻辑（不相同），若是 1 组 4 位显示，则 n = 1，若是 2 组 4 位显示，则 n = 5。

6. 方向开关指令

方向开关指令名称、助记符、指令代码、操作数和程序步见表 8-79。

表 8-79　方向开关指令名称、助记符、指令代码、操作数和程序步

指令名称	助记符	指令代码	操作　数				程序步
			S	D1	D2	N	
方向开关 指令	ARWS	FNC75	X、Y、M、S （4 个连号元件）	T、C、D、 V、Z	Y （8 个连号元件）	K、H （n = 0 ~ 3）	ARWS：9 步

ARWS 指令用于方向开关的输入和显示，该指令的梯形图格式如图 8-109 所示。

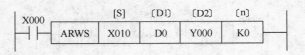

图 8-109　方向开关指令的
梯形图格式

方向开关有 4 个，如图 8-110 所示。位左移键和位右移键用来指定要输入的位，增加键和减少键用来设定指定位的数值。带锁存的七段显示器可以显示当前置数值。显示器与 PLC 输出端的连接如图 8-111 所示。

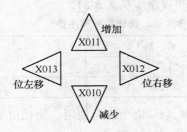

图 8-110　方向开关

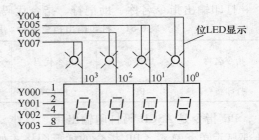

图 8-111　显示器与 PLC 输出端的连接

D0 中的数据虽然是 16 位二进制数，但为了方便均以 BCD 码表示（0 ~ 9999）。

当 X000 由 OFF→ON 时，指定的位是 10^3 位，每按一次右移键，指定位按以下顺序移动：$10^3 → 10^2 → 10^1 → 10^0 → 10^3$；按左移键，指定位移动顺序：$10^3 → 10^0 → 10^1 → 10^2 → 10^3$。指定位可由接到选通信号（Y004 ~ Y007）上的 LED 来确认。

指定位的数值可由增加键、减少键来修改，当前值由七段显示器显示。

利用 ARWS 指令可将需要的数据写入 D0，并在七段显示器上可监视所写入的数据。n 的选择与 SEGL 指令相同。

ARWS 指令在程序中只能用一次，且必须用晶体管输出型 PLC。

7. ASCII 码变换指令

ASCII 码变换指令名称、助记符、指令代码、操作数和程序步见表 8-80。

表 8-80　ASCII 码变换指令名称、助记符、指令代码、操作数和程序步

指令名称	助记符	指令代码	操作　数		程序步
			S	D	
ASCII 码 变换指令	ASC	FNC76	8 个字符或数字	T、C、D （用 4 个连号元件）	ASC：7 步

ASCII 码变换指令 ASC 是将字符变换成 ASCII 码并存放在指定元件中。ASC 指令的梯形

图格式如图 8-112 所示。

图 8-112 中，当 X000 由 OFF→ON 时，ASC 指令将 FX-64MR！变换成 ASCII 码并送到 D300 ~ D303 中，D300 ~ D303 所存放的 ASCII 码如图 8-113 所示。

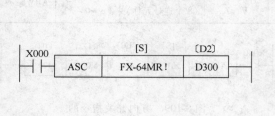

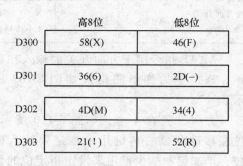

	高8位	低8位
D300	58(X)	46(F)
D301	36(6)	2D(−)
D302	4D(M)	34(4)
D303	21(！)	52(R)

图 8-112　ASCII 码指令的梯形图格式　　　　图 8-113　D300 ~ D303 所存放的 ASCII 码

8. 打印输出指令

打印输出指令名称、助记符、指令代码、操作数和程序步见表 8-81。

表 8-81　打印输出指令名称、助记符、指令代码、操作数和程序步

指令名称	助记符	指令代码	操作 数		程序步
			S	D	
打印指令	PR	FNC77	T、C、D	Y	PR：5 步

PR 指令是 ASCII 码打印输出用。另外，PR 指令和 ASC 指令配合使用，能把出错信息用外部显示单元显示。PR 指令的梯形图格式如图 8-114 所示。

如果将前述的"FX-64MR！"变换成 ASCII 码存于 D300 ~ D303，利用 PR 指令将"FX-64MR！"的 ASCII 码送到输出端 Y000 ~ Y007，这时选通信号 Y010 和执行标志 Y011 也动作。

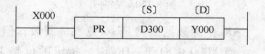

图 8-114　PR 指令的梯形图格式

当 X000 由 OFF→ON 时，PR 指令执行，执行过程如图 8-115 所示。

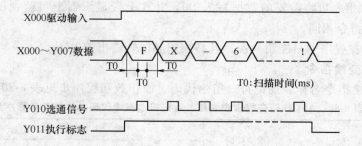

图 8-115　PR 指令的执行过程

在指令执行过程中，X000 由 ON→OFF 时，送数操作停止。当 X0 再次 ON 时，要从头开始送数据。PR 指令在程序中只能用一次，且必须用晶体管输出型 PLC。

在 16 位操作运行时，需要标志 M8027 为 ON（M8000 作为驱动输入），PR 指令一旦执行，它将所有 16 位数据送完为止。

9. 读特殊功能模块指令

读特殊功能模块指令名称、助记符、指令代码、操作数和程序步见表 8-82。

表 8-82　读特殊功能模块指令名称、助记符、指令代码、操作数和程序步

指令名称	助记符	指令代码	操作数				程序步
			m1	m2	D	n	
读特殊功能模块指令	(D) FROM (P)	FNC78 (16/32)	K、H (m1 = 0 ~ 7)	K、H (m2 = 0 ~ 31)	KnY、KnM、KnS T、C、D、V、Z	K、H、n = 1 ~ 32	FROM、FROMP：9 步 DFROM、DFROMP：17 步

读特殊功能模块指令的梯形图格式如图 8-116 所示。

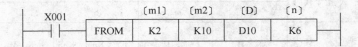

图 8-116　读特殊功能模块指令的梯形图格式

当 X001 由 OFF→ON 时，读特殊功能模块指令开始执行，将编号为 m1 的特殊功能模块内从缓冲寄存器（BFM）编号为 m2 开始的 n 个数据读入基本单元，并存入［D］指定的元件中的 n 个数据寄存器中。

m1 是特殊功能模块号：m1 = 0 ~ 7。

接在 FX 系列 PLC 基本单元右边扩展总线上的特殊功能模块（例如模拟量输入模块、模拟量输出模块、高速计数器模块等），从最靠近基本单元那个开始顺次编为 0 ~ 7 号，如图 8-117 所示。

基本单元 FX-80MR	特殊功能模块 FX-4AD	输出模块 FX-8EYT	特殊功能模块 FX-1HC	特殊功能模块 FX-2DA
	#0		#1	#2

图 8-117　特殊功能模块编号

在图 8-117 中，特殊功能模块 FX-4AD 是 4 通道模拟量输入模块，编号为#0；特殊功能模块 FX-1HC 是 2 相 50kHz 高速计数模块，编号为#1；特殊功能模块 FX-2DA 是 2 通道模拟量输出模块，编号为#2。

m2 是缓冲寄存器首元件号，m2 = 0 ~ 31。

n 是待传送数据的字数，n = 1 ~ 32。

特殊功能模块的缓冲寄存器 BFM 和 FX 基本单元 CPU 字元件的传送示意如图 8-118 所示。

执行读特殊功能模块指令和写特殊功能模块指令时，FX 用户可立即中断（在操作中），也可以等到现时输入输出指令完成后才中断，这是通过控制特殊辅助继电器 M8028 来完成的。M8028 = OFF，禁止中断；M8028 = ON，允许中断。

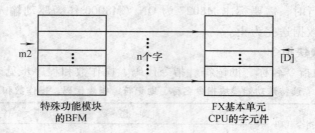

图 8-118   读特殊功能模块

10. 写特殊功能模块指令

写特殊功能模块指令名称、助记符、指令代码、操作数和程序步见表 8-83。

表 8-83   写特殊功能模块指令名称、助记符、指令代码、操作数和程序步

指令名称	助记符	指令代码	操作数				程序步
			m1	m2	S	n	
写特殊功能模块指令	(D) TO (P)	FNC79	K、H (m1 = 0 ~ 7)	K、H (m2 = 0 ~ 31)	KnY、KnM、KnS T、C、D、V、Z	K、H n = 1 ~ 32	TO、TOP: 9 步 DTO、DTOP: 17 步

写特殊功能模块指令 TO 是向特殊功能模块写入数据。它的梯形图格式如图 8-119 所示。

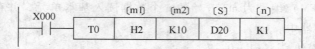

图 8-119   写特殊功能模块指令的梯形图格式

TO 指令是将 PLC 的基本单元从［S］指定的元件开始的 n 个字的数据写到特殊功能模块（编号为 m1）中编号为 m2 开始的缓冲寄存器中。

m1 是特殊功能模块编号，m1 = 0 ~ 7。m2 是缓冲寄存器首元件号，m2 = 0 ~ 31。

n 是待传送数据字数。32 位运算时，n = 1 ~ 32；16 位运算时，n = 1 ~ 16。

8.3.9   外围设备指令

功能指令 FNC80 ~ 89 用于 FX 系列 PLC 与外围设备进行数据交换，有时也称为 FX 系列 PLC 的服务界面指令，共有 8 条。

1. 串行通信指令

串行通信指令名称、助记符、指令代码、操作数和程序步见表 8-84。

表 8-84   串行通信指令名称、助记符、指令代码、操作数和程序步

指令名称	助记符	指令代码	操作数				程序步
			S	n1	D	n2	
串行通信指令	RS	FNC80	D	K、H、D	D	K、H、D	RS: 5 步

这是一条新开发的指令，PLC 通过 RS-232 串行通信模块 FX-232ADP 把数据传到其他外

围设备中去。

（1）设置通信参数　任何一种串行通信方案都必须保证与外部通信装置的完全兼容性。FX-232ADP 的通信方案的产生用到了特殊数据寄存器 D8120。表 8-85 是 D8120 的位和 RS-232 接口的设置。

表 8-85　通信模式设置

b 字节	种类	D8120	
		0	1
b0	数据长度	7 位	8 位
b1 b2	奇偶校验	（0　0）…无奇偶性 （0　1）…奇 （1　1）…偶	
b3	停止位	1 位	2 位
b4 b5 b6 b7	波特率 bit/s	b7　b6　b5　b4 0　0　1　1　　300 0　1　0　0　　600 0　1　0　1　　1 200 0　1　1　0　　2 400 0　1　1　1　　4 800 1　0　0　0　　9 600 1　0　0　1　　19 200	
b8	首端	无	用 D8124
b9	末端	无	用 D8125
b10	连接点	无	H/W
b11～b15	未用到	—	—

若选择了特殊数据寄存器 D8124 存储首字节的值，它的预置值为 ASCII 码 "ETX" 或 "03HEX"，但用户可以在通信开始前改变这个预置值。D8125 存末字节的值也一样。

（2）RS 指令说明　数据的存储形式可以是 8 位，也可以是 16 位，分别是缓冲区的高半字节和低半字节。8 位状态用到低 8 位，这由特殊辅助继电器 M8161 控制。

RS 指令的梯形图格式如图 8-120 所示。

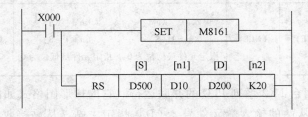

图 8-120　RS 指令的梯形图格式

［S］指定传输缓冲区的首地址，是传输信息区域的第一个数据寄存器。

［n1］指定传输信息长度。它可以是一个常数，若信息长度是可变的，也可用一个数据寄存器。

［D］指定接受缓冲区的首地址，是接受信息区域的第一个数据寄存器。

［n2］指定接受数据长度，这里是接受信息的最大长度。这一数值可以是常数，若长度可变，也可用数据寄存器。

（3）传送信息和接收信息　传送信息是由特殊辅助继电器 M8122 控制的，接受信息是由特殊辅助继电器 M8123 控制。图 8-121 是传送信息梯形图。

利用 MOV 指令把传送数据复制到传送信息缓冲区。在图 8-121 中，当 M100 由 OFF→ON 时，在数据寄存器 D100～D103 中的数据复制到了传输缓冲区，这一缓冲区从 D500 开始，8 个字节的信息长度可以通过数据寄存器 D10 改变传送信息的值来改变。

若设置了信息的首端和末端，则它们将在传送以前被自动记录到传输信息中去。

图 8-122 是 RS 指令的使用说明。

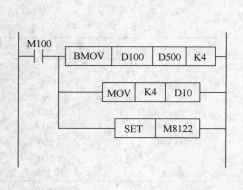

图 8-121　传送信息梯形图

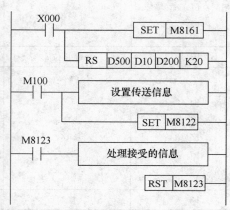

图 8-122　RS 指令的使用说明

X000 由 OFF→ON 时，RS 指令执行，在这之前数据形式（8 位、16 位）已由 M8161 设置好，将传至缓冲区的数据送到接受缓冲区去。

2. 并行数据传送指令

并行数据传送指令名称、助记符、指令代码、操作数和程序步见表 8-86。

表 8-86　并行数据传送指令名称、助记符、指令代码、操作数和程序步

指令名称	助记符	指令代码	操作数		程序步
			S	D	
并行数据传送指令	（D）PRUN（P）	FNC81	KnX、KnM（n = 1～8）指定元件最低位为 0	KnM、KnY（n = 1～8）指定元件最低位为 0	PRUN、PRUNP：5 步 DPRUN、DPRUNP：9 步

PRUN 指令用于两台 FX2 系列 PLC 的并联运行。它的梯形图格式如图 8-123 所示。

［S］指定主站、从站的输入端元件号，［D］指定主站、从站接收数据的辅助继电器。当 M8070 由 OFF→ON 时，主站的输入 X010～X017 送到主站的 M810～M817。M8071 由 OFF→ON，从站的输入 X020～X037 送到从站的 M920～M937。输入端子采用八进制编号。

为了使源和目标对应关系简明，取了 X 和 M 的个位和十位数相同。对应关系如图 8-124 所示。这里辅助继电器号按八进制处理。

利用光纤并行通信用适配器 FX2-40AP 和双绞线并行通信用适配器 FX2-40AW，主站和

从站间可以自动传送数据（无需 PRUN 指令，通信自动执行）。

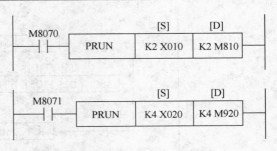

图 8-123　PRUN 指令的梯形图格式

利用并行数据传送指令 PRUN 后，从站的输入数据可在主站的辅助继电器（该例是 M920 ~ M937）中读到。同样，主站的输入数据可在从站辅助继电器（此例是 M810 ~ M817）中读到。

并行数据通信中可用于通信的辅助继电器

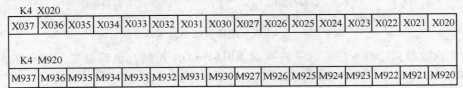

图 8-124　X 与 M 对应图

M 和数据寄存器 D 详见图 8-125。

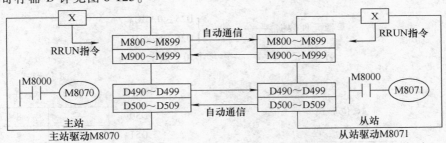

图 8-125　并行数据通信

主站与从站间的通信可以是 100/100 点的 ON/OFF 信号和 10 字/10 字的 16 位数据。

通信时间包括发送和接收一共是 70ms + 主站扫描周期（ms）+ 从站扫描周期（ms）。

3. HEX→ASCII 码变换指令

HEX→ASCII 码变换指令名称、助记符、指令代码、操作数和程序步见表 8-87。

表 8-87　HEX→ASCII 码变换指令名称、助记符、指令代码、操作数和程序步

指令名称	助记符	指令代码	操 作 数			程序步
			S	D	n	
HEX→ASCII 码变换指令	ASCI（P）	FNC82	K、H、T、C、D KnX、KnY、KnM、KnS	T、C、D KnY、KnM、KnS	K、H n = 1 ~ 256	ASCI、ASCIP : 7 步

HEX→ASCII 码转换指令 ASCI 可以看做是串行通信指令 RS 的补充，它能把数据寄存器中的十六进制值转换成 ASCII 码。

ASCI 指令的梯形图格式和指令表如图 8-126 所示。

当 C20 由 OFF→ON 时（即达到预先调整值时），ASCI 指令起作用，在 D25 ~ D26 数据寄存器中的 6 位十六进制数将被转换成 ASCII 码，并存储在 D50 ~ D55 的 6 个寄存器内。

数据存储形式可以是 16 位，也可以是 8 位的。16 位数据要用到 [D] 指定元件的高位

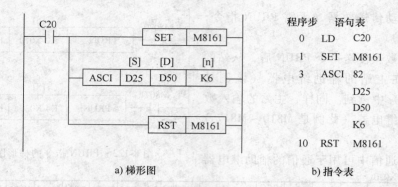

a) 梯形图　　　　　　　　　　b) 指令表

图 8-126　　ASCI 指令的梯形图格式和指令表

和低位。8 位数据只用低 8 位，这一转换由 M8161 = ON 控制，也就是说，只有在 8 位状态下才用 SET M8161。

ASCI 指令也有连续和脉冲两种形式，即 ASCI 与 ASCIP。

RST M8161 把数据的存储形式转换回原来的 16 位预置值。下面是 8 位形式和 16 位形式存储表达式。

表 8-88 是一个需要与转换的十六进制数相对应的 ASCII 码的十六进制和十进制转换表。

表 8-88　　十六进制到 ASCII 码转换表

十六进制数	ASCII 码		十六进制数	ASCII 码	
	十六进制	十进制		十六进制	十进制
0	30	48	8	38	56
1	31	49	9	39	57
2	32	50	A	41	65
3	33	51	B	42	66
4	34	52	C	43	67
5	35	53	D	44	68
6	36	54	E	45	69
7	37	55	F	46	70

4. 十六进制转换指令

十六进制转换指令名称、助记符、指令代码、操作数和程序步见表 8-89。

表 8-89　十六进制转换指令名称、助记符、指令代码、操作数和程序步

指令名称	助记符	指令代码	操 作 数			程序步
			S	D	n	
ASCII 码到十六进制的转换指令	HEX（P）	FNC83	K、H、T、C、D KnX、KnY、KnM、KnS	T、C、D KnY、KnM、KnS	K、H n = 1 ~ 256	HEX、HEXP : 7 步

ASCII 码到十六进制的转换指令 HEX 是串行通信指令 RS 的有力补充，通过和串行通信模块 FX-232ADP 相结合，可以把数据传到更多外围设备中去，为主机和外围设备间的相互通信提供了更多便利。顾名思义，HEX 指令的作用是把用 ASCII 码表示的信息转换成用十六进制表示的信息，它刚好和 ASCI 指令相反。

HEX 指令有 6 个参数：① 是数据存储形式；② 是 HEX 自身状态；③ 是源首地址 [S]；④ 是目的首地址 [0]；⑤ 是字符数目；⑥ 是数据存储形式复位。HEX 指令的使用说明如图 8-127 所示。

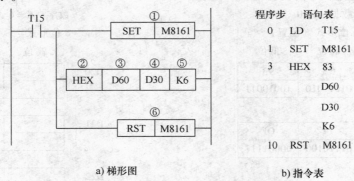

a) 梯形图　　　　　　　　　b) 指令表

图 8-127　HEX 指令的使用

当计数器 T15 达到预置值时，HEX 指令执行转换过程。数据寄存器 D60 ~ D65 中的 6 个 ASCII 码字符将被转换成十六进制数，存储到数据寄存器 D30 ~ D31 中（8 位形式）。

数据存储形式可以是 8 位，也可以是 16 位，与 ASCI 指令一样。

5. 校验码指令

校验码指令名称、助记符、指令代码、操作数和程序步见表 8-90。

表 8-90　校验码指令名称、助记符、指令代码、操作数和程序步

指令名称	助记符	指令代码	操 作 数			程序步
			S	D	n	
校验码指令	CCD（P）	FNC84	T、C、D KnX、KnY KnM、KnS	T、C、D KnY、KnM、KnS	K、H、D n = 1 ~ 256	CCD、CCDP : 7 步

CCD 指令是对串行通信指令 RS 的补充。CCD 指令的功能是对一组数据寄存器中十六进制数进行总校验和奇偶校验。

CCD 指令的使用说明如图 8-128 所示。

CCD 指令有 6 个参数：① 是数据存储形式；②是 CCD 本身状态；③是源首地址［S］，即数据存储的地址；④是目的地址［D］，即总校验值存储的地址；⑤是字符数目，即要计算的数据的字节数；⑥是数据存储形式复位。

当辅助继电器 M173 接通时，以上程序将执行求和校验和奇偶校验。当 CCD 指令起作用时，对数

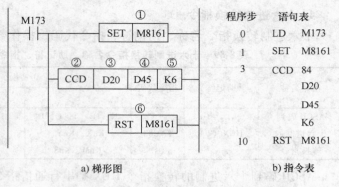

a) 梯形图　　　　　　　b) 指令表

图 8-128　CCD 指令的使用说明

据寄存器 D20 ~ D25 中 6 个字节数据进行求和，并且将求和值和奇偶校验值分别存储到数据寄存器 D45 和 D46 中。

RST M8161 指令只有在 CCD 用 8 位数据存储形式，而程序中的其他指令用 16 位数据存储形式时才用到。

下面是求和校验和奇偶校验的计算过程。

源数据　D20　　　　　　　　　　　　　　　　数字　K = 6

16 位形式（预置）　　　　　　　　　　　　　　8 位形式

	高位	低位
D20	5A	93
	01011010	10010011

	高位	低位
D21	74	OF
	01110100	00001111

	高位	低位
D22	B2	4D
	10110010	01001101

	高位	低位
D20		93
		10010011

	高位	低位
D21		5A
		01011010

	高位	低位
D22		0F
		00001111

	高位	低位
D23		74
		01110100

	高位	低位
D24		4D
		01001101

	高位	低位
D25		B2
		10110010

数据位形式
$\begin{cases} 1001001① \leftarrow 1 \\ 01011010 \\ 0000111① \leftarrow 2 \\ 01110100 \\ 0100110① \leftarrow 3 \\ 10110010 \end{cases}$

校验 = 0100110① ← 4

求和 = 93 + 5A + 74 + 0F + 4D + B2 = 26F　HEX

= 147 + 90 + 116 + 15 + 77 + 178 = 623

DEC

结果存放于 D45、D46 中

	高位	低位
D45 求和	02	6F
	00000010	01101111

	高位	低位
D46 奇偶校验	/	4D
	00000000	01001101

6. 读变量指令

读变量指令名称、助记符、指令格式、操作数和程序步见表 8-91。

表 8-91　读变量指令名称、助记符、指令格式、操作数和程序步

指令名称	助记符	指令代码	操作数		程序步
			S	D	
读变量 指令	VRRD（P）	FNC85	K、H 变量号 0～7	KnY、KnM、KnS T、C、D、V、Z	VRRD、VRRDP ：5 步

VRRD 指令的梯形图格式如图 8-129 所示。

当 X000 由 OFF→ON 时，VRRD 变量读出指令执行，从内附 8 点电位器适配器 FX-8AV 的 0 号变量读到的模拟量转换成 8 位二进制数，并送到由［D］指定的目标元件 D0 中。D0 中的数据作为定时器 T0 的设定值。

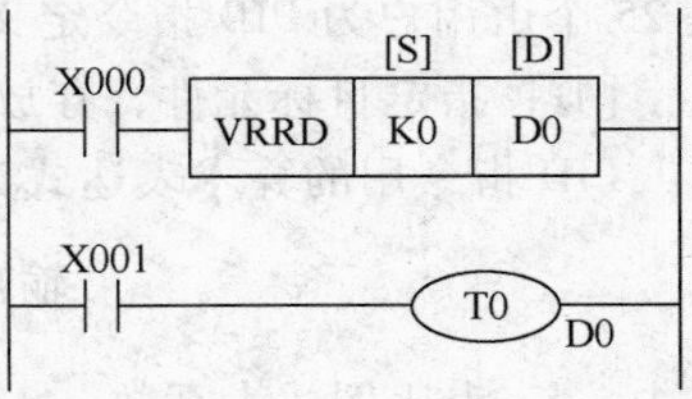

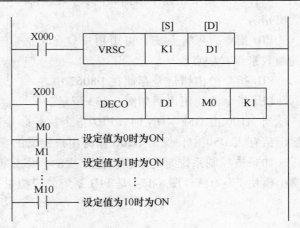

图 8-129　VRRD 指令的梯形图格式

7. 变量整标指令

变量整标指令名称、助记符、指令代码、操作数和程序步见表 8-92。

表 8-92　变量整标指令名称、助记符、指令代码、操作数和程序步

指令名称	助记符	指令代码	操作数		程序步
			S	D	
变量整标 指令	VRSC（P）	FNC86	K、H 变量编号 0～7	KnY、KnM、KnS T、C、D、V、Z	VRSC、VRSC P ：5 步

变量整标指令 VRSC 是将内附 8 点电位器的适配器 FX-8AV 的设定值读出并取整值。VRSC 指令的使用说明如图 8-130 所示。

当 X000 由 OFF→ON 后，将 FX-8AV 的 1 号变量设定值（0～10）以二进制码存在 D1 中。如果设定值不是刚好在设刻度处，则读入值取 0～10 的整数，这是一个作为旋转开关的应用例子。

图 8-130　VRSC 指令的使用说明

8. 比例积分微分控制指令

比例积分微分控制指令名称、助记符、指令代码、操作数和程序步见表 8-93。

表 8-93　比例积分微分控制指令名称、助记符、指令代码、操作数和程序步

指令名称	助记符	指令代码	操作数				程序步
			S1	S2	S3	D	
比例积分微分 控制指令	PID	FNC88	D	D	D	D	PID：9 步

PID 控制指令的梯形图格式如图 8-131 所示。

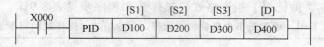

图 8-131　比例积分微分控制指令的梯形图格式

［S1］指定源元件 1，存放设定值。

［S2］指定源元件 2，存放当前值。

［S3］指定源元件 3，用户定义参数首地址。这一数据寄存器必须在 D0 ~ D975 范围内，是 25 个由用户为 PID 指令定义参数的寄存器的第一个。

［D］指定目标元件，存放输出值。

PID 指令用的算术表达式为

$$输出值 = K_P\left(\varepsilon + K_D T_D \frac{d\varepsilon}{dt} + \frac{1}{T_I}\int \varepsilon dt\right)$$

式中，K_P 为比例放大系数；ε 为误差；K_D 为微分放大系数；T_D 为微分时间常数；T_I 为积分时间常数。

一个程序中用到 PID 指令的多少是没有限制的，但每一个 PID 指令都必须用独立的一组数据寄存器，以避免 PLC 数据混乱矛盾。

PID 指令可以用中断、子程序、步进梯形指令和条件跳转指令，但使用时要小心。图 8-132 中指令推荐使用。

若 DYYY = D300，则 DYYY + 7 = D307。

采样时间必须比程序扫描时间长，否则将会出错。

PID 指令有报警系统，可由用户自己定义的参数来设置触点。

PID 指令的出错信号存储在 D8067 中。

PID 指令的使用说明如图 8-133 所示。

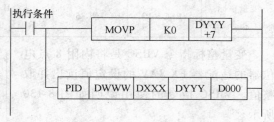

图 8-132　PID 指令推荐使用

当 M100 由 OFF→ON 时，PID 指令执行。设定值存入 D10 中，当前值从 D40 中读出，输出值存入 D50 中，保留 D100 作为用户定义的参数的首地址，例如用 D100 ~ D124。

如果被控制系统是完全模拟量性质的，那么将会用到模拟量输入模块 FX-4AD 和模拟量输出模块 FX-2DA。图 8-134 是 PID 系统的模拟量应用举例。

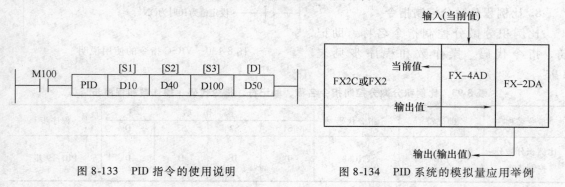

图 8-133　PID 指令的使用说明　　　　　图 8-134　PID 系统的模拟量应用举例

FX-4AD 处理模拟量当前值并把它转换成数字量值，基本单元用 FROM 指令把这个值存入 D40 中。而存在 D50 中的输出值则由 FX-2DA 处理并输出。

思考与练习题

8-1　什么是功能指令的连续执行和脉冲执行方式？

8-2　什么是位元件？什么是字元件？以操作数 K2Y010 为例说明位元件组合的含义。

8-3　分析图 8-135 所示电路，方便指令 ALTP 能否用来做单按钮起、停控制？

8-4　如图 8-136 所示电路，设 X000、X001 分别为起动和停止信号，Y000、Y001、Y002 分别驱动丫-△减压起动电动机主电路中 KM1（电源）、KM2（△接线）和 KM3（丫接线）。图示电路可以实现三相异步电动机丫-△减压起动，试分析之。

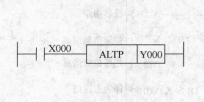

图 8-135　思考与练习题 8-3 图

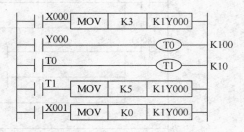

图 8-136　思考与练习题 8-4 图

8-5　图 8-137 所示为 8 站小车呼叫系统示意图。控制要求：小车所停位置号小于呼叫号时，小车右行至呼叫号处停车；小车所停位置号大于呼叫号时，小车左行至呼叫号处停车，小车所停位置号等于呼叫号时，小车原地不动；小车运行时呼叫无效；具有左行、右行定向指示和原点不动指示；具有小车行走位置的七段数码管显示。

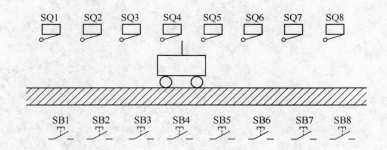

图 8-137　思考与练习题 8-5

设按钮 SB1 ~ SB8、SQ1 ~ SQ8 对应输入端子 X000 ~ X017；小车前进、后退及相应的指示灯对应输出端子 Y000、Y001 及 Y004、Y005；Y010 ~ Y016 驱动 7 段数码管。8 站小车呼叫控制系统程序如图 8-138 所示。试调试运行程序。

8-6　有一台四级传输带运输机，由 M1、M2、M3、M4 四台电动机拖动，控制要求如下：

（1）起动时按 M1→M2→M3→M4 的顺序起动。

（2）停止时按 M4→M3→M2→M1 的顺序停止。

（3）上述动作有一定时间间隔。

用 PLC 实现控制要求，画出 I/O 接线图，分别用梯形图和 SFC 设计程序。

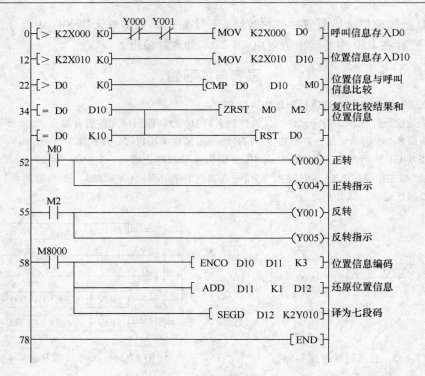

图 8-138　思考与练习题 8-5

第9章 PLC 的工程应用

本章从工程实际出发，详细介绍了 PLC 系统设计的步骤和内容，主要包括 PLC 选型、硬件设计和应用程序设计；最后通过几个典型环节的编程和应用实例对 PLC 系统设计进行了详细阐述。

9.1 PLC 应用系统设计及 PLC 选型

9.1.1 PLC 应用系统设计

PLC 的工作方式和通用微机不完全一样，因此，用 PLC 设计自动控制系统与微机控制系统开发过程也不完全相同，需要根据 PLC 的特点进行系统设计。PLC 与继电器—接触器控制系统也有本质区别，硬件和软件可分开进行设计是 PLC 的一大特点。PLC 应用系统设计，一般应按图 9-1 的几个步骤进行。

1. 熟悉控制要求

首先要全面详细了解被控制对象的特点和生产工艺过程，归纳出工作循环图或状态流程图，与继电器—接触器控制系统和微机控制系统进行比较后加以选择。如果控制对象是工业环境较差，工艺流程又要经常变动的机械和现场，而安全性、可靠性要求又特别高，系统工艺又复杂、输入输出点数多，则用常规继电器—接触器系统难以实现，此时用 PLC 进行控制是合适的。

确定了控制对象后，还要明确控制任务和设计要求。要了解工艺过程和机械运动与电气执行元件之间的关系和对电气控制系统的控制要求，例如机械运动部件的传动和驱动，液压气动的控制，仪表及传感器的连接与驱动等。最后归纳出电气执行元件的动作节拍表，PLC 的根本任务就是正确实现这个节拍表。

2. 制定控制方案，进行 PLC 选型

根据生产工艺和机械运动的控制要求，确定电气控制系统的工作方式：是手动、半自动还是全自动；是单机运行还是多机联线运行等。此外，还要确定电气控制系统的其他功能，例如紧急处理功能、故障显示与报警功能、通信联网功能等。通过研究工艺过程和机械运动的各个步骤和状态，来确定各种控制信号和检测反馈信号的相互转换和联系。并且确立哪些信号需要输入 PLC，哪些信号要由 PLC 输出，哪些负载要由 PLC 驱动，分门别类地统计出各输入输出量的性质及参数，根据所得结果，选择合适的 PLC 型号并确定各种硬件配置。

3. 硬件和程序设计

PLC 选型和 I/O 分配是硬件设计的重要内容。设计出合理的 PLC 外部接线图也很重要。对 PLC 的输入、输出进行合理的地址编号会给 PLC 系统的硬件设计、软件设计和系统调整带来很多方便。输入输出地址编号确定后，硬件设计和软件设计工作可平行进行。用户程序

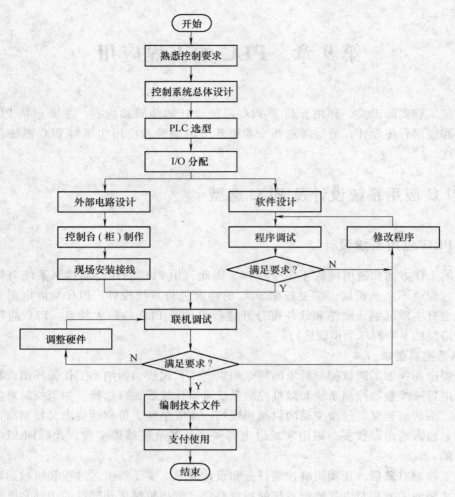

图 9-1　PLC 系统设计流程图

的编写即为软件设计，要求画出梯形图，写出指令表。

4. 模拟调试

将设计好的程序键入 PLC 后应仔细检查与验证，改正程序设计语法错误。之后在实验室里进行用户程序的模拟运行和程序调试，观察各输入量、输出量之间的变化关系及逻辑状态是否符合设计要求，发现问题及时修改，直到满足工艺流程和状态流程图的要求。

在程序设计和模拟调试时，可平行地进行电气控制系统的其他部分的设计，例如 PLC 外部电路、电气控制柜、控制台的设计、装配、安装和接线等工作。

5. 现场联机调试

现场安装接线完成后，就可以进行联机调试。如果不满足生产工艺控制要求，可修改程序或调整硬件，直到满足控制要求为止。

PLC 的联机调试是检查、优化系统软硬件设计，提高系统可靠性的重要步骤。为了保证调试工作顺利进行，应按照调试前检查、硬件调试、软件调试、空载运行试验、可靠性试验、实际运行试验等规定的步骤进行。在调试阶段，一切应以满足控制要求和确保系统安全、可靠运行为准则。它是检验系统硬件、软件设计的唯一标准。任何影响系统安全性、可靠性的设计，都必须予以修改，绝不可遗留事故隐患，以免导致严重后果。

6. 编制技术文件

完成联机调试后，就可以着手编制系统技术文件，如修改电气控制原理图、安装接线图，编写设备操作、使用说明书，备份 PLC 用户程序，记录、调整、设定参数等。技术文件编写应规范、系统，尽可能为设备日后维护工作提供方便。

9.1.2　PLC 选型

PLC 的选型主要是确定 PLC 生产厂家与型号。对于分布式系统、网络系统，还应考虑到 PLC 的网络通信功能要求。因为 PLC 是一种通用工业控制装置，功能的设置总是面向大多数用户的。众多的 PLC 产品既给用户提供了广阔的选择余地，也给用户带来了一定困难。

PLC 生产厂家的选择首先必须尊重设备使用者的要求，在此基础上，设计者可以根据自己的习惯与熟悉程度，结合配套产品的一致性、编程器等附加设备的通用性、技术服务等方面的因素进行选择。

PLC 厂家确定后，PLC 的型号则取决于控制系统的技术要求，在满足设备控制要求的前提下，必须考虑生产成本，PLC 的功能应该得到充分利用，以避免不必要的浪费。

在选择 PLC 的型号时一般从以下几个方面来考虑。

1. 功能要适当

PLC 选型的基本原则是满足控制系统的功能需要。控制系统需要什么功能，就选择具有什么样功能的 PLC。当然要兼顾维修、备件的通用性。

对于小型单机仅需要开关量控制的设备，一般的小型 PLC 都可以满足要求。

到了20世纪90年代，小型、中型和大型 PLC 已普遍进行 PLC 与 PLC、PLC 与上位机的通信与联网，具有数据处理、模拟量控制等功能，例如三菱的 FX 系列 PLC。因此，在功能的选择方面，要着重注意的是特殊功能的需要。这就是要选择具有所需功能的 PLC 主机，还要根据需要选择相应的模块，例如开关量的输入输出模块、模拟量的输入输出模块、高速计数模块、通信模块和人机界面单元等。

2. I/O 点数的确定

准确地统计出被控设备对 I/O 点数的总需要量是 PLC 选型的基础，把各输入设备和被控设备详细列出，然后在实际统计出 I/O 点数的基础上加 10%～15% 的裕量。

多数小型 PLC 为整体式，除了按点数分成许多挡次外，还有扩展单元。例如 FX 系列 PLC 主机分为 16 点、24 点、32 点、64 点、80 点、128 点六挡，还有多种扩展模块和单元。

模块式结构的 PLC 采用主机模块与输入输出模块、功能模块组合使用方法，I/O 模块按点数分为 8 点、16 点、32 点、64 点不等。应根据需要，选择和灵活组合使用主机与 I/O 模块。

3. 充分考虑输入输出信号的性质

确定 I/O 点数外，还要注意输入输出信号的性质、参数等。例如，输入信号电压的类型、等级和变化率；信号源是电压输出型还是电流输出型；是 NPN 输出型还是 PNP 输出型等，还要注意输出端的负载特点，以此选择配置相应机型和模块。

4. 估算系统对 PLC 响应时间的要求

对于大多数应用场合来说，PLC 的响应时间不是主要的问题。响应时间包括输入滤波时间、输出滤波时间和扫描周期。PLC 的顺序扫描工作方式使它不能可靠地接收持续时间小于扫描周期的输入信号。为此，需要选取扫描速度高的 PLC。

5. 根据程序存储器容量选型

PLC 的程序存储器容量通常以字或步为单位，例如 1K 字、4K 步等。PLC 的程序步是由一个字构成的，即每个程序步占一个存储器单元。

用户程序所需存储器容量可以预先估算。对于开关量控制系统，用户程序所需存储器的字数等于 I/O 信号总数乘以 8。对于有模拟量输入输出的系统，每一路模拟量信号大约需 100 字的存储器容量。

大多数 PLC 的存储器采用模块式的存储器卡盒，同一型号的 PLC 可以选配不同容量的存储器卡盒，实现可选择的多种存储器容量，例如 FX2N 型 PLC 可以有 2K 步、8K 步等。此外，还应根据用户程序的使用特点来选择存储器的类型。当程序要频繁修改时，应选用 CMOS-RAM。当程序长期不变和长期保存时，应选用 EEPROM 或 EPROM。

6. 编程器与外围设备的选择

早期小型 PLC 控制系统通常选用价格便宜的简易编程器。如果系统大、用 PLC 多，可以选用一台功能强、编程方便的图形编程器。随着科学技术的发展，个人计算机的使用越来越普及，在个人计算机上运行的编程软件包可以替代以前的编程器，使用也非常方便。

9.2 PLC 应用程序的设计方法

PLC 应用程序设计的好坏将直接影响控制系统、设备的运行可靠性。根据不同的控制要求，设计出运行稳定、动作可靠、安全实用、操作简单、调试方便、维护容易的控制系统是学习 PLC 技术的基本目的。

PLC 的应用程序往往是一些典型的控制环节和基本单元电路的组合，依靠经验进行选择，可以直接设计出用户程序，以满足被控对象工艺过程的控制要求。

9.2.1 基本环节的编程实例

1. 起动、停止和保持控制

使输入信号保持时间超过一个扫描周期的自我维持电路是构成有记忆功能元件控制回路的最基本环节，它经常用于内部继电器、输出点的控制回路，基本形式有两种。

（1）起动优先式 图 9-2 是起动优先式起动、保持和停止控制程序。

当起动信号 X000 = ON 时，无论关断信号 X001 状态如何，M2 总被起动，并且当 X001 = OFF 时通过 M2 常开触点闭合实现自锁。

当起动信号 X000 = OFF 时，使 X001 = ON 可关断 M2。

因为当 X000 与 X001 同时为 ON 时，起动信号 X000 有效，故称此程序为起动优先式控制程序。

（2）关断优先式 图 9-3 是关断优先式起动、保持和停止控制程序。

图 9-2　起动优先式控制程序　　　　　　　　　　图 9-3　关断优先式控制程序

当关断信号 X001 = ON 时，无论起动信号状态如何，内部继电器 M2 均被关断（状态为 OFF）。

当关断信号 X001 = OFF 时，使起动信号 X000 = ON，则可起动 M2（使其状态变为 ON），并通过常开触点 M2 闭合自锁；在 X000 变为 OFF 后仍保持 M2 为起动状态（状态保持为 ON）。

因为当 X000 与 X001 同时为 ON 时，关断信号 X001 有效，所以此程序称为关断优先式控制程序。

2. 逻辑控制的基本形式

在生产机械的各种运动之间，往往存在着某种相互制约的关系，一般采用联锁控制来实现。用反映某一运动的联锁信号触点去控制另一运动相应的电路，实现两个运动的相互制约，达到联锁控制的要求。联锁控制的关键是正确地选择和使用联锁信号。下面是几种常见的联锁控制。

（1）不能同时发生运动的联锁控制　如图 9-4 所示，为了使 Y001 和 Y002 不同时被接通，选择联锁信号 Y001 的常闭触点和 Y002 的常闭触点，分别串入 Y002 和 Y001 的控制回路中。

当 Y001 和 Y002 中有任何一个要起动时，另一个必须首先已被关断。反过来说，两者之中任何一个起动之后都首先将另一个的起动控制回路断开，从而保证任何时候两者都不能同时起动，达到了联锁控制要求。这种控制用得最多的是同一台电动机的正反转控制。机床的刀架进给与快速移动之间、横梁升降与工作台运动之间、多工位回转工作台式组合机床的动刀头向前与工作台的转位和夹具的松开动作之间等不能同时发生的运动，都可采用这种联锁方式。

（2）互为发生条件的联锁控制　如图 9-5 所示，Y000 的常开触点串在 Y001 的控制回路中，Y001 的接通是以 Y000 的接通为条件。这样，只有 Y000 接通后才允许 Y001 接通。Y000 关断后 Y001 也被关断停止，而且 Y000 接通的条件下，Y001 可以自行起动和停止。

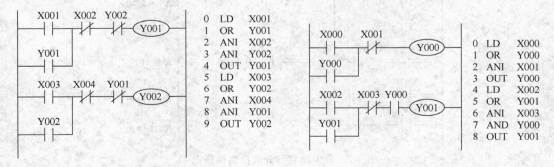

图 9-4　联锁控制（1）　　　　　　　　　　　　图 9-5　联锁控制（2）

（3）顺序步进控制　实际生活中顺序步进控制的实例很多。

图 9-6 所示是一个顺序步进控制的例子。在顺序依次发生的运动之间，采用顺序步进的控制方式。选择代表前一个运动的常开触点串在后一个运动的起动回路中，作为后一个运动发生的必要条件。同时选择代表后一个运动的常闭触点串入前一个运动的关断回路里。这样，只有前一个运动发生了，才允许后一个运动发生，而一旦后一个运动发生了，就立即使前一个运动停止，因此可以实现各个运动严格地依预定的顺序发生和转换，达到顺序步进控制，保证不会发生顺序的错乱。

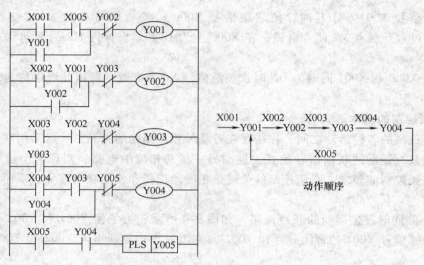

图 9-6　顺序步进控制

（4）集中控制与分散控制　在多台单机连成的自动线上，有在总操作台上的集中控制和在单机操作台上分散控制的联锁。集中控制与分散控制的梯形图如图 9-7 所示。

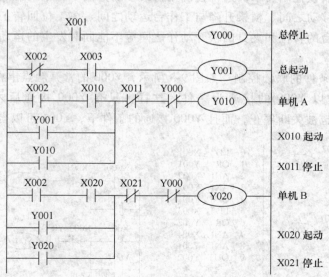

图 9-7　集中控制与分散控制梯形图

在图 9-7 中，输入 X002 为选择开关，以其触点为集中控制与分散控制的联锁触点。当

X002 = ON 时，为单机分散起动控制；当 X002 = OFF 时，为集中总起动控制。在两种情况下，单机和总操作台都可以发出停止命令。

（5）自动控制与手动控制　在自动或半自动工作机械上，有自动控制与手动控制的联锁，如图 9-8 所示。

在图 9-8 中，输入信号 X001 是选择开关，选其触点为联锁信号。当 X001 = ON 时，自动控制有效，手动控制无效。当 X001 = OFF 时，自动控制无效，手动控制有效。

（6）按控制过程变化参量的控制　在工业自动化生产过程中，仅用简单的联锁控制不能满足要求，有时要用反映运动状态的物理量，像行程、时间、速度、压力、温度等量进行控制。

1）按行程原则控制是最常用的。根据运动行程或极限位置的要求，通过检测元件行程开关发出控制信号实现自动控制。

2）按时间原则控制也是常用的。交流异步电动机采用定子绕组串接电阻实现减压起动，利用时间原则控制电阻串入和切除的时间。交流异步电动机星形起动、三角形联结

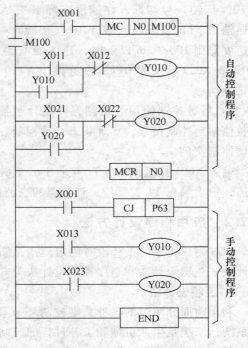

图 9-8　自动控制与手动控制

运行的控制常采用时间原则控制。交流异步电动机能耗制动时，定子绕组接入直流电的时间也可用时间原则控制。

3）按速度原则控制在电气控制中也屡见不鲜。按速度原则控制的反接制动控制如图 9-9 所示。可逆运行的交流异步电动机用速度继电器控制反接制动。电动机运行时，速度继电器

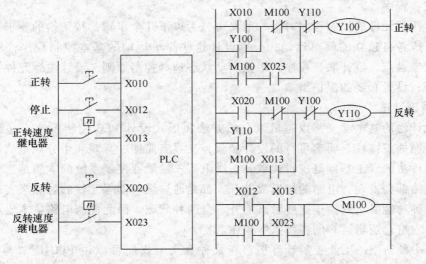

图 9-9　反接制动控制

常开触点闭合，输入信号 X013 或 X023 状态为 ON，发出停转命令，输入信号 X012 = ON，输出 Y100（正转）或 Y110（反转）被切断。在速度末降下来时，经 0.1s 延时接通输出 Y110（反转）或 Y100（正转），实现反接制动。待速度降到 100r/min 以下时，速度继电器常开触点断开，X013 或 X023 状态为 OFF，断开输出 Y110 或 Y100，停止反接制动。

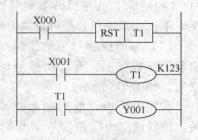

图 9-10　计数控制

4）计数控制使用的检测元件是计数器，根据计数器计数值输出控制信号，实现状态自动控制。图 9-10 是一计数器控制实例。

输入 X001 接通期间，T1 接收 1ms 时钟脉冲并计数，达到 123 时 Y001 就动作。X000 一接通，输出触点 T1 就复位，计数器的当前值也成为 0。

9.2.2　应用程序设计方法

PLC 用户程序的设计没有固定模式，靠经验是很重要的。一般应用程序设计可分为经验设计法、逻辑设计法和顺序控制设计法等。

1. 经验设计法

利用前面介绍过的各种典型控制环节和基本单元控制电路，依靠经验直接设计 PLC 控制系统，来满足生产机械和工艺过程的控制要求。

用经验设计法设计 PLC 控制系统，必须详细了解被控对象的控制要求，然后才能动手设计。由于该方法的基础是利用经验，所以设计的结果往往不很规范，而且往往需经多次反复修改和完善才能符合设计要求。由于依赖经验设计，故要求设计者有丰富的经验，要能掌握、熟悉大量控制系统的实例和各种典型环节。

利用经验设计法设计用户 PLC 程序，大致可以按下面几步来进行：分析控制要求、选择控制原则；设计主令元件和检测元件，确定输入输出信号；设计执行元件的控制程序；检查修改和完善程序。

在设计执行元件的控制程序时，一般又可分为以下几个步骤：按所给的要求，将生产机械的运动分成各自独立的简单运动，分别设计这些简单运动的基本控制程序；根据制约关系，选择联锁触点，设计联锁程序；根据运动状态选择控制原则，设计主令元件、检测元件及继电器等；设置必要的保护措施。

2. 逻辑设计法

逻辑设计法的基本含义是以逻辑组合的方法和形式设计 PLC 控制系统。这种设计方法既有严密可循的规律性、明确可行的设计步骤，又具有简便、直观和十分规范的特点。

逻辑设计法的理论基础是逻辑代数。而继电器—接触器控制系统的本质是逻辑电路。看一个控制电路都会发现，电路的接通或断开，都是通过继电器等元件的触点来实现的，故控制电路的种种功能必定取决于这些触点的开、合两种状态。因此控制电路从本质上说是一种逻辑电路，它符合逻辑运算的各种基本规律。

PLC 是一种新型的工业控制计算机，在某种意义上我们可以说 PLC 是"与"、"或"、"非"三种逻辑电路的组合体。而 PLC 的梯形图程序的基本形式也是"与"、"或"、"非"

的逻辑组合。它们的工作方式及其规律也完全符合逻辑运算的基本规律。因此，用变量及其函数只有 "0"、"1" 两种取值的逻辑代数作为研究 PLC 应用程序的工具就顺理成章了。

我们知道，逻辑代数的基本运算 "与"、"或"、"非" 都有着非常明确的物理意义。逻辑函数表达式的电路结构与 PLC 语句表程序完全一样，可以直接转化。

例如，多变量的逻辑函数 "与"、"或" 运算表达式如下：

$$Y1 = X1 \cdot X2 \cdot \cdots \cdot Xn$$

$$M1 = X1 + X2 + \cdots + Xn$$

以上逻辑函数表达式对应的梯形图及指令表可用图 9-11 和图 9-12 表示。

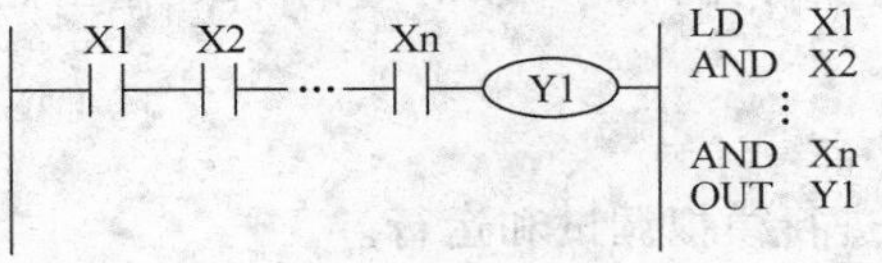

图 9-11　"与" 运算 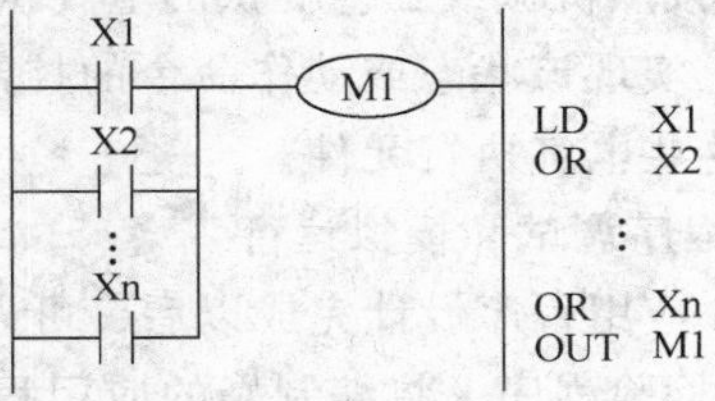　　　　　　　　　　图 9-12　"或" 运算

逻辑设计法的一般步骤：

1）明确控制任务和控制要求。通过分析工艺过程绘制工作循环和检测元件分布图，得到电气执行元件功能表。

2）详细绘制控制系统状态转换表。通常它由输出信号状态表、输入信号状态表、状态转换主令表和中间记忆装置状态表四个部分组成。状态转换表全面、完整地展示了控制系统各部分、各时刻的状态和状态之间的联系及转换，非常直观，对建立控制系统的整体联系、动态变化的概念有很大帮助，是进行控制系统分析和设计的有效工具。

3）基于状态转换表进行控制系统的逻辑设计，包括列写中间记忆元件的逻辑函数式和列写执行元件（输出端点）的逻辑函数式两个内容。这两个函数式组，既是生产机械或生产过程内部逻辑关系和变化规律的表达形式，又是构成控制系统实现控制目标的具体程序。

4）将逻辑设计的结果转化为 PLC 程序。PLC 作为工业控制计算机，逻辑设计的结果（逻辑函数式）能够很方便地过渡到 PLC 程序，特别是指令表形式，其结构和形式都与逻辑函数式非常相似，很容易直接由逻辑函数式转化。当然，如果设计者需要由梯形图程序作为一种过渡，或者选用的 PLC 的编程器具有图形输入功能，则也可以首先由逻辑函数式转化为梯形图程序。

5）程序的完善和补充，包括手动调整工作方式的设计、手动与自动工作方式的选择、自动工作循环、保护措施等。

3. 顺序控制设计法

在工业控制领域中，特别在机械行业中几乎无一例外地利用顺序控制来实现加工的自动循环。对那些按动作先后顺序控制的系统，非常适宜使用顺序控制设计法编程。顺序控制设计法规律性很强，易于掌握。程序结构清晰，可读性好。

使用顺序控制设计法时，首先要根据系统的工艺过程画出顺序功能图，顺序功能图的绘制将直接决定用户设计的 PLC 程序质量。顺序功能图又叫做流程图，能清楚地表现出系统各个工作步的功能、步与步之间的转换顺序及转换条件。顺序功能图并不涉及所描述的控制功能的具体技术，是一种通用的技术语言，可以供不同专业人员进行技术交流。使用顺序控制设计法设计 PLC 控制系统的具体步骤如下：

1）按照机械运动或工艺过程的工作内容、步骤、顺序和控制要求画出状态流程图。

2）在画出的状态流程图上以 PLC 输入点或其他元件定义状态转换条件。当转换条件的实际内容不止一个时，每个具体内容定义一个 PLC 元件编号，并以逻辑组合形式表现为有效转换条件。

3）按照机械或工艺提供的电气执行元件功能表，在状态流程图上对每个状态和动作命令配画上实现该状态或动作命令的控制功能的电气执行元件，并以对应的 PLC 输出点的编号定义这些电气执行元件。

4. 程序调试和模拟运行

PLC 应用程序设计完成以后，可以在实验室里进行模拟调试和运行。

1）检验程序。将编制好的应用程序输入计算机（或编程器），经过程序检验，改正编程语法和数据错误，再逐条与所设计程序核对无误后传入 CPU 模块 RAM 中。

2）信号的模拟。用模拟开关模拟输入信号，开关的一端接入相对应的输入端点，另一端作为公共端，接在 PLC 输入信号电源的负端（当要求输入信号公共端为正电源时）。输入程序后，扳动开关，接通或断开输入信号，来模拟机械动作使检测元件状态发生变化，并通过输入、输出端点的指示灯来观察输入、输出端点的状态变化。

3）按状态转换表进行模拟运行。首先对照输入信号状态表，设置好原始状态情况下所有输入信号的状态，再使 PLC 运行。按工步状态在一个工作循环里逐步转换的顺序，依次发出状态转换主令信号，则系统将依次进行工步状态转换。每发出一个状态转换主令信号，系统将结束一个工步状态转入下一个工步状态。仔细观察输出端点指示灯，并与执行元件动作节拍表对照，看各输出端点的状态是否在每个工步状态里都与执行元件动作节拍表里要求的状态一致。如果是一致，则说明 PLC 应用程序设计正确，符合控制要求。这样逐步检查，使之都达到要求。

4）检查和修正编程错误。当模拟运行到某一工步状态时，若发现某个输出端点的显示与执行元件动作节拍表要求的状态不一致，则编程有错，需要修改。这里首先检查标号是否有错；逻辑函数是否正确；PLC 程序是否有误；输入程序是否正确。一般说来，经过上述几点检查，定会找出并改正存在的错误。

用户程序通过调试和修改，正确通过模拟运行后，设计任务即告完成，可转入现场调试。

9.3　PLC 的安装维护和故障诊断

PLC 是专门为工业生产环境设计的控制装置，一般不需要采取什么特殊措施便可直接用于工业环境。但是为了保证 PLC 的正常安全运行和提高控制系统工作的可靠性和稳定性，在使用时，还应注意下述问题。

9.3.1　工作环境

PLC 对工作环境的要求在其一般技术指标中有明确规定，在使用时应注意采取措施满足。例如，通常 PLC 允许的环境温度为 0～55℃。安装 PLC 应避开大的热源，要有足够大的散热空间和通风条件，开关柜上下应有通风百叶窗。

PLC 的安装应避开强的振动源。在有腐蚀性气体或浓雾、粉尘的环境中使用 PLC 时，应采取封闭安装，或者在空气净化间里安装。

PLC 应远离强干扰源，如大功率晶闸管装置、高频焊机和大功率动力设备等。同时，PLC 还应远离强电磁场和强放射源，以及易产生强静电的地方。

9.3.2　安装与布线注意事项

PLC 电源一般都采用带屏蔽层的隔离变压器供电，在有较强干扰源的环境中使用时，应将屏蔽层和 PLC 浮动地端子接地，而接地线截面积不能小于 $2mm^2$，接地电阻应小于 100Ω，接地线要采取独立接地方式，不能用与其他设备串联接地方式。

PLC 的输入信号线、输出信号线应尽量分开布线。模拟量信号线应分开布线，而且要采用屏蔽线，将屏蔽层接地。

当输出驱动的负载为感性元件时，对于直流电路，应在它们两端并联续流二极管；对于交流电路，应在它们两端并联阻容吸收电路，防止在电感性回路断开时产生很高的感应电动势或浪涌电流对 PLC 输出点及内部电源的冲击。

9.3.3　PLC 的维护与故障诊断

PLC 的可靠性很高，维护工作量极少。出现故障时根据 PLC 上发光二极管（LED）和编程器能迅速查明故障原因，通过更换单元或模块可以迅速排除故障。

1. 日常维护

PLC 除了锂电池和继电器输出型触点外没有经常性的损耗元器件，由于存放用户程序的存储器 RAM、计数器、定时器、数据寄存器及一些有关的软元件均用锂电池保护，而锂电池的寿命大约为 5 年，当锂电池的电压降到一定限度时，PLC 基本单元上电池电压指示灯（BATTERY）亮，这就提示由锂电池保护的程序仍可保留几天，请赶快更换锂电池。这是日常维护的重要内容。

调换锂电池一般分下面几步进行。购置好新的锂电池，拆换之前，PLC 通电一会儿，使 PLC 电源电容器充电；断开 PLC 电源，打开 PLC 锂电池盖板，取下旧锂电池，装上新电池，盖上锂电池盖板。取下旧锂电池到换上新的锂电池的时间要尽量短，一般不允许超过 1～3min。如果时间过长，用户程序将消失。

2. 故障诊断

PLC 的使用手册上一般都给出 PLC 故障的诊断方法、诊断流程图和错误代码表，根据它们可很容易检查出 PLC 的故障。

利用 FX 系列 PLC 基本单元上 LED 指示灯诊断故障的方法：

1）PLC 电源接通，电源指示灯（POWER）亮，说明电源正常；若电源指示灯不亮，说明电源不通，应按电源检查流程图检查。

2）当编程器处于监控（MONITOR）状态，基本单元处于运行（RUN）状态时，若基本单元上的 RUN 灯不亮，说明基本单元出了故障。锂电池（BATTERY）灯亮，应更换理电池。

3）若一路输入触点接通，相应的 LED 灯不亮，或者某一路未输入信号但是这一路对应的 LED 灯亮，可以判断是输入模块出了问题。

4）输出 LED 灯亮，对应的输出继电器触点不动作，说明输出模块出了故障。

5）基本单元上 CPU ERROR 灯 LED 闪亮，说明 PLC 用户程序的内容因外界原因发生改变所致。可能的原因有：锂电池电压下降；外部干扰的影响和 PLC 内部故障；写入程序时的语法错误也会使它闪亮。

6）基本单元上 CPU ERROR 灯 LED 常亮，表示 PLC 的 CPU 误动作后监控定时器使 CPU 恢复正常工作。这种故障可能由于外部干扰和 PLC 内部故障引起，应查明原因，对症采取措施。

9.4　PLC 的应用实例

9.4.1　步进电动机 PLC 控制

步进电动机是一种利用电磁铁将电信号转换为线位移或角位移的电动机。当步进电动机驱动器接收到一个脉冲信号（来自控制器），它就驱动步进电动机按设定的方向转动一个固定的角度，称为步距角，它的旋转是以固定的角度一步一步运行的。在这里以三相三拍为例。

1. 控制要求

1）起动停止采用同起停按钮控制。

2）正反转采用正反转切换开关控制。

3）同时设置有减速按钮与增速按钮。

2. I/O 地址分配

根据步进电动机控制系统的控制要求，得到 I/O 分配表，见表 9-1。

表 9-1　步进电动机控制系统 I/O 分配表

输入设备（I）	输入端子	输出设备（O）	输出端子
起停按钮	X000	A 相脉冲	Y010
正反转切换开关	X001	B 相脉冲	Y011
减速按钮	X002	C 相脉冲	Y012
增速按钮	X003		

3. 程序设计

根据步进电动机控制系统的控制要求，步进电动机 PLC 控制系统的梯形图如图 9-13 所示。

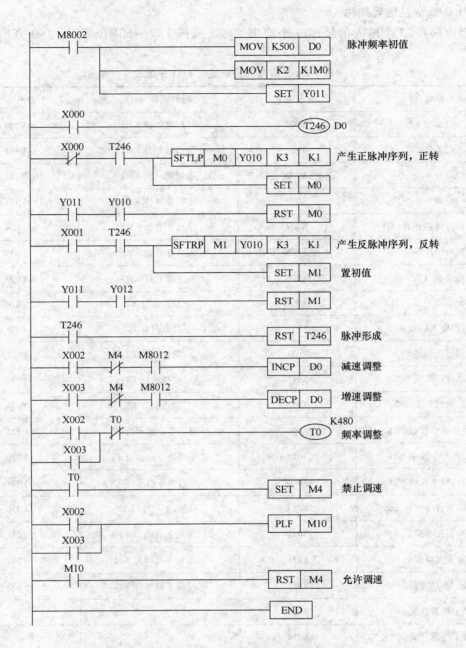

图 9-13　步进电动机 PLC 控制系统梯形图

9.4.2　PLC 在电梯控制中的应用

1. 电梯控制系统的主要指标

1）电梯运行到位后具有手动或自动开门和关门的功能。

2）利用指示灯显示厢外召唤信号、厢内指令信号和电梯到达信号。

3）能自动判别电梯运行方向，并发出响应的指示信号。

2. PLC 选型及信号编排

三层电梯有 23 个输入信号，19 个输出信号，选择 FX2N-60MR 即可。I/O 分配表见表 9-2。

表 9-2 三层电梯控制系统 I/O 分配表

输入设备（I）	输入端子	输出设备（O）	输出端子
开门按钮 SB1	X000	开门继电器 KM1	Y000
关门按钮 SB2	X001	关门继电器 KM2	Y001
开门行程开关 SQ1	X002	上行继电器 KM3	Y002
关门行程开关 SQ2	X003	下行继电器 KM4	Y003
向上运行转换开关 SQ3	X004	快速继电器 KM5	Y004
向下运行转换开关 SQ4	X005	加速继电器 KM6	Y005
红外传感器（左）SL1	X006	慢速继电器 KM7	Y006
红外传感器（右）SL2	X007	上行方向灯 E1	Y020
门锁输入信号 K	X010	下行方向灯 E2	Y021
一层接近开关 SP1	X011	一层指示灯 E3	Y022
二层接近开关 SP2	X012	二层指示灯 E4	Y023
三层接近开关 SP3	X013	三层指示灯 E5	Y024
一层内指令按钮 SB3	X014	一层内指令指示灯 E6	Y025
二层内指令按钮 SB4	X015	二层内指令指示灯 E7	Y026
三层内指令按钮 SB5	X016	三层内指令指示灯 E8	Y027
一楼向上召唤按钮 SB6	X017	一层向上召唤灯 E9	Y030
二楼向上召唤按钮 SB7	X020	二层向上召唤灯 E10	Y031
二楼向下召唤按钮 SB8	X021	二层向下召唤灯 E11	Y032
三楼向下召唤按钮 SB9	X022	三层向下召唤灯 E12	Y033
一楼下接近开关 SP4	X023		
二楼上接近开关 SP5	X024		
三楼上接近开关 SP6	X025		
二楼下接近开关 SP7	X026		

3. 系统轿厢内、外控制按钮的动作要求

本系统采用轿厢外召唤、轿厢内按钮控制方式的自动控制形式。电梯由安装在轿厢内的指令按钮进行操作，其操纵内容为响应。轿厢内指令依层次指令运行起动电梯，使电梯到达目标层。轿厢外指令即作呼叫作用。

　　电梯上行、下行由一台电动机驱动。电动机正转，电梯上行；电动机反转，电梯下行。电梯轿厢门由另一台小电动机驱动。该电动机正转，轿厢门开；电动机反转，轿厢门关。每层楼设有呼叫按钮 SB6～SB9；轿厢内开门按钮 SB1；关门按钮 SB2，轿厢内层指令按钮 SB3～SB5。

4. 梯形图程序设计

　　为方便起见，把程序分成几段讨论。

　　（1）开门、关门的控制程序　电梯开门、关门的控制程序如图 9-14 所示。

　　X000 是手动开门按钮。当电梯运行到位后，X000 闭合，Y000 有效，电梯门被打开。开门到位，开门行程开关动作，X002 常闭触点断开，开门过程才结束。

　　如果是自动开门，过程如下：当电梯运行到位后，相应的楼层接近开关闭合（即 X011 或 X012 或 X013），T0 开始计时，计到 3s，T0 触点闭合，Y000 输出有效，打开电梯门。

　　关门控制分手动和自动两种方式。当按下关门按钮 X001 时，Y001 有效并自锁，驱动关门继电器，关闭电梯门。而自动关门是借助于定时器 T1。当电梯运行到位，T1 定时 5s 时，T1 触点闭合，Y001 输出有效，实现自动关门。

　　当自动关门时，可能夹住乘客，一般都有门两侧的红外检测装置，即 X006 和 X007。有人进出时，X006 和 X007 闭合，T2 开始定时，2s 后才关门。

　　（2）电梯到层指示　电梯到层指示梯形图程序如图 9-15 所示。

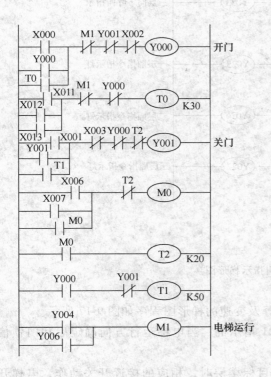

图 9-14　电梯开门、关门梯形图　　　　　　图 9-15　电梯到层指示梯形图

X011、X012、X013 是一、二、三层的接近开关。电梯到达某层，对应的层指示灯亮。M2 和 M3 对应于单数层和双数层。

（3）层呼叫指示　当有乘客在轿厢外某层按下呼叫按钮（X017、X020、X021、X022）中的任何一个，相应的指示灯亮，说明有人呼叫。呼叫信号一直保持到电梯到达该层，相应的接近开关动作时才被撤销。图 9-16 是层呼叫指示梯形图。

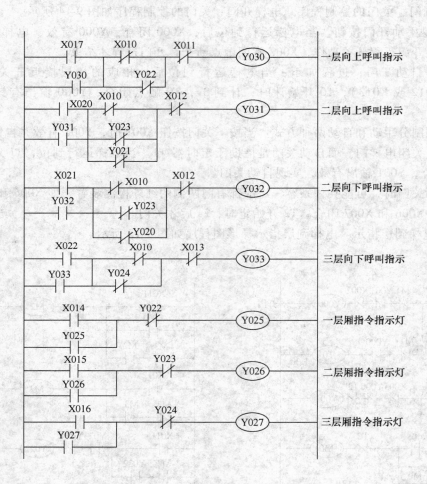

图 9-16　层呼叫指示梯形图

（4）电梯起动和运行　电梯起动和方向选择及变速的梯形图程序如图 9-17 所示。

电梯运行方向是由输出继电器 Y020 和 Y021 指示的，当电梯运行方向确定后和门锁信号符合要求的情况下，电梯开始起动运行。

电梯起动后快速运行，2s 后加速，在接近目标楼层时，相应的接近开关动作，电梯开始转为慢速运行，直至电梯到达目标楼层时停止。

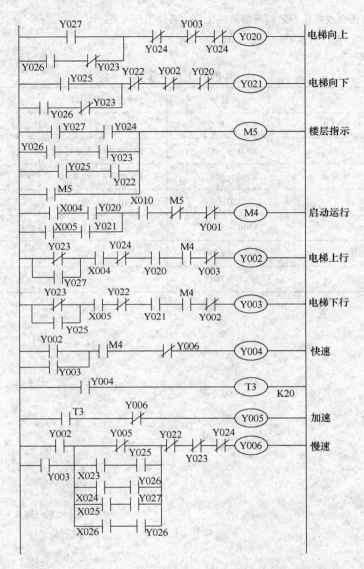

图 9-17　电梯起动和方向选择及变速梯形图

思考与练习题

9-1　PLC 控制系统设计一般分为哪几个步骤？

9-2　PLC 的选型要考虑哪些因素？

9-3　用 PLC 对自动售货机进行控制，根据工作要求，画出梯形图并编写程序。

1. 控制要求

1）投入的硬币只能是 1 角、5 角和 1 元 3 种。

2）有两种饮料可以选择：汽水和咖啡。汽水的价格是 2 元，咖啡的价格是 3 元。

3）当投入的钱币 ≥2 元时，按下汽水的选择按钮可以出汽水；当投入的钱币 ≥3 元时，按下咖啡的选择按钮可以出咖啡。

4）若钱币没有用完或中途终止操作，均可按下退币按钮，系统自动退回钱币。

5）当系统饮料用完或钱币不足时报警系统工作，通知工作人员。

2. I/O 分配表

I/O 分配表见表 9-3。

表 9-3　I/O 分配表

输入设备（I）	输入端子	输出设备（O）	输出端子
1 角/5 角/1 元投币口	X000 ~ X002	钱币不足显示	Y000
汽水/咖啡按钮	X003 ~ X004	汽水/咖啡选择灯	Y001 ~ Y002
1 角/5 角/1 元退币感应器	X005 ~ X007	汽水电动机/电动阀	Y003 ~ Y004
退币按钮	X010	咖啡电动机/电动阀	Y005 ~ Y006
汽水/咖啡不足	X011 ~ X012	无币指示灯	Y007
1 角/5 角/1 元不足	X013 ~ X015		
起动/急停按钮	X016 ~ X017		

第3篇 实 践 篇

第10章 电气控制与PLC实训项目

实训项目1 三相异步电动机直接起动控制

一、训练目标

1）掌握交流接触器、热继电器和电动机的使用方法，学会检查和测试低压电器的方法。

2）熟悉从电气原理图到电气接线图的变换，学会线路的安装、试车和排除故障的方法。

3）进一步加深理解点动控制和长动控制的特点。

二、训练器材

1）三相笼型异步电动机 1 台。

2）交流接触器 1 个。

3）按钮 2 个。

4）热继电器 1 个。

5）实训操作台 1 套（提供三相电源、常用电工工具、连接导线等）。

三、项目分析

1）本项目采用交流接触器直接起动三相笼型异步电动机，控制电路参见图 2-6。

2）继电器—接触器控制在各类生产机械中获得广泛地应用，凡是需要进行前后、上下、左右、进退等运动的生产机械，均采用典型的电动机正、反转控制来实现。

3）点动控制是指按下按钮电动机才会运转、松开按钮即停止运转的电路。生产机械有时候需要做点动控制，如用于电动葫芦、地面操作的小型起重机及某些机床辅助运动的电气控制。

4）长动控制一般用于设备需要连续工作的场合。按下按钮电动机起动运转，松开按钮后电动机仍继续运转，只有按下停止按钮，电动机才停转。在控制回路中常采用接触器的辅助触头来实现自锁。要求接触器线圈得电后能自动保持动作后的状态，即自锁，这一常开触头称为自锁触头。

5）在电动机运行过程中，采用熔断器实现短路保护，采用热继电器实现过载保护。

四、训练内容和步骤

1）认识各电器的结构、图形符号、接线方法；在断电状态下用万用表检查各电器是否完好（接触器线圈、触头，热继电器热元件、触头等）；记录电动机、交流接触器等电器铭牌数据。

2）长动控制。按照图 2-6 进行安装接线。接线时，先接主电路，即从三相交流电源的输出端 U、V、W 开始，经接触器 KM 的主触头，热继电器 FR 的热元件到电动机 M 的三个线端 U1、V1、W1。再以先串联后并联的方法完成控制电路的接线。

接好线路，经指导教师检查后，进行通电操作。

① 接通三相交流电源。

② 按起动按钮 SB2，松手后观察电动机 M 是否继续运转。

③ 按停止按钮 SB1，松手后观察电动机 M 是否停止运转。

3）点动控制。断电后，在图 2-6 所示控制电路的基础上，拆除 KM 自锁常开触头。重复上述 2）项中①～③步操作，观察比较电动机及接触器的运转情况。

4）项目通过验收后，切断电源。

五、操作注意事项

1）常用交流接触器线圈的额定电压有 220V 和 380V 两种，图 2-6 中交流接触器线圈额定电压为 380V。如果选用额定电压 220V 交流接触器，则控制电路电源接相电压，即一端接三相电源一个输出端（如 U 端），另一端接电源的地（N 端）。

2）不能触及各电气元器件的导电部分及电动机的转动部分，以免触电及意外损伤。

3）严禁带电安装电器和连接导线，必须在断开电源后才能进行接线操作。通电检查必须经老师同意后方可接通电源。

4）出现短路故障要认真分析和查找原因，在经过测试确认故障排除后再通电。

六、强化训练

1）试比较点动控制线路与自锁控制线路从结构上看主要区别是什么？从功能上看主要区别是什么？

2）若交流接触器线圈的额定电压为 220V，误接到 380V 电源上时会产生什么后果？反之，若接触器线圈电压为 380V，而电源线电压为 220V，其结果又如何？

3）说明电路热继电器的作用及整定方法。

实训项目 2　三相异步电动机丫-△减压起动控制

一、训练目标

1）熟悉三相异步电动机丫-△减压起动控制电路的工作原理及特点。

2）掌握三相异步电动机丫-△减压起动控制电路的装调、排除故障的方法。

3）了解时间继电器的使用方法。

二、训练器材

1）三相笼型异步电动机 1 台。

2）交流接触器 3 个。

3）按钮 2 个。

4）热继电器 1 个。

5）时间继电器 1 个。

6）实训操作台 1 套（提供三相电源、常用电工工具、连接导线等）。

三、项目分析

1）本项目按照时间原则采用接触器控制丫-△减压起动，控制电路见图 2-7。

2）丫-△减压起动用于定子绕组在正常运行时接为三角形的电动机。在电动机起动时，定子绕组首先接成星形，然后接入三相交流电源，起动结束，将电动机定子绕组换接成三角形。目的在于减小起动电流。

3）如图 2-7 所示，主电路中，当接触器 KM1、KM3 主触头闭合，KM2 主触头断开时，电动机三相定子绕组接成丫；而当接触器 KM1 和 KM2 主触头闭合，KM3 主触头断开时，电动机三相定子绕组接成△。起动时，KM1 和 KM3 得电闭合，经时间继电器 KT 延时，KM3 失电断开，继而使 KM2 得电闭合，电动机实现减压起动后自动转换到正常运行状态。

4）正常运行时，接触器 KM3 和时间继电器 KT 均处于断电状态。

四、训练内容和步骤

1）画出三相异步电动机丫-△减压起动控制电路电气原理图，理解其工作过程。

2）列出三相异步电动机丫-△减压起动控制电路元件明细表，检查按钮、接触器、热继电器、时间继电器的好坏。将时间继电器的延时时间整定在 5s。

3）按图 2-7 接线。接好线路后，分别对主电路和控制电路进行通电前检测，确保无短路、断路现象。经指导老师检查后，进行通电操作。

① 接通电源。

② 按起动按钮 SB2，观察电动机的起动过程、转速变化及各继电器的动作情况。

③ 按停止按钮 SB1，观察电动机及各继电器的动作情况。

④ 调整时间继电器 KT 的整定时间，观察电动机起动过程的变化。

⑤ 项目通过验收后，切断电源。

五、操作注意事项

1）严禁带电安装电器和连接导线，必须在断开电源后才能进行接线操作。通电检查必须经老师同意后方可接通电源。

2）不能触及各电气元器件的导电部分及电动机的转动部分，以免触电及意外损伤。

3）出现短路故障要认真分析和查找原因，在经过测试确认故障排除后再通电。

4）只有在断电的情况下，方可用万用表 Ω 挡来检查线路的接线正确与否。

六、强化训练

1）分析笼型异步电动机丫-△减压起动控制电路工作过程。
2）采用丫-△减压起动对笼型异步电动机有何要求？
3）笼型异步电动机采用丫-△减压起动具有哪些优缺点？
4）什么是软起动控制器？

实训项目 3　三相异步电动机正反转控制

一、训练目标

1）掌握三相笼型异步电动机正反转控制电路的工作原理。
2）加深对电气控制系统自锁、互锁及保护等环节的理解。
3）掌握三相笼型异步电动机正反转控制电路的装调、排除故障的方法。

二、训练器材

1）三相笼型异步电动机 1 台。
2）交流接触器 2 个。
3）按钮 3 个。
4）热继电器 1 个。
5）实训操作台一套（提供三相电源、常用电工工具、连接导线等）。

三、项目分析

1）本项目采用按钮控制电动机正反转，控制电路见图 2-12。
2）电气互锁。图 2-12a 所示电路是接触器互锁的正反转控制电路，为了避免接触器 KM1（控制正转）、KM2（控制反转）同时得电吸合造成三相电源短路，在 KM2（KM1）线圈支路中串接有 KM1（KM2）常闭触头，保证了电路工作时 KM1、KM2 不会同时得电，实现电气互锁。这种电路电动机在换向时，需要先按停止按钮 SB1，当频繁换向时，操作不方便，因此，它是"正转-停-反转"控制电路。
3）电气和机械双重互锁。图 2-12b 所示电路中，电路除设置电气互锁外，还采用复合按钮 SB2 与 SB3 组成机械互锁，实现了电动机直接正反转控制。

四、训练内容和步骤

1）用万用表对各电气元件进行不带电检测，确认器件完好。
2）按图 2-12a 接线，经指导老师检查后，进行通电操作。
① 接通电源。按正向起动按钮 SB2，观察并记录电动机的转向和接触器的运行情况。
② 按反向起动按钮 SB3，观察并记录电动机的转向和接触器的运行情况。
③ 按停止按钮 SB1，观察并记录电动机的转向和接触器的运行情况。
④ 再按 SB3，观察并记录电动机的转向和接触器的运行情况。

⑤　项目通过验收后，切断电源。

3）按图 2-12b 接线，经指导老师检查后，进行通电操作。

重复上述 2）项中①～⑤步操作，观察比较运行情况。

4）分析排查控制电路故障。

①　接通电源后，按起动按钮（SB2 或 SB3），接触器吸合，但电动机不转且发出"嗡嗡"声响；或者虽能起动，但转速很慢。这种故障大多是主回路一相断线或电源缺相。

②　接通电源后，按起动按钮（SB2 或 SB3），若接触器通断频繁，且发出连续的劈啪声或吸合不牢，发出颤动声，此类故障原因可能是：

a. 线路接错，将接触器线圈与自身的常闭触头串在一条回路上了。

b. 自锁触头接触不良，时通时断。

c. 接触器铁心上的短路环脱落或断裂。

d. 电源电压过低或与接触器线圈电压等级不匹配。

五、操作注意事项

1）严禁带电安装电器和连接导线，必须在断开电源后才能进行接线操作。通电检查必须经老师同意后方可接通电源。

2）不能触及各电气元器件的导电部分及电动机的转动部分，以免触电及意外损伤。

3）出现短路故障要认真分析和查找原因，在经过测试确认故障排除后再通电。

4）只有在断电的情况下，方可用万用表 Ω 挡来检查线路的接线正确与否。

5）操作过程中电动机正反转操作不宜过于频繁。

六、强化训练

1）分析三相笼型异步电动机正反转控制电路的工作过程。

2）在电动机正反转控制电路中，为什么必须保证两个接触器不能同时工作？具体的措施是什么？

3）在控制电路中，短路、过载、失电压保护等功能是如何实现的？在实际运行过程中，这几种保护有何意义？

实训项目 4　三相异步电动机行程控制

一、训练目标

1）掌握三相笼型异步电动机行程控制电路的工作原理。

2）了解限位开关的作用。

3）进一步理解电气自锁、互锁的应用。

二、训练器材

1）三相笼型异步电动机 1 台。

2）交流接触器 2 个。

3）按钮 3 个。

4）热继电器 1 个。

5）限位开关 4 个。

6）实训操作台 1 套（提供三相电源、常用电工工具、连接导线等）。

三、项目分析

本项目采用行程开关控制电动机正、反转，实现电动机正反转的自动转换，控制电路见图 2-13。图 2-13 为三相笼型异步电动机行程控制电路图，当工作台的挡块停在限位开关 SQ1 和 SQ2 之间的任意位置时，可以按下任一起动按钮 SB2 或 SB3 使工作台向任一方向运动。例如按下正转按钮 SB2，电动机正转带动工作台前进。当工作台到达终点时挡块压下终点限位开关 SQ2，SQ2 的常闭触头 SQ2-2 断开正转控制回路，电动机停止正转，同时 SQ2 的常开触头 SQ2-1 闭合，使反转接触器 KM2 得电动作，工作台后退。当工作台退回原位时，挡块又压下 SQ1，其常闭触头 SQ1-2 断开反转控制电路，其常开触头 SQ1-1 闭合，使接触器 KM1 得电，电动机带动工作台前进，实现自动往返运动。SQ3、SQ4 为极限位置开关，避免工作台发生超越允许位置的事故。

四、训练内容和步骤

用万用表对各电气元器件进行不带电检测，确认器件完好。按图 2-13 接线，经指导老师检查后，进行通电操作。

1）接通电源

2）按下 SB2，使电动机正转，运转约 10s。

3）用手按 SQ2（模拟工作台前进到达终点，挡块压下限位开关），观察电动机运行状态变化情况（由正转变反转）。

4）反转约 10s，用手按 SQ1（模拟工作台后退到达原位，挡块压下限位开关），观察电动机运行情况。

5）重复上述步骤，应能正常工作。

6）测试极限位置开关 SQ3、SQ4 的作用。

五、操作注意事项

1）严禁带电安装电器和连接导线，必须在断开电源后才能进行接线操作。通电检查必须经老师同意后方可接通电源。

2）不能触及各电气元器件的导电部分及电动机的转动部分，以免触电及意外损伤。

3）出现短路故障要认真分析和查找原因，在经过测试确认故障排除后再通电。

4）只有在断电的情况下，方可用万用表 Ω 挡来检查线路的接线正确与否。

六、强化训练

1）分析行程控制电路的工作过程。

2）了解行程控制电路的实际应用情况。

实训项目 5　三相异步电动机能耗制动控制

一、训练目标

1）加深理解三相异步电动机能耗制动原理。

2）掌握三相异步电动机能耗制动控制电路的装调、排除故障的方法。

二、训练器材

1）三相笼型异步电动机 1 台。

2）交流接触器 2 个。

3）按钮 2 个。

4）热继电器 1 个。

5）变压器 1 个。

6）整流桥堆 1 个。

7）制动电阻 Rp1 个。

三、项目分析

1）本项目采用图 2-14 所示的能耗制动控制电路。

2）三相异步电动机实现能耗制动的方法是：在三相定子绕组断开三相交流电源后，在两相定子绕组中通入直流电，以建立一个恒定的磁场，转子的惯性转动切割这个恒定磁场而产生感应电流，此电流与恒定磁场作用，产生制动转矩使电动机迅速停车。

3）图 2-14a、b 分别是用复合按钮和时间继电器实现能耗制动的控制电路。采用复合按钮控制时，制动过程中按钮必须始终处于压下状态。采用时间继电器实现自动控制。

4）在自动控制系统中，通常采用时间继电器，按时间原则进行制动过程的控制。可根据所需的制动停车时间来调整时间继电器的时延，以使电动机刚一制动停车，就使接触器释放，切断直流电源。

5）能耗制动过程的强弱与进程，与通入直流电流大小和电动机转速有关，在同样的转速下，电流越大，制动作用就越强烈，一般直流电流取空载电流的 3 ~ 5 倍为宜。

四、训练内容和步骤

1）用万用表对各电气元件进行不带电检测，确认器件完好。按图 2-14b 接线，经指导老师检查后，进行通电操作。

2）初步整定时间继电器的延时时间，可先设置得大一些（约 5 ~ 10s）。本项目中，能耗制动电阻 RP 为 10Ω。

3）自由停车操作。

先断开整流电源，按下 SB2，使电动机起动运转，待电动机运转稳定后，按下 SB1，用秒表记录电动机自由停车时间。

4）制动停车操作。

接上整流电源。

①　按 SB2，使电动机起动运转，待运转稳定后，按下 SB1，观察并记录电动机从按下 SB1 起至电动机停止运转的能耗制动时间 t_Z 及时间继电器延时释放时间 t_F，一般应使 $t_F > t_Z$。

②　重新整定时间继电器的时延，以使 $t_F = t_Z$，即电动机一旦停转便自动切断直流电源。

五、操作注意事项

接好线路必须经过严格检查，绝不允许同时接通交流和直流两组电源，即不允许 KM1、KM2 同时得电。

六、强化训练

1）分析三相笼型异步电动机能耗制动控制电路的工作原理。

2）三相笼型异步电动机制动还有哪些方法，各自的特点是什么？

实训项目 6　FX-20P 简易编程器及其使用

一、编程器基础知识

1. 概述

程序的写入、调试及监控是通过编程器实现的，编程器是 PLC 必不可少的外部设备，它一方面对 PLC 进行编程，另一方面又能对 PLC 的工作状态进行监控。

选用不同的编程设备，可以采用不同的手段进行编程。常用的 FX 系列 PLC 的编程设备有两种，一种是便携式简易编程器（如 FX-20P-E），另一种是用编程软件（如 GX Developer）在个人计算机上进行编程。

FX-20P-E 手持编程器（简称 HPP）可以用于 FX 系列 PLC，也可以通过转换器 FX-20P-E-FKIT 用于 F1、F2 系列 PLC。

FX-20P-E 和一般编程器一样，有在线编程和离线编程两种方式。在线编程也叫联机编程，编程器和 PLC 直接相连，并对 PLC 用户程序存储器进行直接操作。在写入程序时，若未装 EEPROM 卡盒，程序就写入了 PLC 内部的 RAM；若装有 EEPROM 卡盒，则程序就写入了该存储器卡盒。在离线编程方式下，编制的程序先写入编程器内部的 RAM，再成批地传送到 PLC 的存储器，也可以在编程器和 ROM 写入器之间进行程序传送。

FX 型 PLC 的简易编程器也有多种，功能也有差异，这里以有代表性的 FX-20P-E 手持编程器为例，介绍其结构、组成和编程操作。

2. FX-20P-E 手持编程器的组成与面板布置

（1）FX-20P-E 手持编程器的组成　FX-20P-E 手持编程器由液晶显示屏（16 字符×4 行，带后照明）、ROM 写入器接口、存储器卡盒接口及有功能键、指令键、元件符号键、数字键等的 5×7 键盘组成。

FX-20P-E 手持编程器配有专用电缆 FX-20P-CAB 与 PLC 主机相连。系统存储器卡盒用于存放系统软件。其他如 ROM 写入器模块、PLC 存储器卡盒等为选用件。

（2）FX-20P-E 手持编程器的面板布置　FX-20P-E 手持编程器的操作面板如图 10-1 所示。键盘上各键的作用说明如下：

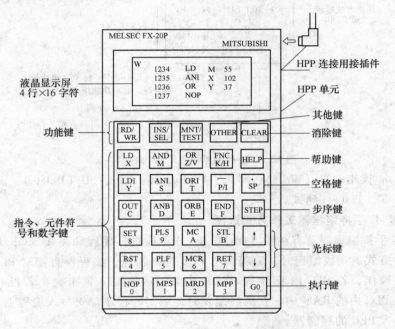

图 10-1　FX-20P-E 编程器面板布置图

①　功能键：[RD/WR]，读出/写入；[INS/DEL]，插入/删除；[MNT/TEST]，监视/测试。各功能键交替起作用：按一次时选择第一个功能；再按一次，选择第二个功能。

②　其他键 [OTHER]。在任何状态下按此键，显示方式菜单。安装 ROM 写入器模块时，在脱机方式菜单上进行项目选择。

③　清除键 [CLEAR]。如在按 [GO] 键之前（确认前）按此键，则清除键入的数据。此键也可以用于清除显示屏上的出错信息或恢复原有的画面。

④　帮助键 [HELP]。显示应用指令一览表。在监视时，进行十进制数和十六进制数的转换。

⑤　空格键 [SP]。在输入时，用此键指定元件号和常数。

⑥　步序键 [STEP]。用此键设定步序号。

⑦　光标键 [↑]、[↓]。用此键移动光标和提示符，指定当前元件的前一个或后一个元件，作行滚动。

⑧　执行键 [GO]。此键用于指令的确认、执行，显示后面的画面（滚动）和再搜索。

⑨　指令、元件符号和数字键。上部为指令，下部为元件符号或数字。上、下部的功能根据当前所执行的操作自动进行切换。下部的元件符号 [Z/V]、[K/H] 和 [P/I] 交替起作用。

指令键共 26 个，操作起来方便、直观。

（3）FX-20P-E 手持编程器的液晶显示屏　FX-20P-E 手持编程器的液晶显示屏能同时显示 4 行，每行 16 个字符，在操作时，显示屏上显示的内容如图 10-2 所示。

液晶显示屏左上角的黑三角提示符是功能方式说明，介绍如下。

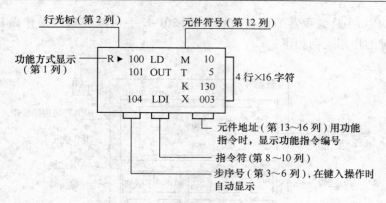

图 10-2　液晶显示屏显示的内容（一）

R（Read）：读出；W（Write）：写入；I（Insert）：插入；D（Delete）：删除；M（Monitor）：监视；T（Test）：测试。

3. FX-20P-E 手持编程器工作方式选择

FX-20P-E 手持编程器具有在线（ONLINE，或称联机）编程和离线（OFFLINE，或称脱机）编程两种方式。在线编程时，编程器与 PLC 直接相连，编程器直接对 PLC 用户程序存储器进行读写操作。若 PLC 内装有 EEPROM 卡盒，程序写入该卡盒，若没有 EEPROM 卡盒，程序写入 PLC 内的 RAM 中。在离线编程时，编制的程序首先写入编程器内的 RAM 中，以后再成批传入 PLC 的存储器。

FX-20P-E 手持编程器上电后，其液晶显示屏上显示的内容如图 10-3 所示。

其中闪烁的符号"■"指明编程器目前所处的工作方式。用"↑"或"↓"键将"■"移动到选中的方式上，然后按"GO"键，就进入所选定的编程方式。

在联机方式下，用户可用编程器直接对 PLC 的用户程序存储器进行读/写操作，在执行写操作时，若 PLC 内没有安装 EEPROM 存储器卡盒，程序写入 PLC 的 RAM 存储器内；反之则写入 EEPROM 中，此时，EEPROM 存储器的写保护开关必须处于"OFF"位置。只有用 FX-20P-RWM 型 ROM 写入器才能将用户程序写入 EPROM。

按"OTHER"键，进入工作方式选择的操作。此时，液晶显示屏显示的内容如图 10-4 所示。

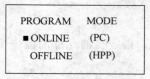

```
PROGRAM    MODE
■ONLINE    （PC）
 OFFLINE   （HPP）
```

图 10-3　工作方式选择

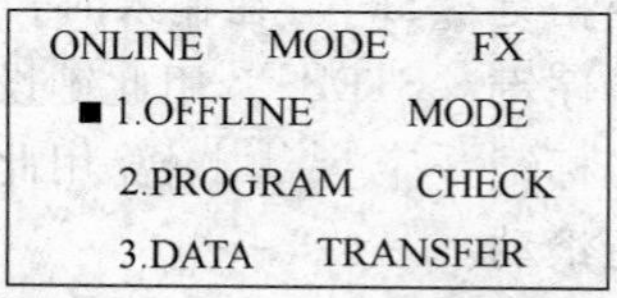

```
ONLINE    MODE    FX
■1.OFFLINE      MODE
 2.PROGRAM    CHECK
 3.DATA    TRANSFER
```

图 10-4　液晶显示屏显示的内容（二）

闪烁的符号"■"表示编程器所选择的工作方式，按"↑"或"↓"键，将"■"上移或下移到所需的位置，再按"GO"键，就进入选定的工作方式。在联机编程方式下，可供选择的工作方式共有七种，分别是：

1）OFFLINE MODE（脱机方式）：进入脱机编程方式。

2）PROGRAM CHECK：程序检查，若无错误，显示"NO ERROR"；若有错误，显示出错误指令的步序号及出错代码。

3）DATA TRANSFER：数据传送，若 PLC 内安装有存储器卡盒，在 PLC 的 RAM 和外装的存储器之间进行程序和参数的传送。反之，则显示"NO MEM CASSETTE"（没有存储器卡盒），不进行传送。

4）PARAMETER：对 PLC 的用户程序存储器容量进行设置，还可以对各种具有断电保持功能的编程元件的范围以及文件寄存器的数量进行设置。

5）XYM. . NO. CONV.：修改 X、Y、M 的元件号。

6）BUZZER LEVEL：蜂鸣器的音量调节。

7）LATCH CLEAR：复位有断电保持功能的编程元件。

对文件寄存器的复位与它使用的存储器类别有关，只能对 RAM 和写保护开关处于 OFF 位置的 EEPROM 中的文件寄存器复位。

4. 指令的写入

编程操作按下述步骤进行。不管是联机方式还是脱机方式，基本编程操作相同。写入程序之前，要将 PLC 内部存储器的程序全部清除（简称清零）。

清零　RD/WR → RD/WR → NOP → A → GO → GO

按"RD/WR"键，使编程器处于写（W）工作方式，然后根据该指令所在的步序号，按"STEP"键后键入相应的步序号，接着按键"GO"，使"▶"移动到指定的步序号，此时，可以开始写入指令。如果需要修改刚写入的指令，在未按"GO"键之前，按下"CLEAR"键，刚键入的操作码或操作数被清除。按了"GO"键之后，可按"↑"键，回到刚写入的指令，再作修改。

（1）基本指令的写入　写入"LD X0"时，先使编程器处于写（W）工作方式，将光标"▶"移动到指定的步序号位置，然后按图 10-5 按键操作。

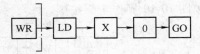

图 10-5　基本指令写入操作

写入 LDP、ANP、ORP 指令时，在按指令键后还要按"P/I"键。写入 LDF、ANF、ORF 指令时，在按指令键后还要按"F"键。写入 INV 指令时，按"NOP"、"P/I"和"GO"键。

（2）应用指令的写入　基本操作如图 10-6 所示，按"RD/WR"键，使编程器处于写（W）工作方式，将光标"▶"移动到指定的步序号位置，然后按"FNC"键，接着按该应用指令的指令代码对应的数字键，然后按"SP"键，再按相应的操作数。如果操作数不止一个，每次键入操作数之前，先按一下"SP"键，键入所有的操作数后，再按"GO"键，该指令就被写入 PLC 的存储器内。如果操作数为双字，按"FNC"键后，再按"D"键；如果是脉冲执行方式，在键入编程代码的数字键后，接着再按"P"键。

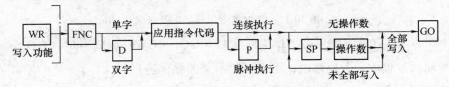

图 10-6　应用指令写入基本操作

例如：写入数据传送指令"MOV　D0　D4"。

MOV 指令的应用指令编号为 12，写入操作步骤如图 10-7 所示。

$$\boxed{\text{WR}} \rightarrow \boxed{\text{FNC}} \rightarrow \boxed{1} \rightarrow \boxed{2} \rightarrow \boxed{\text{SP}} \rightarrow \boxed{\text{D}} \rightarrow \boxed{0} \rightarrow \boxed{\text{SP}} \rightarrow \boxed{\text{D}} \rightarrow \boxed{4} \rightarrow \boxed{\text{GO}}$$

图 10-7　应用指令写入操作步骤（一）

例如：写入数据传送指令"DMOVP D0　D4"。

操作步骤如图 10-8 所示。

$$\boxed{\text{WR}} \rightarrow \boxed{\text{FNC}} \rightarrow \boxed{\text{D}} \rightarrow \boxed{1} \rightarrow \boxed{2} \rightarrow \boxed{\text{P}} \rightarrow \boxed{\text{SP}} \rightarrow \boxed{\text{D}} \rightarrow \boxed{0} \rightarrow \boxed{\text{SP}} \rightarrow \boxed{\text{D}} \rightarrow \boxed{4} \rightarrow \boxed{\text{GO}}$$

图 10-8　应用指令写入操作步骤（二）

（3）指针的写入　指针写入的基本操作如图 10-9 所示。如写入中断用的指针，应连续按两次"P/I"键。

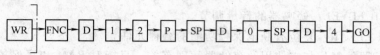

图 10-9　指针写入基本操作

（4）指令的修改　在指定的步序上改写指令。例如：在第 10 步上写入指令"OUT T50　K123"。

根据步序号读出原指令后，按"RD/WR"键，使编程器处于写（W）工作方式，然后按图 10-10 操作步骤按键。

$$\boxed{\substack{\text{读出第}\\100\text{步}}} \rightarrow \boxed{\text{WR}} \rightarrow \boxed{\text{OUT}} \rightarrow \boxed{\text{T}} \rightarrow \boxed{5} \rightarrow \boxed{0} \rightarrow \boxed{\text{SP}} \rightarrow \boxed{\text{K}} \rightarrow \boxed{1} \rightarrow \boxed{2} \rightarrow \boxed{3} \rightarrow \boxed{\text{GO}}$$

图 10-10　指令修改操作实例

如果要修改应用指令中的操作数，读出该指令后，将光标"▶"移到欲修改的操作数所在的行，然后修改该行的参数。

例：要将图 10-11 所示的梯形图程序写入到 PLC 中，可按如下操作进行。

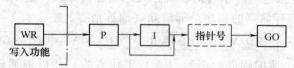

W	0 LD X 000
	1 ANI X 001
	2 OUT Y 000
▶	3 NOP

a) 梯形图　　　　　　　　b) 显示

图 10-11　基本指令用梯形图及显示

W：$\boxed{\text{LD}} \rightarrow \boxed{\text{X}} \rightarrow \boxed{0} \rightarrow \boxed{\text{GO}} \rightarrow \boxed{\text{ANI}} \rightarrow \boxed{\text{X}} \rightarrow \boxed{1} \rightarrow \boxed{\text{GO}} \rightarrow \boxed{\text{OUT}} \rightarrow \boxed{\text{Y}} \rightarrow \boxed{0} \rightarrow \boxed{\text{GO}}$

在指令输入过程中，若要修改，可按下面示例的操作进行。

例如输入指令 OUT　T0　K10，确认前（按 $\boxed{\text{GO}}$ 键前），欲将 K10 改为 D9，其键操作如下。

W：$\boxed{\text{OUT}} \rightarrow \boxed{\text{T}} \rightarrow \boxed{0} \rightarrow \boxed{\text{SP}} \rightarrow \boxed{\text{K}} \rightarrow \boxed{1} \rightarrow \boxed{0} \rightarrow \boxed{\text{CLEAR}} \rightarrow \boxed{\text{D}} \rightarrow \boxed{9} \rightarrow \boxed{\text{GO}}$

① 按指令键，输入第 1 元件和第 2 元件。

② 为取消第 2 元件，按一次 $\boxed{\text{CLEAR}}$ 键。

③ 键入修改后的第 2 元件。

④ 按 $\boxed{\text{GO}}$ 键，确认输入。

5. 指令的读出

（1）根据步序号读出　基本操作如图 10-12 所示，先按"RD/WR"键，使编程器处于读（R）工作方式，如果需读出步序号为 100 的指令，按图示顺序操作，该步指令就显示在屏幕上。

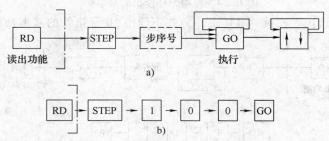

图 10-12　根据步序号读出的基本操作

若还需要显示该指令之前或之后的其他命令，可以按"↑"、"↓"或"GO"键。按"↑"、"↓"键可显示上一条或下一条指令；按"GO"键可以显示下面四条指令。

（2）根据指令读出　基本操作如图 10-13 所示，先按"RD/WR"键，使编程器处于读（R）工作方式，然后根据图示的操作步骤依次按相应的键，该指令就显示在屏幕上。

例如：指定指令 LD　X0，从 PLC 中读出该指令。

按"RD/WR"键，使编程器处于 R（读）工作方式，然后按图示步骤操作。

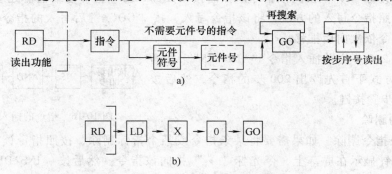

图 10-13　根据指令读出的基本操作

按"GO"键后屏幕上显示出指定的指令和步序号。再按"GO"键，屏幕上显示下一条相同指令及步序号。如果用户程序中没有该指令，在屏幕的最后一行显示"NOT FOUND"。按"↑"或"↓"键可读出上一条或下一条指令。按"CLEAR"键，屏幕上显示原来的内容。

（3）根据元件读出　先按"RD/WR"键，使编程器处于读（R）工作方式，在读（R）工作方式下读出含有 X0 指令的基本操作如图 10-14 所示。

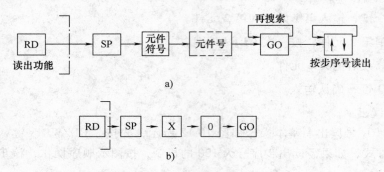

图 10-14　根据元件读出的基本操作

（4）根据指针读出　在读（R）工作方式下读出 10 号指针的基本操作如图 10-15 所示。

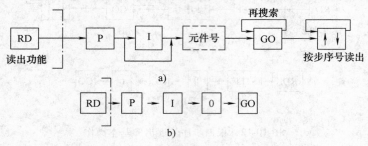

图 10-15　根据指针读出的基本操作

屏幕上将显示指针 P10 及其步序号。读出中断程序用的指针时，应连续按两次 "P/I"
键。

6. 指令的插入

如果需要在某条指令之前插入一条指令，按照前述指令读出的方法，先将某条指令显示
在屏幕上，令光标 " ▶ " 指向该指令。然后按 "INS/DEL" 键，使编程器处于插入（I）工
作方式，再按照指令写入的方法，将该指令写入，按 "GO" 键后写入的指令插在原指令之
前，后面的指令依次向后推移。

例如：在 200 步之前插入指令 "AND M5"，在插
入（I）工作方式下首先读出 200 步的指令，然后按
图 10-16 操作步骤按键。

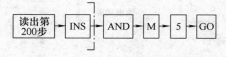

图 10-16　指令的插入操作实例

7. 指令的删除

（1）逐条指令删除　如果需要将某条指令或某个指针删除，按照指令读出的方法，先
将该指令或指针显示在屏幕上，令光标 " ▶ " 指向该指令。然后按 "INS/DEL" 键，使编
程器处于删除（D）工作方式，再按 "GO" 键，该指令或指针即被删除。

（2）指定范围指令删除　按 "INS/DEL" 键，使编程器处于删除（D）工作方式，然后
按图 10-17 操作步骤按键，该范围的指令即被删除。

图 10-17　指定范围指令的删除基本操作

（3）NOP 指令的成批删除　按"INS/DEL"键，使编程器处于删除（D）工作方式，依次按"NOP"和"GO"键，执行完毕后，用户程序中间的 NOP 指令被全部删除。

8. 对 PLC 编程元件与基本指令通/断状态的监视

监视功能是通过编程器的显示屏监视和确认在联机工作方式下 PLC 的动作和控制状态。它包括元件的监视、通/断检查和动作状态的监视等内容。

（1）对位元件的监视　基本操作如图 10-18 所示，由于 FX2N、FX2NC 有 16 个变址寄存器 Z0 ~ Z7 和 V0 ~ V7，因此如果采用 FX2N、FX2NC 系列 PLC 应给出变址寄存器的元件号。以监视辅助继电器 M153 的状态为例，先按"MNT/TEST"键，使编程器处于监视（M）工作方式，然后按图 10-18 所示步骤按键。

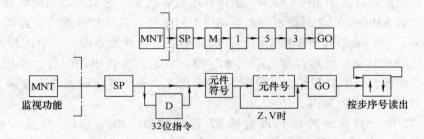

图 10-18　位元件监视的基本操作

屏幕上就会出现 M153 的状态，如图 10-19 所示。如果在编程元件的左侧有字符"■"，表示该编程元件处于 ON 状态；否则，表示它处于 OFF 状态，最多可以监视 8 个元件。按"↑"或"↓"键，可以监视前面或后面元件的状态。

（2）监视 16 位字元件（D、Z、V）内的数据　以监视数据寄存器 D0 内的数据为例，首先按"MNT/TEST"键，使编程器处于监视（M）工作方式，按图 10-20 所示操作步骤按键。

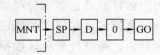

图 10-19　位编程元件监视屏幕显示　　　　图 10-20　16 位字元件监视的操作

屏幕上就会显示出数据寄存器 D0 内的数据。再按功能键"↓"，依次显示 D1、D2、D3 内的数据，此时显示的数据均以十进制数表示。若要以十六进制数表示，可按功能键"HELP"，重复按功能键"HELP"，显示的数据在十进制数和十六进制数之间切换。

（3）监视 32 位字元件（D、Z、V）内的数据　以监视数据寄存器 D0 和 D1 组成的 32 位数据寄存器内的数据为例，首先按"MNT/TEST"键，使编程器处于监视（M）工作方式，按图 10-21 所示操作步骤按键。

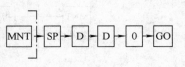

图 10-21　32 位字元件
监视的操作

屏幕上就会显示出由 D0 和 D1 组成的 32 位数据寄存器内的数据，如图 10-22 所示。若要以十六进制数表示，可用功能键"HELP"来切换。

（4）对定时器和 16 位计数器的监视　以监视计数器 C99 的运行情况为例，首先按"MNT/TEST"键，使编程器处于监视（M）工作方式，按图 10-23 所示操作步骤按键。

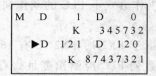

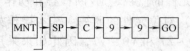

图 10-22　32 位字编程元件监视屏幕显示　　　　图 10-23　16 位计数器监视的操作

屏幕上显示的内容如图 10-24 所示。图中显示的数据 K20 是 C99 的当前计数值，第四行末尾显示的数据 K100 是 C99 的设定值。第四行中的字母 P 表示 C99 输出触点的状态，当其右侧显示"■"时，表示其常开触点闭合；反之则表示常开触点断开。第四行的 R 字母表示 C99 复位电路的状态，当其右侧显示"■"时，表示其复位电路闭合，复位位为 ON 状态；反之则表示其复位电路断开，复位位为 OFF 状态。非积算定时器没有复位输入，所以图 10-24 中 T100 的"R"未用。

（5）对 32 位计数器的监视　以监视 32 位计数器 C200 的运行情况为例，首先按"MNT/TEST"键，使编程器处于监视（M）工作方式，按图 10-25 所示操作步骤按键。

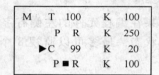

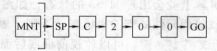

图 10-24　定时器计数器监视屏幕显示　　　　图 10-25　32 位计数器监视的操作

屏幕上显示的内容如图 10-26 所示。P 和 R 的含义与图 10-24 相同，U 的右侧显示"■"时，表示其计数方式为递增，反之为递减计数方式。第二行显示的数据为当前计数值，第三行和第四行显示设定值，如果设定值为常数，直接显示在屏幕的第三行上；如果设定值存放在某数据寄存器内，第三行显示该数据寄存器的元件号，第四行才显示其设定值。按功能键"HELP"，显示的数据在十进制数和十六进制数之间切换。

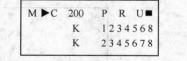

图 10-26　32 位计数器
监视屏幕显示

（6）通/断检查　在监视状态下，根据步序号或指令读出程序，可监视指令中元件触点通/断及线圈动作状态。其基本操作如图 10-27 所示。

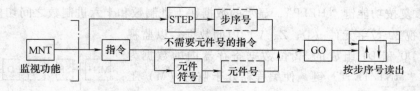

图 10-27　通/断检查的基本操作

例如，读出第 126 步，在监视（M）工作方式下，作通/断检查。按图 10-28 所示操作步骤按键。

　　屏幕上显示的内容如图 10-29 所示，读出以指定步序号为首的 4 行指令，根据各行是否显示"■"，可以判断触点和线圈的状态。若元件符号左侧显示"■"，则表示该行指令对应的触点接通，对应的线圈"通电"；若元件符号左侧显示空格，则表示该行指令对应的触点断开，对应的线圈"断电"。但是对于定时器和计数器来说，若"OUT T"或"OUT C"指令所在的行显示"■"，仅表示定时器或计数器分别处于定时或计数工作状态，其线圈"通电"，并不表示其输出常开触点接通。

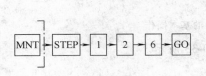

图 10-28　通/断检查的操作实例

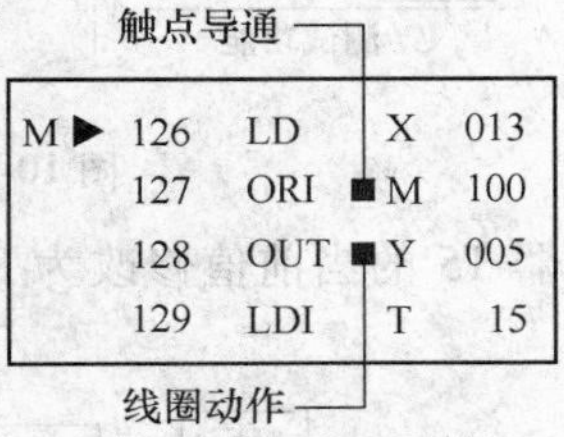

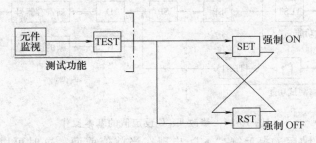

图 10-29　通/断检查屏幕显示

　　(7) 状态继电器的监视　用指令或编程元件的测试功能使 M8047（STL 监视有效）为 ON，首先按"MNT/TEST"键，使编程器处于监视（M）工作方式，再按"STL"键和"GO"键，可以监视最多 8 点为 ON 的状态继电器（S），它们按元件号从大到小的顺序排列。

9. 对编程元件的测试

　　测试功能是由编程器对 PLC 位元件的触点和线圈进行强制 ON/OFF 以及常数的修改。它包括位编程强制 ON/OFF，修改 T、C、D、V、Z 的当前值，文件寄存器的写入等内容。

　　(1) 位编程元件强制 ON/OFF　进行位编程元件的强制 ON/OFF 的监控，要先进行元件的监视，然后进行测试功能。基本操作如图 10-30 所示。

图 10-30　位编程元件强制 ON/OFF 的基本操作

　　例如，对 Y100 进行 ON/OFF 强制操作的键操作如图 10-31 所示。

　　首先利用监视功能对 Y100 元件进行监视。按"TEST"（测试）键，若此时被监控元件 Y100 为 OFF 状态，则按"SET"键，强制 Y100 元件处于 ON 状态；若此时 Y100 元件为 ON 状态，则按"RST"键，强制 Y100 元件处于 OFF

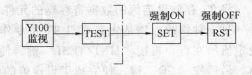

图 10-31　Y100 强制 ON/OFF 键操作

状态。

强制 ON/OFF 操作只在一个运算周期内有效。

（2）修改 T、C、D、V、Z 的当前值　在监视（M）工作方式下，按照监视字编程元件的操作步骤，显示出需要修改的字编程元件，再按"MNT/TEST"键，使编程器处于测试（T）工作方式，修改 T、C、D、V、Z 的当前值的基本操作如图 10-32 所示。

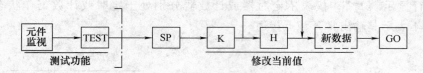

图 10-32　修改字元件数据的基本操作

将定时器 T5 的当前值修改为 K20 的操作如图 10-33 所示。

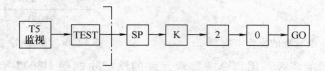

图 10-33　修改 T5 当前值的操作

常数 K 为十进制数设定，H 为十六进制数设定，输入十六进制数时连续按两次"K/H"键。

（3）修改 T、C 设定值　首先按"MNT/TEST"键，使编程器处于监视（M）工作方式，然后按照前述监视定时器和计数器的操作步骤，显示出待监视的定时器和计数器后，再按"MNT/TEST"键，使编程器处于测试（T）工作方式，修改 T、C 设定值的基本操作如图 10-34 所示。

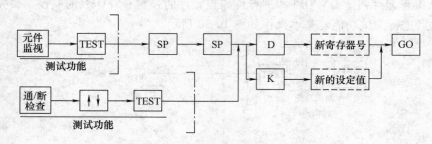

图 10-34　修改 T、C 设定值的基本操作

第一次按"SP"键后，提示符"▶"出现在当前值前面，这时可以修改其当前值；第二次按"SP"后，提示符"▶"出现在设定值前面，这时可以修改其设定值；键入新的设定值后按"GO"键，设定值修改完毕。

将 T7 存放设定值的数据寄存器的元件号修改为 D22 的操作如图 10-35 所示。

另一种修改方法是先对 OUT T7 指令作通/断检查，然后按功能键"↓"使"▶"指向设定值所在行，再按"MNT/TEST"键，使编程器处于测试（T）工作方式，键入新的设定值，最后按"GO"键，便完成了设定值的修改。

将 100 步的 OUT T5 指令的设定值修改为 K25 的操作如图 10-36 所示。

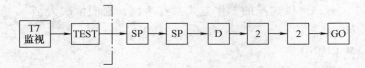

图 10-35　修改 T7 设定值的操作

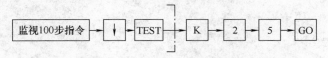

图 10-36　修改 T5 设定值的操作

10. 脱机（OFFLINE）编程方式

（1）脱机编程　脱机方式编制的程序存放在手持编程器内部的 RAM 中，联机方式编制的程序存放在 PLC 内的 RAM 中，编程器内部 RAM 中的程序不变。编程器内部 RAM 中写入的程序可成批地传送到 PLC 内部 RAM，也可成批传送到装在 PLC 上的存储器卡盒。往 ROM 写入器的传送在脱机方式下进行。

手持编程器内 RAM 的程序用超级电容器作断电保护，充电 1h，可保持 3 天以上。因此，可将在实验室里脱机生成的装在编程器 RAM 内的程序，传送给安装在现场的 PLC。

（2）进入脱机编程方式的方法　有两种方法可以进入脱机编程方式：

1）FX-2010-E 型手持编程器上电后，按"↓"键，将闪烁的符号"■"移动到 OFF-LINE 位置上，然后按"GO"键，就进入脱机编程方式。

2）FX-20P-E 型手持编程器处于联机编程方式时，按功能键"OTHER"，进入工作方式选择，此时，闪烁的符号"■"处于 OFFLINE MODE 位置上，接着按"GO"键，就进入脱机编程方式。

（3）工作方式　FX-20P-E 型手持编程器处于脱机编程方式时，所编制的用户程序存入编程器内的 RAM 中，与 PLC 内部的用户程序存储器以及 PLC 的运行方式都没有关系。除了联机编程方式中的 M 和 T 两种工作方式不能使用外，其余的工作方式（R、W、I、D）及操作步骤均适用于脱机编程。按"OTHER"键后，即进入工作方式选择操作。此时，液晶屏幕显示的内容如图 10-37 所示。

```
OFFLINE    MODE    FX
■ 1.    ONLINE  MODE
  2.    PROGRAM  CHECK
  3.    HPP < - > FX
```

图 10-37　屏幕显示（一）

在脱机编程方式时，可用光标键选择 PLC 的型号，如图 10-38 所示，FX2N、FX2NC、FX1N 和 FX1S 之外的其他系列 PLC 应选择"FX，FX0"。选择后按"GO"键，出现如图 10-39 所示的确认画面，如果使用的 PLC 的型号有变化，按"GO"键。要复位参数或返回起始状态时按"CLEAR"键。

```
SELECT  PC  TYPE
■ FX, FX0
  FX2N, FX1N, FX1S
```

图 10-38　屏幕显示（二）

```
PC  TYPE  CHANGED
UPDATE  PARAMS?
OK → [GO]
NO → [CLEAR]
```

图 10-39　屏幕显示（三）

在脱机编程方式下，可供选择的工作方式共有 7 种，它们依次为：

① ONLINE MODE；

② PROGRAM CHECK；

③ HPP < – > FX；

④ PARAMETER；

⑤ XYM. . NO. CONV. ；

⑥ BUZZER LEVEL；

⑦ MODULE。

选择 ONLINE MODE 时，编程器进入联机编程方式。PROGRAM CHECK、PARAMETER、XYM. . NO. CONV. 和 BUZZER LEVEL 的操作与联机编程方式下的相同。

（4）程序传送 选择 HPP < – > FX 时，若 PLC 内没有安装存储器卡盒，屏幕显示的内容如图 10-40 所示。按功能键"↑"或"↓"将"■"移到需要的位置上，再按功能键"GO"，就执行相应的操作。其中"→"表示将编程器的 RAM 中的用户程序传送到 PLC 内的用户程序存储器中，这时，PLC 必须处于 STOP 状态。"←"表示将 PLC 内存储器中的用户程序读入编程器内的 RAM 中。":"表示将编程器内 RAM 中的用户程序与 PLC 的存储器中的用户程序进行比较。PLC 处于 STOP 或 RUN 状态都可以进行后两种操作。

若 PLC 内安装了 RAM、EEPROM 或 EPROM 扩展存储器卡盒，屏幕显示的内容如图 10-41所示，图中的 ROM 分别为 RAM、EEPROM 和 EPROM，且不能将编程器内 RAM 中的用户程序送到 PLC 内的 EPROM 中去。

```
3.HPP < – > FX
■HPP → RAM
 HPP ← RAM
 HPP : RAM
```

图 10-40 程序传送屏幕显示（一）

```
[ROM  · WRITE]
■HPP → ROM
 HPP ← ROM
 HPP : ROM
```

图 10-41 程序传送屏幕显示（二）

（5）MODULE 功能 MODULE 功能用于 EEPROM 和 EPROM 的写入，具体操作时，先将 FX-20P-RWM 型 ROM 写入器插在编程器上，开机后进入 OFFLINE 方式，选中 MODULE 功能，按功能键"GO"后屏幕显示的内容如图 10-41 所示。

在 MODULE 方式下，共有 4 种工作方式可供选择。

① HPP→ROM。

将编程器内 RAM 中的用户程序写入插在 ROM 写入器上的 EPROM 或 EEPROM 内。

写操作之前必须先将 EPROM 中的内容全部擦除或先将 EEPROM 的写保护开关置于 OFF 位置。

② HPP←ROM。

将 EPROM 或 EEPROM 中的用户程序读入编程器内的 RAM。

③ HPP：ROM。

将编程器内的 RAM 中的用户程序与插在 ROM 写入器上的 EPROM 或 EEPROM 内的用户程序进行比较。

④ ERASE CHECK。

用来确认存储器卡盒中的 EPROM 是否已被擦干净。如果 EPROM 中还有数据，将显示“ERASE ERROR”（擦除错误）。如果存储器卡盒中是 EEPROM，将显示“ROM MISCONNECTED”（ROM 连接错误）。

RUN	INPUT
■USE	X002
DON'T	USE

图 10-42　屏幕显示

使用图 10-42 所示的画面，可将 X0 ~ X17 中的一个输入点设置为外部的 RUN 开关，选择“DON'T USE”可取消此功能。

二、编程器操作实验

1. 训练目标

了解和熟悉 FX 系列 PLC 的外部结构和外部接线方法和 FX-20P 简易编程器的使用方法。

2. 训练器材

1）FX2N-48MR 主机一台。

2）FX-20P 编程器一个。

3）FX-20P-CAB 专用编程电缆一条。

3. 训练内容和步骤

练习程序的键入、编辑和读出。梯形图程序如图 10-43 所示。

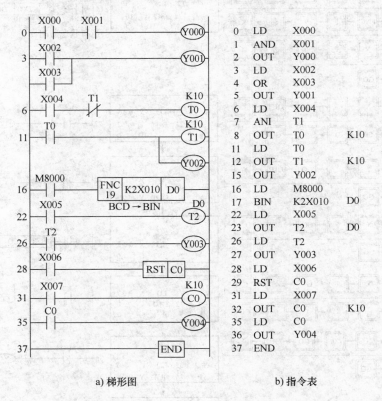

a) 梯形图

0	LD	X000	
1	AND	X001	
2	OUT	Y000	
3	LD	X002	
4	OR	X003	
5	OUT	Y001	
6	LD	X004	
7	ANI	T1	
8	OUT	T0	K10
11	LD	T0	
12	OUT	T1	K10
15	OUT	Y002	
16	LD	M8000	
17	BIN	K2X010	D0
22	LD	X005	
23	OUT	T2	D0
26	LD	T2	
27	OUT	Y003	
28	LD	X006	
29	RST	C0	
31	LD	X007	
32	OUT	C0	K10
35	LD	C0	
36	OUT	Y004	
37	END		

b) 指令表

图 10-43　编程练习

在键入程序前，首先将 NOP 成批写入，进行清零。操作前，把 PLC 的 RUN 置于 OFF。操作的流程图如图 10-44 所示。

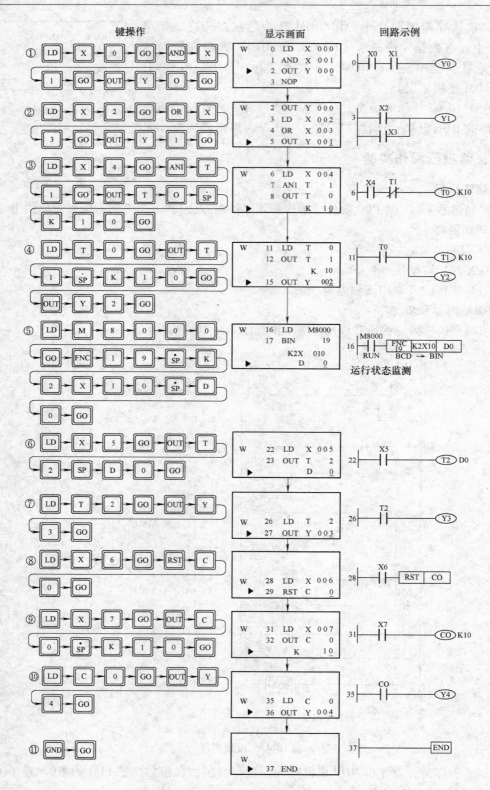

图 10-44　梯形图和键操作的流程图

实训项目 7 GX Developer 编程软件及其使用

一、GX Developer 编程软件简介

三菱 GX Developer 编程软件,是应用于三菱系列 PLC 的中文编程软件,可在 Windows95 及以上操作系统运行。

1. GX Developer 编程软件的主要功能

GX Developer 的功能十分强大,集成了项目管理、程序键入、编译链接、模拟仿真和程序调试等功能,其主要功能如下:

1)在 GX Developer 中,可通过线路符号、列表语言及 SFC 符号来创建 PLC 程序,建立注释数据及设置寄存器数据。

2)创建 PLC 程序并将其存储为文件,用打印机打印。

3)该程序可在串行系统中与 PLC 进行通信,还具有文件传送、操作监控以及各种测试功能。

4)该程序可脱离 PLC 进行仿真调试。

2. GX Developer 编程软件的安装

运行安装盘中的"SETUP",按照逐级提示即可完成 GX Developer 的安装。安装结束后,将在桌面上建立一个 GX Developer 图标,同时在桌面的"开始\程序"中建立一个"MELSOFT 应用程序→GX Developer"选项。若需增加模拟仿真功能,在上述安装结束后,再运行安装盘中的 LLT 文件夹下的"STEUP",按照逐级提示即可完成模拟仿真功能的安装。

3. GX Developer 编程软件的界面

双击桌面上的 GX Developer 图标,即可起动 GX Developer,其界面如图 10-45 所示。GX Developer 的界面由项目标题栏、下拉菜单、快捷工具栏、编辑窗口、管理窗口等部分组成。

在调试模式下,可打开远程运行窗口、数据监视窗口等。

1)下拉菜单。GX Developer 共有 10 个下拉菜单,每个菜单又有若干个菜单项。许多基本菜单项的使用方法和目前文本编辑软件的同名菜单项的使用方法基本相同。多数使用者一般很少直接使用菜单项,而是使用快捷工具。常用的菜单项都有相应的快捷按钮,GX Developer 的快捷键直接显示在相应菜单项的右边。

2)快捷工具栏。GX Developer 共有 8 个快捷工具栏,即标准、数据切换、梯形图标记、程序、注释、软元件内存、SFC、SFC 符号工具栏。以鼠标选取"显示"菜单下的"工具条"命令,即可打开这些工具栏。常用的有标准、梯形图标记、程序工具栏,将鼠标停留在快捷按钮上片刻,即可获得该按钮的提示信息。

3)编辑窗口。PLC 程序是在编辑窗口进行输入和编辑的,其使用方法和众多的编辑软件相似。

4)管理窗口。管理窗口实现项目管理、修改等功能。

4. 工程的创建和调试范例

1)系统的启动与退出。要想启动 GX Developer,可用鼠标双击桌面上的图标。图 10-46 为打开的 GX Developer 窗口。以鼠标选取"工程"菜单下的"关闭"命令,即可退出 GX

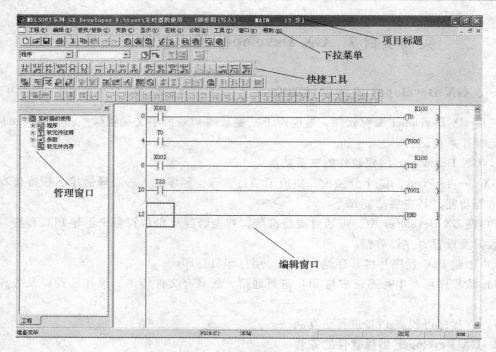

图 10-45　编程软件的界面

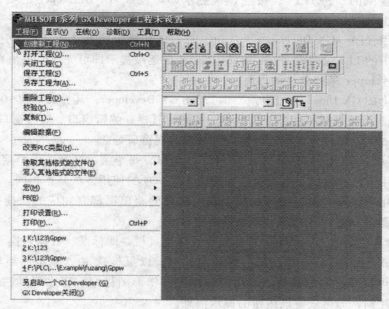

图 10-46　创建工程

Developer 系统。

2）文件的管理。

①　创建新工程：选择"工程→创建新工程"菜单项，或者按"Ctrl + N"键操作，在出现的创建新工程对话框中选择 PLC 类型，如选择 FX2N 系列 PLC 后，单击"确定"，如图 10-47所示。

图 10-47　创建工程

② 打开工程：打开一个已有工程，选择"工程→打开工程"菜单或按"Ctrl + O"键，在出现的打开工程对话框中选择已有工程，单击"打开"，如图 10-48 所示。

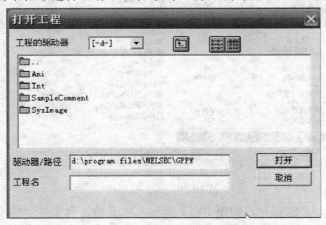

图 10-48　打开工程

③ 文件的保存和关闭注释数据以及其他在同一文件名下的数据。

操作方法是：执行"工程→保存工程"菜单操作或按"Ctrl + S"键操作即可。

将已处于打开状态的 PLC 程序关闭，执行"工程→关闭工程"菜单操作即可。

3）编程操作。

① 输入梯形图。使用"梯形图标记"工具条（见图 10-49）或通过执行"编辑→梯形图标记"菜单操作（见图 10-50），将已编好的程序输入到计算机。

② 编辑操作。通过执行［编辑］菜单栏中的指令，对输入的程序进行修改和检查。

③ 梯形图的转换及保存操作。编辑好的程序先通过执行"变换→变换"菜单操作或

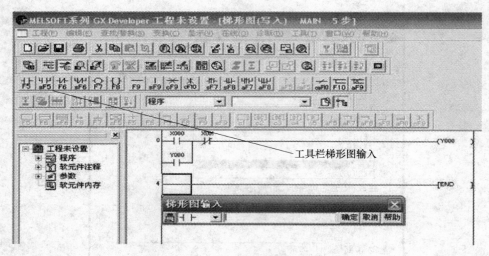

图 10-49　输入梯形图

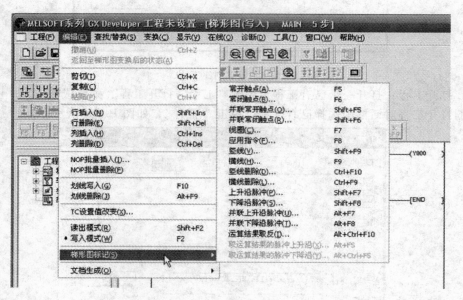

图 10-50　输入梯形图

按"F4"键变换后，才能保存，如图 10-51 所示。在变换过程中显示梯形图变换信息，如果在不完成变换的情况下关闭梯形图窗口，那么新创建的梯形图将不被保存。

④　通信设置。单击菜单"在线→传输设置"，在出现的界面再双击"串行"按钮，会出现相应的对话框。此时，必须确定 PLC 与计算机的连接是通过 COM1 端口还是 COM2 端口，假设已将 RS-232 线连在了计算机的 COM1 端口，则在操作上应选择 COM1 端口。传输速度选择默认的 9.6kbit/s。单击"通信测试"即可检测设置正确与否。

4）程序调试及运行

①　程序的检查。

执行"诊断→诊断"菜单命令，进行程序检查，如果没有连接好 PLC，则弹出图 10-52。

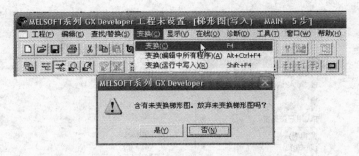

图 10-51　梯形图的变换

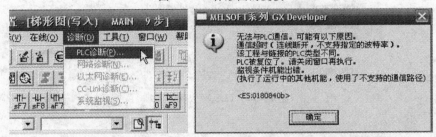

图 10-52　程序检查

② 程序的写入。PLC 在 STOP 模式下，执行"在线→PLC 写入"菜单命令，将计算机中的程序发送到 PLC 中，PLC 写入对话框如图 10-53 所示，选择"参数+程序"，再按"执行"，完成将程序写入 PLC。

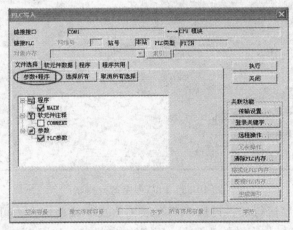

图 10-53　PLC 写入

③ 程序的读取。PLC 在 STOP 模式下，执行"在线→PLC 读取"菜单命令，将 PLC 中的程序发送到计算机中，如图 10-54 所示

传送程序时，应注意以下问题。

a）计算机的 RS-232C 端口及 PLC 之间必须用指定的缆线及转换器连接。

b）PLC 必须在 STOP 模式下，才能执行程序传送。

c）执行完 PLC 写入后，PLC 中的程序将被丢失，原有的程序将被读入的程序所替代。

④ 程序的运行及监控。

a）运行。执行"在线→远程操作"菜单命令，将 PLC 设为"RUN"模式，程序运行，

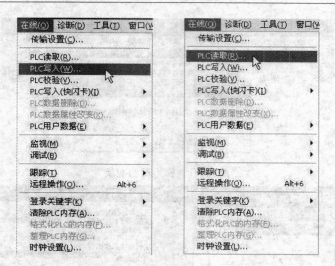

图 10-54　PLC 写入和读取

如图 10-55 所示。

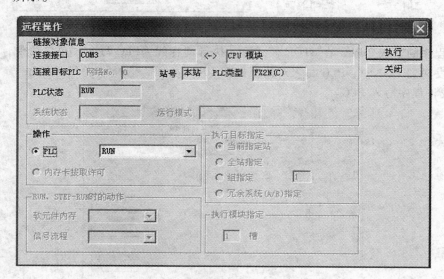

图 10-55　PLC 程序运行控制

　　b）监控。执行程序运行后，再执行"在线→监视"菜单命令，可对 PLC 的运行过程进行监控。结合控制程序操作有关输入信号，观察输出状态，如图 10-56 所示。

　　注：在 PLC 写入对话框中也可以进行远程操作。

　　⑤　程序的调试。程序运行过程中出现的错误有以下两种。

　　a）一般错误：运行的结果与设计的要求不一致，需要修改程序先执行"在线→远程操作"菜单命令，将 PLC 设为 STOP 模式，再执行"编辑→写模式"菜单命令，再从上面第3）点开始执行（输入正确的程序），直到程序正确。

　　b）致命错误：PLC 停止运行，PLC 上的 ERROR 指示灯亮，需要修改程序先执行"在线→清除 PLC 内存"菜单命令；将 PLC 内的错误程序全部清除后，再从上面第 3）点开始执行（输入正确的程序），直到程序正确。

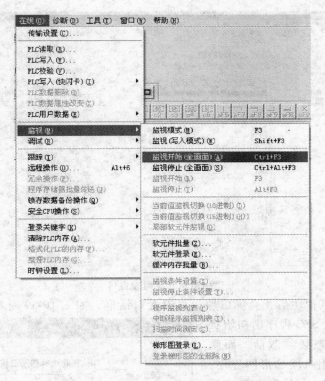

图 10-56　PLC 的监控

5. SFC 编程方法

（1）简单流程结构　启动 GX　Developer 编程软件，单击"工程"菜单，再单击"创建新工程"菜单项或单击"新建工程"按钮，如图 10-57 所示，选择 PLC 所属系列和类型，在程序类型项中选择 SFC，在工程设置项中设置好工程名和保存路径，点击"确定"。弹出如图 10-58 所示的块列表窗口。

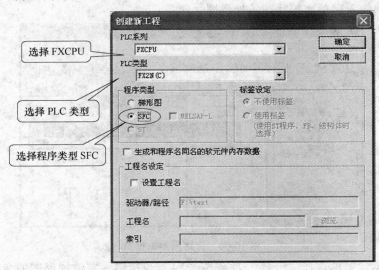

图 10-57　创建新工程

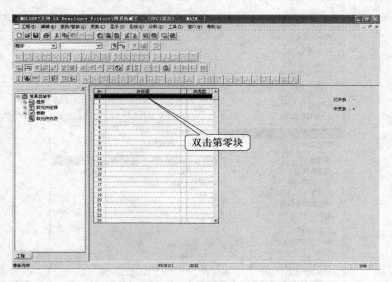

图 10-58　块列表窗口

　　双击第零块或其他块后，会弹出块信息设置对话框，如图 10-59 所示。选择块的类型：
SFC 块或梯形图块。SFC 程序由初始状态开始，故初始状态必须激活，而激活的通用方法是利用一段梯形图程序，且这一段梯形图程序放在 SFC 程序的开头部分。点击梯形图块，在块标题栏中，填写该块的说明标题，也可以为空。

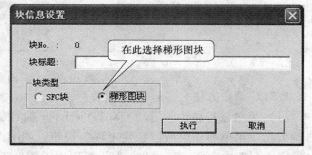

图 10-59　块信息设置对话框

　　点击"执行"按钮，弹出梯形图编辑窗口，如图 10-60 所示，在右边梯形图编辑窗口中输入启动初始状态的梯形图。

图 10-60　梯形图编辑窗口

　　单击"变换"菜单选择"变换"项或按"F4"快捷键，完成梯形图的变换。
　　在完成了程序的第一块（梯形图块）编辑以后，双击工程数据列表窗口中的"程序 \

MAIN"，返回块列表窗口。双击第一块，在弹出的块信息设置对话框中"块类型"一栏中选择"SFC 块"，如图 10-61 所示，在块标题中可以填入相应的标题或为空，点击"执行"按钮，弹出 SFC 程序编辑窗口，如图 10-62 所示。在 SFC 程序编辑窗口中光标变成空心矩形。

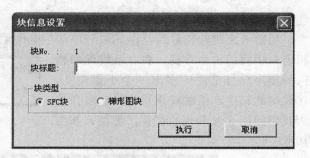

图 10-61　块信息设置

1）转换条件的编辑。SFC 程序中的每一个状态或转移条件都是以 SFC 符号的形式出现在程序中的，每一种 SFC 符号都对应有图标和图标号。在 SFC 程序编辑窗口将光标移到第一个转移条件符号处并单击，在右侧将出现梯形图编辑窗口，在此输入使状态转移的梯形图。符号 TRAN 表示转移（Transfer）。编辑条件后应按"F4"快捷键转换，梯形图变成亮白色，且 SFC 程序编辑窗口中对应的问号消失。

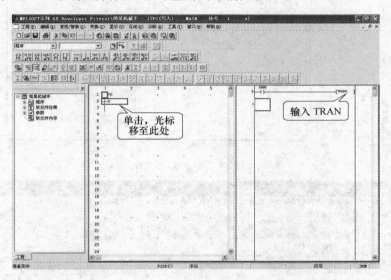

图 10-62　SFC 程序编辑窗口

2）通用状态的编辑。在左侧的 SFC 程序编辑窗口中把光标下移到方向线底端，按工具栏中的工具按钮![]或单击"F5"快捷键，弹出步序输入设置对话框如图 10-63 所示。

输入步序标号后单击"确定"，这时光标将自动向下移动，此时，可看到步序标号前面有一个问号，表明该步梯形图还没编辑。将光标移到步序标号后的步符号处，在步符号上单击后右边的窗口将变成可编辑状态。

图 10-63　步序输入设置对话框

3）系统循环或周期性的工作编辑。SFC 程序中跳转（JUMP），如返回初始状态或程序中的选择分支，编辑的方法是把光标移到方向线的最下端，按 F8 快捷键或者单击鼠标左键，在弹出的对话框中填入要跳转到的目的地步序标号，然后单击"确定"，如图 10-64 所示。若进行状态复位操作，则图 10-64 中"步属性"选择［R］。

当输入完跳转符号后，在 SFC 程序编辑窗口中我们将会看到，在有跳转返回指向的步序标号框图中多出一个小黑点儿，这说明此工序步是跳转返回的目标步，这为我们阅读 SFC 程序也提供了方便，如图 10-65 所示。

图 10-64　SFC 跳转符号输入

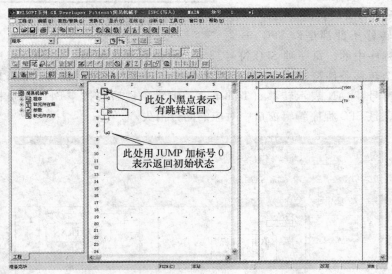

图 10-65　完整 SFC 程序

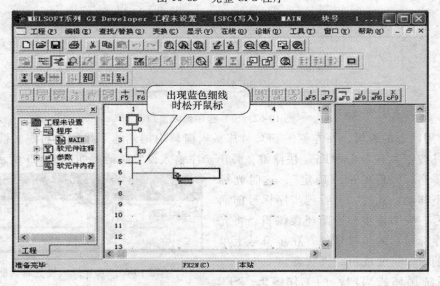

图 10-66　并行分支（一）

当所有 SFC 程序编辑完后，单击"变换"按钮进行 SFC 程序的变换。经过变换的程序就可以进行仿真实验或写入 PLC 进行调试了。

单击"工程→编辑数据→改变程序类型"，可以实现 SFC 程序到顺序控制梯形图的变换。

（2）复杂流程结构　复杂流程结构是指状态与状态间有多个工作流程的 SFC 程序。多个工作流程之间通过并联方式进行连接，而并联连接的流程又可以分为选择性分支、并行分支、选择性汇合、并行汇合等几种连接方式。

1）输入并行分支。将光标移到条件 1 方向线的下方，单击工具栏中的并行分支写入按钮 或者按"ALT + F8"快捷键，使并行分支写入按钮处于按下状态，在光标处按住鼠标左键横向拖动，直到出现一条细蓝线，放开鼠标，这样一条并行分支线就被输入，如图 10-66 所示。

并行分支线的输入也可以采用另一种方法输入，双击转移条件 1 弹出 SFC 符号输入对话框，如图 10-67 所示。

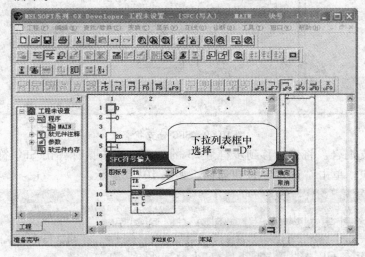

图 10-67　并行分支（二）

在图标号下拉列表框中选择第三行"＝＝D"项，单击"确定"按钮返回，一条并列分支线被输入。并行分支线输入以后如图 10-68 所示。

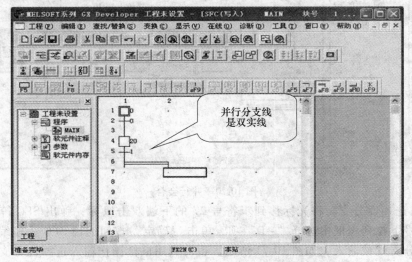

图 10-68　并行分支（三）

分别在两个分支下面输入各自的状态和转移条件，如图 10-69 所示。

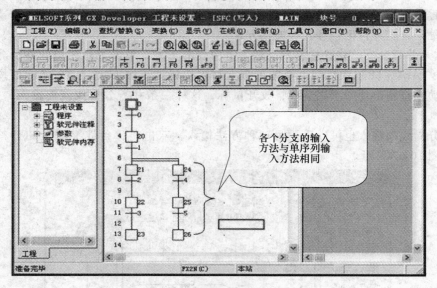

图 10-69　SFC 分支状态

2）输入分支汇合。将光标移到步符号 23 的下面，双击鼠标弹出 SFC 符号输入对话框，选择" ＝＝C"项，单击"确定"按钮返回，如图 10-70 所示。

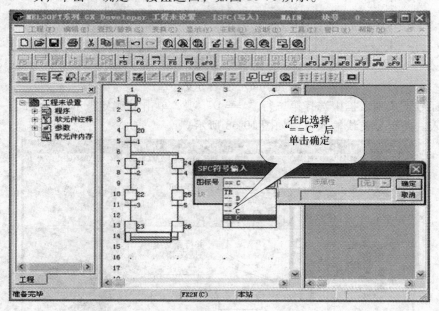

图 10-70　并行会合

3）输入选择性分支。将光标移到步符号 27 的下端双击鼠标，弹出 SFC 符号输入对话框，在图标号下拉列表框中选择"--D"项，单击"确定"按钮返回 SFC 程序编辑区，这样一个选择性分支就被输入，如图 10-71 所示。也可利用鼠标操作输入选择性分支，单击工具栏中的工具按钮或按快捷键"ALT + F7"，此时选择分支划线写入按钮呈按下状态，把光标移到需要写入选择性分支的地方按住鼠标左键并拖动鼠标，直到出现蓝色细线时放开鼠标，一条选择性分支线写入完成。完整 SFC 程序如图 10-72 所示。

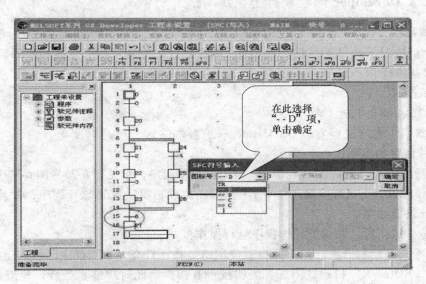

图 10-71　选择性分支

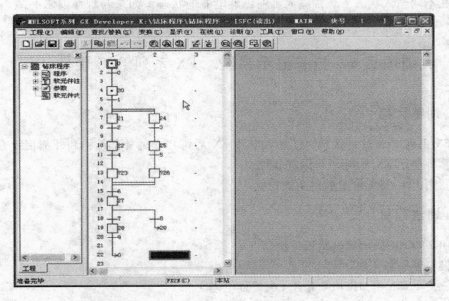

图 10-72　完整 SFC 程序

双击"JUMP"符号，弹出 SFC 符号输入对话框，步属性下拉框处于激活状态而且两个选项分别是"无"和"R"，"R"表示复位操作，意思是复位目的标号处的状态继电器。利用"R"的复位作用可以在系统中增加暂停或急停等操作，如图 10-73 所示。

图 10-73　SFC 符号输入

二、GX Developer 编程软件上机练习

1. 训练目标

通过上机练习了解和熟悉 GX Developer 编程软件的安装使用。掌握梯形图输入、编辑、程序调试等基本操作。

2. 训练器材

1）FX2N-48MR 主机 1 台。

2）计算机 1 台（已经安装 GX Developer 编程软件）。

3. 训练内容和步骤

1）梯形图编程。上机练习第 6.3.1 节中的简单程序，参见图 6-23 ~ 图 6-27 所示程序。

2）SFC 编程。上机练习第 7.2.1 节中例 7-1 电动机驱动控制 SFC 程序，参见图 7-4b。

4. 操作注意事项

程序写入 PLC 后，按以下操作程序运行操作：

1）接通 PLC 运行开关，PLC 面板上"RUN"指示灯亮，表明程序已投入运行。如果主机面板上"PROG·E"指示灯闪烁，表明程序有错误，此时应终止运行，检查修改程序中可能存在的错误，然后重新运行，直至正确。

2）在不同输入状态下观察输入、输出继电器的状态，如果与程序要求一致，则程序调试成功。

实训项目 8　抢答显示系统（FX 系列 PLC 硬件认识）

一、训练目标

1）FX 系列 PLC 硬件认识，了解和熟悉 FX 系列 PLC 的外部结构和外部接线方法。

2）熟练使用 FX 系列 PLC 编程软件。

3）利用 PLC 实现抢答显示系统控制。

二、训练器材

1）DC24 LED 指示灯电路板 1 块。

2）模拟开关板 1 块。

3）三菱 FX2N-48MR PLC 1 台（配编程电缆 1 根）。

4）实训操作台 1 套（提供三相电源、计算机、常用电工工具、连接导线等）。

三、项目分析

本项目旨在熟悉"自锁"和"互锁"电路的应用。控制要求见第 6.3.2 节。

四、训练内容和步骤

1）认真观察所用 PLC 型号，了解其型号的含义。

2）认真观察所用 PLC 的接线端子分布情况，了解各接线端子的功能及接线方法。

3）编辑调试程序。将图 6-29 所示梯形图输入计算机，编辑、修改、检查、转换后保存。

4）在断电情况下，按图 10-74 接线，打开电源，将 PLC 置于 STOP 模式，将程序写入 PLC，联机调试直至达到控制要求。

五、操作注意事项

1）严禁带电安装电器和连接导线，必须在断开电源后才能进行接线操作。通电检查必须经老师同意后方可接通电源。

2）只有在断电的情况下，方可用万用表 Ω 挡来检查线路的接线正确与否。

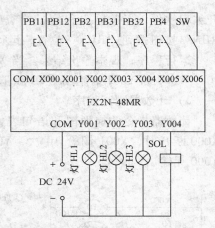

图 10-74　抢答显示系统 I/O 接线图

六、强化训练

1）说明 PLC 由哪几部分组成？输入电源规格为多少？

2）说明所用 PLC 输入、输出继电器的数量（I/O 点数）为多少？输出继电器的负载能力怎样？输入接口电路、输出接口电路的方式如何？接线时应该注意什么问题？

实训项目 9　料箱盛料过少报警系统（定时器、计数器应用）

一、训练目标

1）掌握定时器、计数器指令的格式及编程方法。

2）掌握计数器、定时器的功能及应用技巧。

3）利用 PLC 实现料箱盛料过少报警系统控制。

二、训练器材

1）DC24 LED 指示灯电路板一块。

2）模拟开关板一块。

3）三菱 FX2N-48MR PLC 1 台（配编程电缆 1 根）。

4）实训操作台 一套（提供三相电源、计算机、常用电工工具、连接导线等）。

三、项目分析

本项目旨在掌握计数器、定时器的功能及应用技巧。项目控制要求见第 6.3.2 节。为方便起见，项目中的报警器用信号指示灯代替。

四、训练内容和步骤

1）定时器测试程序。

定时器指令的梯形图和语句表如图 10-75 所示。通过专用电缆连接 PC 与 PLC 主机。打开编程软件，逐条输入程序，检查无误并把其下载到 PLC 主机后，将主机上的"STOP/RUN"按钮拨到"RUN"位置，运行指示灯点亮，表明程序开始运行。

　　运行程序，观察输出结果。当 X001、X002 闭合时，定时器 T0 和 T33 开始计时，经过 10s，Y000 和 Y001 有输出（T0 和 T33 的计时脉冲为 100ms，计 100 次为 10s）。

　　2）计数器测试程序。

　　计数器指令的梯形图和语句表如图 10-76 所示。编程并下载程序，观察运行结果。当 X000 断开时，X001 闭合 10 次，Y000 有输出；当 X000 闭合时，再把 X001 闭合 10 次，Y000 无输出。

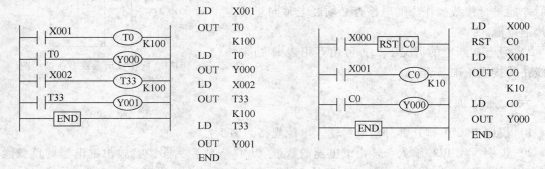

图 10-75　定时器指令的梯形图和语句表　　　　　图 10-76　计数器指令的梯形图和语句表

　　3）定时器、计数器综合应用。

　　梯形图和语句表如图 10-77 所示。编程并下载程序，观察运行结果。当 X000 接通，定时器 T0 开始计时，经过 2s，T0 的常闭触点断开，T0 定时器断开复位，待下一次扫描的时候，T0 的常闭触点闭合，T0 线圈又重新接通（即 T0 常开触点每 2s 接通一次，每次接通时间为一个扫描周期）。计数器 C0 对这个脉冲信号进行计数，计到 5 次时，C0 常开触点闭合，使线圈 Y000 有输出。从 X000 接通到 Y000 有输出，时间为（$20 \times 0.1s$）$\times 5 = 10s$。

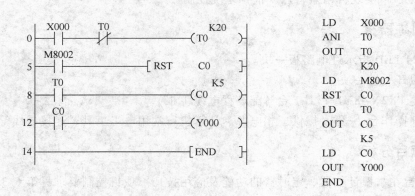

图 10-77　定时器、计数器综合应用梯形图和语句表

　　4）调试料箱盛料过少报警系统程序（见图 6-32）。

　　5）依据控制要求，自行画出控制系统 I/O 接线图，完成接线，联机调试，直至达到控制要求。

五、操作注意事项

1）严禁带电安装电器和连接导线，必须在断开电源后才能进行接线操作。通电检查必须经老师同意后方可接通电源。

2）只有在断电的情况下，方可用万用表 Ω 挡来检查线路的接线正确与否。

六、强化训练

1）调试第 7.2.2 节中大小球分类传送 SFC 程序（图 7-10）和按钮式人行横道的 SFC 程序（图 7-13）。

2）总结定时器和计数器指令的使用方法。

实训项目 10　基于 PLC 的三相异步电动机丫-△减压起动控制

一、训练目标

1）掌握 FX 系列 PLC 基本逻辑指令、定时器及其使用方法。

2）掌握 PLC 编程基本方法。

3）利用 PLC 实现三相异步电动机丫-△减压起动控制。

二、训练器材

1）三相笼型异步电动机 1 台。

2）交流接触器 3 个。

3）按钮 2 个。

4）热继电器 1 个。

5）三菱 FX2N-48MR PLC 1 台（配编程电缆 1 根）。

6）实训操作台一套（提供三相电源、计算机、常用电工工具、连接导线等）。

三、项目分析

1）控制要求：按下起动按钮（SB1）后，电动机先作星形联结起动，经延时 6s 后自动换接到三角形联结运转；按下停止按钮（SB2）后电动机停止转动。

2）本项目是在继电器—接触器控制电动机丫-△减压起动电路基础上完成设计，主电路见图 10-78b 所示，主电路在丫-△换接的过程中要避免 KM2、KM3 线圈同时得电造成电源短路。

四、训练内容和步骤

1. 输入/输出（I/O）端子分配

通过对项目控制要求的分析，首先确定需要使用哪些输入、输出装置，并分别给它们配置 PLC 的输入、输出端子号。本项目电动机由三个交流接触器 KM1、KM2、KM3 控制，起动时需要一只起动按钮 SB1，停止时需要一只停止按钮 SB2，过载保护采用热继电器进行保护，PLC 的输入/输出分配表（I/O 分配表）见表 10-1。

表 10-1　三相异步电动机丫-△减压起动控制 I/O 分配表

输入装置	PLC 输入端子号	输出装置	PLC 输出端子号
起动按钮 SB1	X000	KM1	Y001
停止按钮 SB2	X001	KM2	Y002
热继电器 FR	X002	KM3	Y003

2. 主电路和 PLC 外部接线图（I/O 接线图）

三相异步电动机丫-△减压起动控制主电路及 PLC 外部接线图如图 10-78 所示，图 10-78a 为 PLC 外部接线图，图 10-78b 为主电路。在 PLC 外部接线图中，KM2、KM3 不能同时得电，所以设置了互锁。熔断器作短路保护。

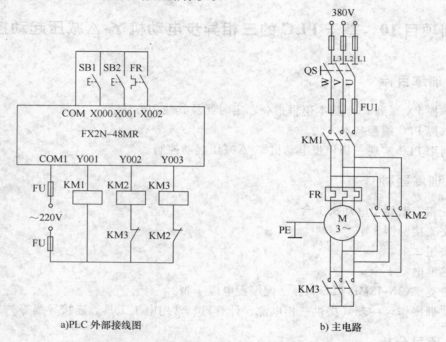

a)PLC 外部接线图　　　　　　　　b) 主电路

图 10-78　三相异步电动机丫-△减压起动控制主电路和 PLC 外部接线图

3. 程序设计

（1）起动　按起动按钮 SB1，X000 的常开触点闭合，M100 线圈得电，M100 的常开触点闭合，Y001 线圈得电，即接触器 KM1 的线圈得电，1s 后 Y003 线圈得电，即接触器 KM3 的线圈得电，电动机作星形联结起动；同时定时器线圈 T0 得电，当起动时间累计达 6s 时，T0 的常闭触点断开，Y003 失电，接触器 KM3 断电，触头释放，与此同时 T0 的常开触点闭合，T1 得电，经 0.5s 后，T1 常开触点闭合，Y002 线圈得电，即接触器 KM2 的线圈得电，电动机接成三角形，起动完毕。定时器 T1 的作用使 KM3 断开 0.5s 后 KM2 才得电，避免电源短路。

（2）停车　按停止按钮 SB2，X001 的常闭触点断开，M100、T0 失电；M100、T0 的常开触点断开，Y001、Y003 失电。KM1、KM3 断电，电动机作自由停车运行。

（3）过载保护　当电动机过载时，热继电器 FR 的常开触点闭合，电动机也停车。

三相异步电动机丫-△减压起动控制梯形图如图 10-79 所示。

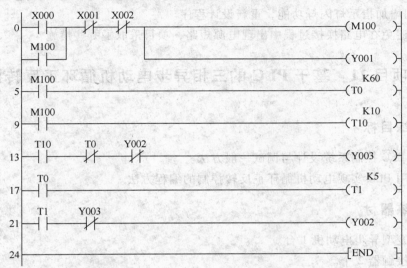

图 10-79　三相异步电动机丫-△减压起动控制梯形图

4. 控制电路接线

分析检查主电路和 PLC 外部接线图，完成控制电路接线。电路图的连接和程序（梯形图）设计与调试工作可以分头进行。

5. 控制系统调试

调试控制系统，直到符合控制要求。

五、操作注意事项

1）严禁带电安装电器和连接导线，必须在断开电源后才能进行接线操作。通电检查必须经老师同意后方可接通电源。

2）不能触及各电气元件的导电部分及电动机的转动部分，以免触电及意外损伤。

3）出现短路故障要认真分析和查找原因，在经过测试确认故障排除后再通电。

4）只有在断电的情况下，方可用万用表 Ω 挡来检查线路的接线正确与否。

5）了解电动机定子绕组丫联结和△联结方式（见电动机铭牌）。

六、强化训练

1）要求电动机在起动期间有指示灯闪烁（DC24V 信号灯，闪烁频率 1Hz），依据电路控制要求，重新设计控制系统。

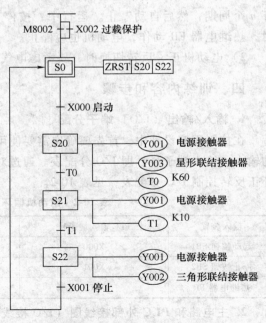

图 10-80　电动机丫-△减压起动控制顺序功能图（SFC）

2）图 10-80 所示是电动机丫-△减压起动控制顺序功能图（SFC）。分析调试 SFC 程序。如在起动期间增加指示灯闪烁功能，重新设计程序。

3）为了避免在电路换接过程中出现电源短路，项目采取了哪些措施？

实训项目 11　基于 PLC 的三相异步电动机循环正反转控制

一、训练目标

1）掌握 PLC 控制系统设计与调试一般方法。

2）学会用 PLC 实现电动机循环正反转控制的编程方法。

二、训练器材

1）三相笼型异步电动机 1 台。

2）交流接触器 2 个。

3）按钮 2 个。

4）热继电器 1 个。

5）三菱 FX2N-48MR PLC 1 台（配编程电缆 1 根）。

6）实训操作台 1 套（提供三相电源、计算机、常用电工工具、连接导线等）。

三、项目分析

1）控制要求：按下起动按钮（SB1），电动机正转 3s，停 2s，反转 3s，停 2s，如此循环 n 个周期，然后自动停止。运行中，按停止按钮（SB2）电动机停止，电动机发生过载时，热继电器 FR 动作，电动机也应停止。

2）电动机正、反转切换时，要考虑电气互锁，避免电源发生短路。

四、训练内容和步骤

1. 输入/输出（I/O）端子分配

在控制程序设计中，首先要确定需要使用哪些输入、输出装置，并分别给它们配置 PLC 的输入、输出端子号，即 I/O 分配表。通过对项目控制要求的分析，得到三相异步电动机循环正反转控制 I/O 分配表，见表 10-2。

表 10-2　电动机循环正反转控制 I/O 分配表

输入装置	PLC 输入端子号	输出装置	PLC 输出端子号
起动按钮 SB1	X000	KM1	Y001
停止按钮 SB2	X001	KM2	Y002
热继电器 FR	X002		

2. 主电路和 PLC 外部接线图（I/O 接线图）

电动机循环正反转控制主电路和 PLC 外部接线图如图 10-81 所示，图 10-81a 为 PLC 外部接线图，图 10-81b 为主电路。在 PLC 外部接线图中，KM1、KM2 不能同时得电，所以设置了互锁。熔断器作短路保护。

3. 程序设计

三相异步电动机循环正反转控制梯形图程序如图 10-82 所示。梯形图分析说明（设 $n = 3$）如下。

1）起动：按起动按钮 SB1，X000 的常开触点闭合，M100 线圈得电，M100 的常开触点闭合，Y001 线圈得电，即接触器 KM1 的线圈得电，电动机正转。同时，T0 线圈得电，3s 后，T0 的常闭触点断开，Y001 线圈失电，即接触器 KM1 的线圈失电，电动机停止。同时 T1 线圈得电，2s 后，T1 的常开触点闭合，Y002 线圈得电，即接

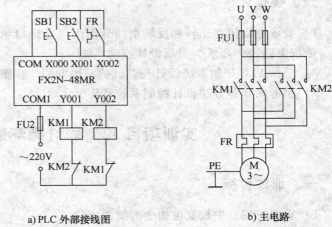

a) PLC 外部接线图　　　　　　　　b) 主电路

图 10-81　三相异步电动机循环正反转控制主电路和 PLC 外部接线图

触器 KM2 的线圈得电，电动机反转。同时定时器线圈 T2 得电，3s 后，T2 的常闭触点断开，Y002 线圈失电，即接触器 KM2 的线圈失电，电动机停止。2s 后，T3 的常开触点闭合，C1 计数一次，下一个扫描周期开始，T3 的常闭触点断开，将定时器 T0、T1、T2、T3 同时复位，再一个扫描周期开始，重复上述过程，当 C1 计数达 3 次时，电动机停止。

2）停车：按停止按钮 SB2，X001 的常闭触点断开，M100 失电，所有元件复位，电动机停止。

3）过载保护：当电动机过载时，热继电器 FR 的常开触点闭合，电动机也停车。

4. 控制系统调试

调试控制系统，直到符合控制要求。

五、操作注意事项

1）严禁带电安装电器和连接导线，必须在断开电源后才能进行接线操作。通电检查必须经老师同意后方可接通电源。

2）不能触及各电气元器件的导电部分及电动机的转动部分，以免触电及意外损伤。

3）出现短路故障要认真分析和查找原因，在经过测试确认故障排除后再通电。

4）只有在断电的情况下，方可用万用表 Ω 挡来检查线路的接线正确与否。

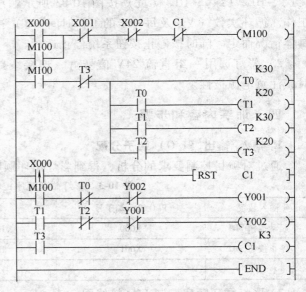

图 10-82　三相异步电动机循环正反转控制程序

六、强化训练

1）要求电动机在正转和反转期间分别用信号灯指示，系统循环运行 5 次停止（即 $n = 5$）。依据电路控制要求，重新设计控制系统。

2）总结 PLC 控制系统设计与调试的一般方法、步骤。

3）思考用其他方法设计控制系统程序。

实训项目 12　彩灯循环顺序控制

一、训练目标

1）掌握主控及主控复位指令的使用方法。

2）进一步熟悉 PLC 的 I/O 接线。

3）掌握时间顺序控制的编程方法。

二、训练器材

1）彩灯 1 组。

2）按钮 2 个。

3）三菱 FX2N-48MR PLC1 台（配编程电缆 1 根）。

4）实训操作台 1 套（提供三相电源、计算机、常用电工工具、连接导线等）。

三、项目分析

1）控制要求：按下起动按钮后，一组彩灯 HL1（红）、HL2（绿）、HL3（黄）按图 10-83 所示顺序工作。循环次数（N）及每一步的工作时间（T）视具体情况而定。随时按停止按钮系统停止运行。

2）彩灯选用一组直流 24V 信号灯，连接线路时，注意电源极性。

工作顺序	HL1（红）	HL2（绿）	HL3（黄）
第 1 步	灭	灭	亮
第 2 步	亮	亮	灭
第 3 步	灭	亮	灭
第 4 步	灭	亮	亮
第 5 步	灭	灭	灭

图 10-83　彩灯工作顺序

四、训练内容和步骤

1. 输入/输出（I/O）端子分配

通过对项目控制要求的分析，得到彩灯循环顺序控制 I/O 分配表，见表 10-3。

表 10-3　彩灯循环顺序控制 I/O 分配表

输入装置	PLC 输入端子号	输出装置	PLC 输出端子号
起动按钮 SB1	X000	HL1（红）	Y001
停止按钮 SB2	X001	HL2（绿）	Y002
		HL3（黄）	Y003

2. 彩灯循环顺序控制 I/O 接线图

彩灯循环顺序控制 I/O 接线图如图 10-84 所示。

3. 程序设计

如图 10-85 所示，设 $N = 5$ 次，$T = 1\text{s}$。时间顺序由定时器 T1、T2、T3、T4、T5 控制。T5 定时时间到，即 5s 后，T5 的常开触点闭合，C0 计数一次，同时，下一个扫描周期开始，T5 的常闭触点断开，定时器 T1、T2、T3、T4、T5 同时复位，再一个扫描周期开始，重复上述过程，当 C0 计数达 5 次时，彩灯组停止工作。

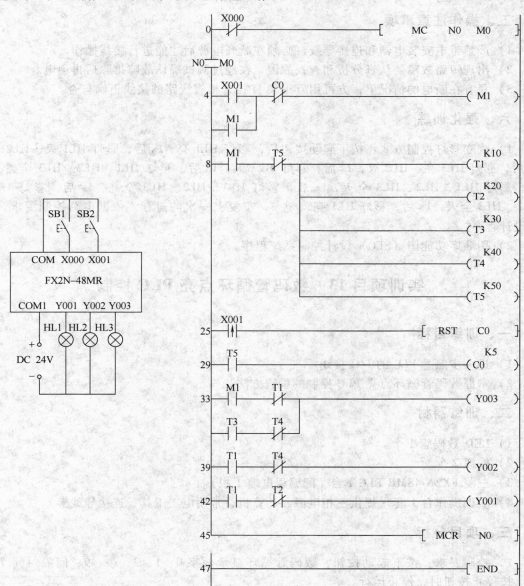

图 10-84　彩灯循环顺
序控制 I/O 接线图

图 10-85　彩灯循环顺序控制梯形图

输出电路的设计可以通过彩灯工作的逻辑分析得到（逻辑法）。以彩灯 HL3（黄）为例，由彩灯组工作顺序表可以知道，HL3（黄）点亮的条件是：彩灯 HL3（黄）在第一步或第四步时间段时点亮。其逻辑表达式为

$$Y003 = M1 \cdot \overline{T1} + T3 \cdot \overline{T4}$$

彩灯 HL1（红）和 HL2（绿）的输出电路设计类似。

4. 控制系统调试

调试控制系统，直到符合控制要求。

五、操作注意事项

1）严禁带电安装电器和连接导线，必须在断开电源后才能进行接线操作。
2）出现短路故障要认真分析和查找原因，在经过测试确认故障排除后再通电。
3）只有在断电的情况下，方可用万用表 Ω 挡来检查线路的接线正确与否。

六、强化训练

1）改变彩灯控制方式：按下起动按钮后，彩灯 HL1 亮，1s 后，彩灯 HL1 灭、HL2 亮，1s 后，彩灯 HL3 亮、HL2 灭，1s 后，彩灯 HL3 灭，1s 后，彩灯 HL1、HL2、HL3 全亮，1s 后，彩灯 HL1、HL2、HL3 全灭，1s 后，彩灯 HL1、HL2、HL3 全亮，1s 后，彩灯 HL1、HL2、HL3 全灭，1s 后，彩灯 HL1 亮，……，重复上一次的过程。依据电路控制要求，重新设计程序。
2）用顺序功能图（SFC）设计控制系统程序。

实训项目 13　数码管循环点亮 PLC 控制

一、训练目标

1）进一步熟悉 PLC 的 I/O 接线。
2）掌握数码管循环点亮 PLC 控制的编程方法。

二、训练器材

1）LED 数码管 1 个。
2）按钮 2 个。
3）三菱 FX2N-48MR PLC 1 台（配编程电缆 1 根）。
4）实训操作台 1 套（提供三相电源、计算机、常用电工工具、连接导线等）。

三、项目分析

1）控制要求：按下起动按钮，数码管循环显示数字 0、1、2、…、9，间隔时间 T 自定。按停止按钮时，停止运行。
2）共阴极数码管及真值表如图 10-86 所示。连接线路时，注意电源极性。

四、训练内容和步骤

1）输入/输出（I/O）端子分配。

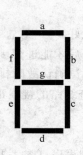

显示数字	a	b	c	d	e	f	g
0	1	1	1	1	1	1	0
1	0	1	1	0	0	0	0
2	1	1	0	1	1	0	1
3	1	1	1	1	0	0	1
4	0	1	1	0	0	1	1
5	1	0	1	1	0	1	1
6	0	0	1	1	1	1	1
7	1	1	1	0	0	0	0
8	1	1	1	1	1	1	1
9	1	1	1	0	0	1	1

图 10-86　共阴极数码管及真值表

通过对项目控制要求的分析，得到数码管循环点亮 PLC 控制 I/O 分配表，见表 10-4。

表 10-4　数码管循环点亮 PLC 控制 I/O 分配表

输入装置	PLC 输入端子号	输出装置	PLC 输出端子号
起动按钮 SB1	X000	a	Y001
停止按钮 SB2	X001	b	Y002
		c	Y003
		d	Y004
		e	Y005
		f	Y006
		g	Y007

2）依据控制要求及输入输出量，画出数码管循环点亮 PLC 控制 I/O 接线图。

3）程序设计。

图 10-87 所示的梯形图是应用功能指令七段译码指令 SEGD 设计的程序（设 $T = 1s$）。自行分析程序，完成数码管循环点亮 PLC 控制系统装调，直至达到控制要求。

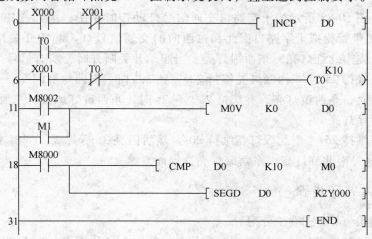

图 10-87　数码管循环顺序点亮程序

五、操作注意事项

1）注意数码管额定工作电压，检测数码管，确认完好。

2）严禁带电安装电器和连接导线，必须在断开电源后才能进行接线操作。

3）出现短路故障要认真分析和查找原因，在经过测试确认故障排除后再通电。

4）只有在断电的情况下，方可用万用表 Ω 挡来检查线路的接线正确与否。

六、强化训练

1）应用基本逻辑指令设计数码管循环点亮 PLC 控制程序（参考彩灯循环顺序控制系统程序设计，应用逻辑法设计程序）。调试程序达到控制要求。

2）应用步进指令设计程序并调试。

实训项目 14　　交通信号灯控制

一、训练目标

1）根据控制要求，掌握 PLC 的编程方法和程序调试方法。

2）了解用 PLC 解决一个实际问题的全过程。

二、训练器材

1）十字路口交通信号灯模型 1 个。

2）三菱 FX2N-48MR PLC 1 台（配编程电缆 1 根）。

3）实训操作台 1 套（提供三相电源、计算机、常用电工工具、连接导线等）。

三、项目分析

控制要求：图 10-88 所示为十字路口交通信号灯动作时序图，由红（R）、绿（G）、黄（Y）三色发光二极管模拟十字路口南北和东西向的交通信号灯。起动开关接通时，信号灯系统开始工作，先南北红灯亮，东西绿灯亮。当起动开关断开时，所有信号灯都熄灭。

南北红灯亮维持 25s。东西绿灯亮维持 20s。到 20s 时，东西绿灯闪亮，闪亮 3s 后熄灭。在东西绿灯熄灭时，东西黄灯亮，并维持 2s。到 2s 时，东西黄灯熄灭，东西红灯亮，同时，南北红灯熄灭，绿灯亮。

东西红灯亮维持 25s。南北绿灯亮维持 20s，然后闪亮 3s 后熄灭。同时南北黄灯亮，维持 2s 后熄灭，这时南北红灯亮，东西绿灯亮，周而复始。

四、训练内容和步骤

1）输入/输出（I/O）端子分配。

通过对项目控制要求的分析，得到交通信号灯控制 I/O 分配表，见表 10-5。

2）依据交通信号灯控制要求及输入输出量，画出控制电路 I/O 接线图。

3）程序设计

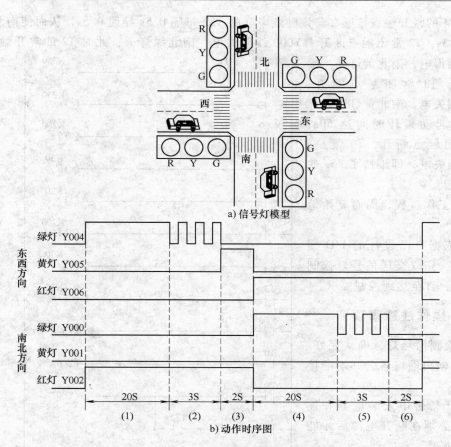

a) 信号灯模型

b) 动作时序图

图 10-88　十字路口交通信号灯模型及动作时序图

表 10-5　交通信号灯控制 I/O 分配表

输入装置	PLC 输入端子号	输出装置	PLC 输出端子号
起动开关 SB	X000	南北（绿）G	Y000
		南北（黄）Y	Y001
		南北（红）R	Y002
		东西（绿）G	Y003
		东西（黄）Y	Y004
		东西（红）R	Y005

　　图 10-89 所示梯形图是由基本逻辑指令编写的程序。当起动开关 SB 合上时，X000 常开触点接通，Y002 得电，南北红灯亮；同时 Y002 的常开触点闭合，Y003 线圈得电，东西绿灯亮。维持到 20s，T5 的常开触点接通，与该触点串联的 T22 常开触点为振荡电路的输出（每隔 0.5s 导通 0.5s），从而使东西绿灯闪烁（触点 T22 可以由 M8013 替代）。又过 3s，T6 的常闭触点断开，Y003 线圈失电，东西绿灯灭；此时 T6 的常开触点闭合，Y004 线圈得电，东西黄灯亮。再过 2s 后，T7 的常闭触点断开，Y004 线圈失电，东西黄灯灭；此时起动累计时间达 25s，T0 的常闭触点断开，Y002 线圈失电，南北红灯灭，T0 的常开触点闭合，Y005 线圈得电，东西红灯亮，Y005 的常开触点闭合，Y000 线圈得电，南北绿灯亮。维持

到 20s，T4 的常开触点接通，与该触点串联的 T22 每隔 0.5s 导通 0.5s，从而使南北绿灯闪烁；闪烁 3s，T2 常闭触点断开，Y000 线圈失电，南北绿灯灭；此时 T2 的常开触点闭合，

Y001 线圈得电，南北黄灯亮。维持 2s 后，T3 常闭触点断开，Y001 线圈失电，南北黄灯灭。

这时起动累计时间达 50s，T1 的常闭触点断开，T0 复位，Y005 线圈失电，即维持了 25s 的东西红灯灭。

上述工作过程，周而复始地进行。

4）依据自己设计的 I/O 接线图连线，完成交通信号灯控制系统装调，直至达到控制要求。

五、操作注意事项

1）检测信号灯，确认完好。注意 PLC 输出端口各公共端的接线。

2）严禁带电安装电器和连接导线，必须在断开电源后才能进行接线操作。

3）出现故障要认真分析和查找原因，在经过测试确认故障排除后再通电。

4）只有在断电的情况下，方可用万用表 Ω 挡来检查线路的接线正确与否。

六、强化训练

1）扩展系统功能：在项目控制要求基础上，增加南北向或东西向强制放行控制。依据新的控制要求，重新设计程序，直至达到控制要求。

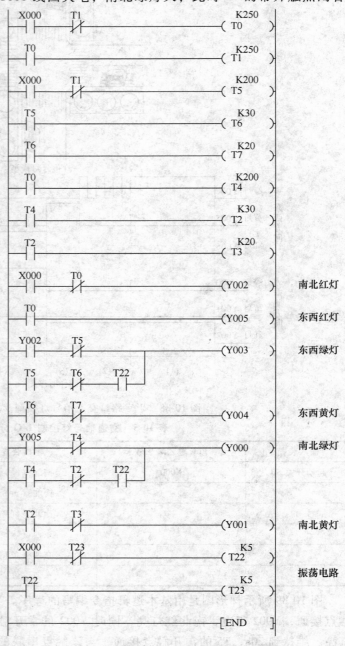

图 10-89　十字路口交通信号灯控制梯形图

2）用顺序功能图设计十字路口交通信号灯控制程序。方法一：用单流程顺序功能图编程。图 10-88 所示的十字路口交通信号灯动作时序图，综合考虑南北、东西两个方向，任意方向的状态有变化就设置一步，图中（1）～（6）把一个周期划分为 S20～S25 共 6 步（自行设计单流程顺序功能图）。方法二：用并行分支顺序功能图编程。分别独立考虑南北、东

西两个方向信号灯的变化（即并行分支），在一个时间周期内，南北（或东西）分支可以划分为(1)(2)(3)、(4)、(5) 和(6)（或(1)、(2)、(3) 和(4)(5)(6)）共 4 步，对应的状态 S20～S23（或 S24～S27）。十字路口交通信号灯并行分支顺序功能图如图 10-90 所示。分析调试 SFC 程序，总结程序设计方法和调试方法。如若扩展功能，重新设计程序。

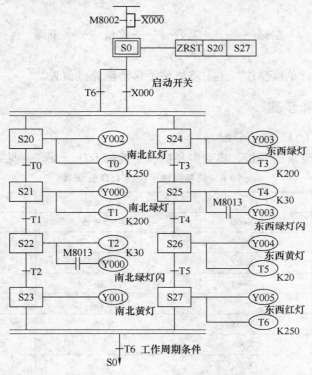

图 10-90　十字路口交通信号灯并行分支顺序功能图

实训项目 15　简易机械手 PLC 控制

一、训练目标

1）掌握顺序功能图（SFC）编程方法。
2）掌握流程控制功能指令的应用。
3）掌握顺序功能图编程技巧及方便指令 IST（FUC60）的应用。

二、训练器材

1）简易机械手模型 1 个。
2）三菱 FX2N-48MR PLC 1 台（配编程电缆 1 根）。
3）实训操作台 一套（提供三相电源、计算机、常用电工工具、连接导线等）。

三、项目分析

控制要求：图 7-6 所示简易机械手模型为一个将工件由 A 处传送到 B 处的简易机械手，

其夹紧机构是有电夹紧，无电放松。

1. 自动控制

机械手在原位，按下自动起动按钮，机械手按下面动作自动运行。

原位 ——→ 下降 ——→ 夹紧 ——→ 上升 ——→ 右移

左移 ◄—— 上升 ◄—— 放松 ◄—— 下降

2. 手动控制

各个动作分别进行单独操作，用于将机械手移动至原点位置。

四、训练内容和步骤

1）输入/输出（I/O）端子分配。

通过对项目控制要求的分析，得到简易机械手控制 I/O 分配表，见表 10-6。

表 10-6　简易机械手控制 I/O 分配表

输入装置	PLC 输入端子号	输出装置	PLC 输出端子号
自动/手动转换选择	X000	夹紧/放松	Y000
停止按钮	X001	上升	Y001
自动起动按钮	X002	下降	Y002
上限位	X003	左移	Y003
下限位	X004	右移	Y004
左限位	X005	原点	Y005
右限位	X006		
手动向上按钮	X007		
手动向下按钮	X010		
手动左移按钮	X011		
手动右移按钮	X012		
手动放松按钮	X013		

2）依据控制要求及输入输出量，画出控制电路 I/O 接线图。

3）程序设计如图 10-91 所示。

自行分析程序控制流程。依据自己设计的 I/O 接线图完成连线。上机操作并调试程序，直到满足项目控制要求。

五、操作注意事项

1）机械手必须回到原点才能起动自动程序。

2）连线或换接电路须在断电的情况下完成，注意安全。

六、强化训练

1）用顺序功能图分支结构形式重新设计程序。

2）调试用方便指令 IST（FUC60）设计的机械手控制程序（参见第 7.3.4 节步进指令

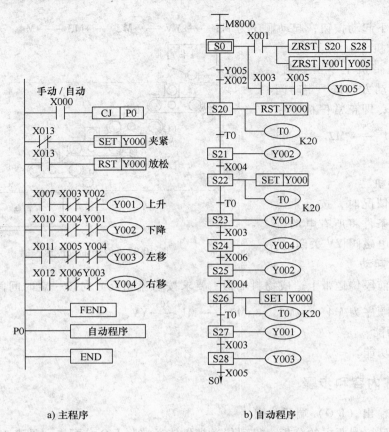

a) 主程序　　　　　　　　　　　　b) 自动程序

图 10-91　简易机械手控制

应用实例)，掌握用 IST 指令设计程序的方法。

实训项目 16　传送带机传送 PLC 控制

一、训练目标

1) 熟练掌握 PLC 的编程和程序调试。

2) 了解现代工业中自动配料系统的工作过程和编程方法。

二、训练器材

1) 传送带机传送模型 1 个。

2) 三菱 FX2N48MR PLC 1 台（配编程电缆 1 根）。

3) 实训操作台一套（提供三相电源、计算机、常用电工工具、连接导线等）。

三、项目分析

传送带机传送控制示意图如图 10-92 所示。控制要求如下。

1. 正常起动

空仓或按下起动按钮，起动顺序为 M1 $\xrightarrow{5s}$ YV $\xrightarrow{5s}$ M2 $\xrightarrow{5s}$ M3 $\xrightarrow{5s}$ M4。

2. 正常停机

为使传送带机上不留物料，要求顺物料流动方向按一定时间间隔顺序停机，即正常停机顺序为 YV $\xrightarrow{5s}$ M1 $\xrightarrow{5s}$ M2 $\xrightarrow{5s}$ M3 $\xrightarrow{5s}$ M4。

3. 紧急停机

出现意外情况时，按下紧急停机按钮，无条件将所有电动机停机，同时，电磁阀 YV 关闭。

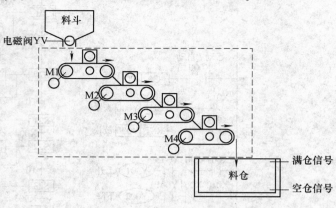

图 10-92　传送带机传送控制

4. 故障后起动

为了避免前段传送带上造成物料堆积，要求按物流相反方向按一定时间间隔顺序起动。故障后的起动顺序为 M4 $\xrightarrow{10s}$ M3 $\xrightarrow{10s}$ M2 $\xrightarrow{10s}$ M1 $\xrightarrow{10s}$ YV。

5. 点动功能

具有点动功能。

四、训练内容和步骤

1）输入/输出（I/O）端子分配。

通过对项目控制要求的分析，得到传送带机传送控制 I/O 分配表，见表 10-7。

表 10-7　传送带机传送控制 I/O 分配表

输入装置	PLC 输入端子号	输出装置	PLC 输出端子号
自动/手动转换选择	X000	电磁阀 YV	Y000
自动起动按钮	X001	M1 电动机驱动	Y001
正常停止按钮	X002	M2 电动机驱动	Y002
紧急停止按钮	X003	M3 电动机驱动	Y003
点动电磁阀 YV	X004	M4 电动机驱动	Y004
点动 M1	X005		
点动 M2	X006		
点动 M3	X007		
点动 M4	X010		
满仓信号	X011		
空仓信号	X012		

2）依据控制要求及输入/输出量，画出控制电路 I/O 接线图。

3）程序设计如图 10-93 所示。

依据自己设计的 I/O 接线图完成连线，上机操作并调试程序，直至达到项目控制要求。

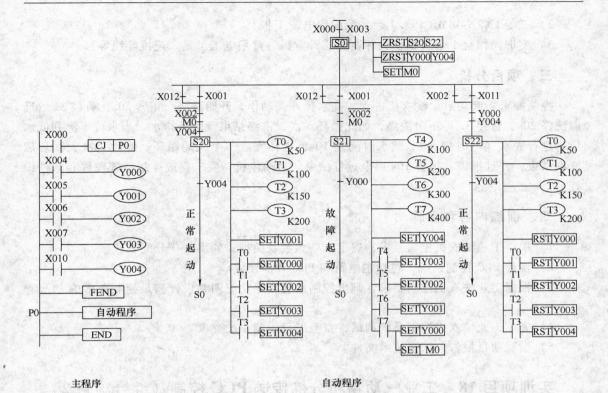

图 10-93　传送带机传送 PLC 控制程序

五、操作注意事项

1）依据自己设计的 I/O 接线图完成连线，注意 PLC 输出端口各公共端的接线。

2）连线或换接电路须在断电的情况下完成，注意安全。

六、强化训练

1）分析参考程序的设计方法，总结系统调试方法。

2）设置电动机过载保护，重新设计程序。

实训项目 17　工业洗衣机 PLC 控制（综合项目 1）

一、训练目标

1）掌握流程工艺控制系统应用顺序功能图编程的方法。

2）掌握 PLC 控制系统硬件电路和软件设计。

3）掌握 PLC 控制系统调试方法。

二、训练器材

1）工业洗衣机模型 1 个。

2）三菱 FX2N-48MR PLC 1 台（配编程电缆 1 根）。

3）实训操作台 1 套（提供三相电源、计算机、常用电工工具、连接导线等）。

三、项目分析

控制要求：起动后，洗衣机进水，高水位开关动作，开始洗涤。正转 20s，暂停 3s 后反向洗涤 20s，暂停 3s 再正向洗涤，如此循环 3 次，洗涤结束。然后排水，当水位下降到低水位时进行脱水（同时排水），脱水时间是 10s，这样完成一个大的循环。经过 3 次大循环后洗衣结束，并且报警，报警 10s 后全过程结束，自动停机。要求完成控制系统硬件和软件设计。

四、训练内容和步骤

1）根据工业洗衣机控制要求，确定 I/O 点数及类型，列出 I/O 分配表。

2）设计 PLC 控制系统，包括主电路和 PLC 外部接线。

3）根据工业洗衣机控制要求，画出控制系统顺序功能图并设计满足控制要求的 PLC 程序。

4）完成工业洗衣机控制系统调试，直至满足控制系统要求。

5）撰写项目报告，编制技术文件。

实训项目 18　　工业气动物料分拣传送 PLC 控制（综合项目 2）

一、训练目标

1）掌握流程工艺控制系统应用 SFC 编程的方法。

2）掌握 PLC 控制系统硬件电路和软件设计。

3）掌握传感器的测试、调整及 PLC 控制系统调试方法。

二、训练器材

1）工业气动机械手及物料分拣传送系统 1 套。

2）三菱 FX2N-48MR PLC 1 台（配编程电缆 1 根）。

3）实训操作台 1 套（提供三相电源、计算机、常用电工工具、连接导线等）。

三、项目分析

1. 气动控制设备简介

图 10-94 所示是一台工业气动机械手模型示意图，其作用是将工件从工作台传送到物料传送带指定位置。气动机械手的升降、左右移动、夹紧放松和旋转等动作分别由单线圈两位五通电磁阀驱动气缸来完成，电磁阀线圈通电，相应的气缸完成

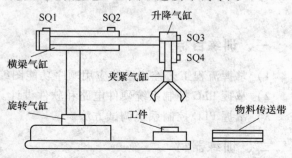

图 10-94　工业气动机械手模型示意图

下降、右移、放松和旋转（旋转 90°）并保持。线圈失电，则完成上升、左移、夹紧和逆向旋转，机械手失电夹紧是为了防止停电时工件跌落。机械手的工作臂的气缸上都设有左、右限位和上下限位磁性开关 SQ1、SQ2 和 SQ3、SQ4。夹紧装置不带磁性开关，它是通过在程序中设定延时来表示其动作的完成。

图 10-95 所示是传送带传送及分拣系统装置示意图，物料传送带入口处，设置了光纤传感器、光电传感器和电感传感器，对不同材质和颜色的工件做出不同的反应（如黑、白，是否金属材质等），传送带机由三相异步电动机驱动。三个分选气缸负责将工件分别推送到分类料仓，最后分拣出来的工件到达末端光电传感器位置，完成分拣。

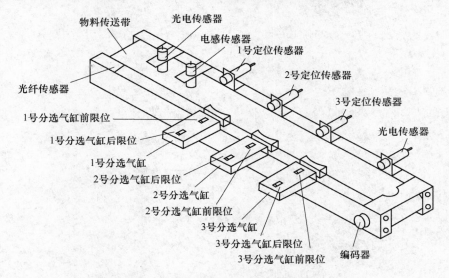

图 10-95　传送带传送及分拣系统装置示意图

另外，上料气缸和多层彩色信号指示灯在图中没有示出。

2. 控制要求

1）有不同材质和颜色的工件四种：白色金属工件、黑色金属工件、白色塑料工件和黑色塑料工件。机械手在原点时，按下起动按钮，上料装置依次将工件推送至工作台，传感器检测到工作台上有工件，则机械手将工件传送至物料传送带上。

2）传感器检测到工件后，物料传送带起动。经材质和颜色判别后作如下处理：黑色塑料工件由 1 号分选气缸推送至 1 号料仓；白色塑料工件由 2 号分选气缸推送至 2 号料仓；黑色金属工件由 3 号分选气缸推送至 3 号料仓；白色金属工件传送至传送带末端，传感器检测到工件后，物料传送带停止运行，移去工件后，进入下一个循环，直至按下停止按钮或急停按钮。

3）系统上电后，多层彩色信号指示灯红灯亮；运行时，指示灯绿灯亮；故障时，红灯闪烁。

4）系统具有手动和自动两种工作方式。

四、训练内容和步骤

1）根据工业气动物料分拣传送 PLC 控制系统控制要求，确定 I/O 点数及类型，列出 I/

O 分配表。

2）设计 PLC 控制系统，包括主电路和 PLC 外部接线。

3）根据工业气动物料分拣传送 PLC 控制系统控制要求，画出控制系统顺序功能图并设计满足控制要求的 PLC 程序。

4）测试、调整传感器及气动控制元件。

5）完成工业气动物料分拣传送 PLC 控制系统调试，直至满足控制系统要求。

6）撰写项目报告，编制技术文件。

附　录

附录 A　FX2N 软元件一览表

项目		规格	备注
输入继电器（X）		X000 ~ X267	184 点（八进制）
输出继电器（Y）		Y000 ~ Y267	184 点（八进制）
辅助继电器（M）	普通	M0 ~ M499	500 点
	保持	M500 ~ M3071	2572 点
	特殊	M8000 ~ M8255	256 点
状态寄存器（S）	初始状态	S0 ~ S9	10 点
	返回原点	S10 ~ S19	10 点
	普通	S20 ~ S499	480 点
	保持	S500 ~ S899	400 点
	信号报警	S900 ~ S999	100 点
定时器（T）	100ms	T0 ~ T199	范围 0.1 ~ 3276.7s
	10ms	T200 ~ T245	范围 0.01 ~ 327.67s
	1ms 累积	T246 ~ T249	范围 0.001 ~ 32.767s
	100ms 累积	T250 ~ T255	范围 0.1 ~ 3276.7s
计数器（C）	16 位增计数（普通）	C0 ~ C99	100 点（范围 0 ~ 32767）
	16 位增计数（保持）	C100 ~ C199	100 点
	32 位双向计数（普通）	C200 ~ C219	20 点
	32 位双向计数（保持）	C220 ~ C234	15 点
	高速计数器	C235 ~ C255	21 点
数据寄存器（D）	16 位普通	D0 ~ D199	200 点
	16 位保持	D200 ~ D7999	7800 点
	16 位特殊	D8000 ~ D8255	256 点
	16 位变址	V0 ~ V7、Z0 ~ Z7	16 点
指针（N、P、I）	嵌套	N0 ~ N7	主控指令用
	跳转	P0 ~ P127	指针标号
	输入中断	I00□ ~ I50□	6 点
	定时器中断	I6□□ ~ I8□□	3 点
	计数器中断	I010 ~ I060	6 点
常数（K、H）	16 位	K：−32768 ~ 32767　H：0000 ~ FFFF	
	32 位	略	

附录 B　FX3U 软元件一览表

软元件名	内容		
输入输出继电器			
输入继电器	X000 ~ X367	248 点	软元件的编号为 8 进制编号
输出继电器	Y000 ~ Y367	248 点	输入输出合计为 256 点
辅助继电器			
一般用［可变］	M0 ~ M499	500 点	通过参数可以更改保持/非保持的设定
保持用［可变］	M500 ~ M1023	524 点	
保持用［固定］	M1024 ~ M7679	6656 点	
特殊用	M8000 ~ M8511	512 点	
状态			
初始化状态（一般用［可变］）	S0 ~ S9	10 点	
一般用［可变］	S10 ~ S499	490 点	通过参数可以更改保持/非保持的设定
保持用［可变］	S500 ~ S899	400 点	
信号报警器用（保持用［可变］）	S900 ~ S999	100 点	
保持用［固定］	S1000 ~ S4095	3096 点	
定时器（ON 延迟定时器）			
100ms	T0 ~ T191	192 点	0. 1 ~ 3,276. 7s
100ms ［子程序、中断子程序用］	T192 ~ T199	8 点	0. 1 ~ 3,276. 7s
10ms	T200 ~ T245	46 点	0. 01 ~ 327. 67s
1ms 累计型	T246 ~ T249	4 点	0. 001 ~ 32. 767s
100ms 累计型	T250 ~ T255	6 点	0. 1 ~ 3,276. 7s
1ms	T256 ~ T511	256 点	0. 001 ~ 32. 767s
计数器			
一般用增计数（16 位）［可变］	C0 ~ C99	100 点	0 ~ 32,767 的计数器
保持用增计数（16 位）［可变］	C100 ~ C199	100 点	通过参数可以更改保持/非保持的设定
一般用双方向（32 位）［可变］	C200 ~ C219	20 点	− 2,147,483,648 ~ 2,147,483,647 的计数器
保持用双方向（32 位）［可变］	C220 ~ C234	15 点	通过参数可以更改保持/非保持的设定

附录 C　FX3U 基本逻辑指令一览表

记号	称呼	符号	功能	对象软元件
触点指令				
LD	取	对象软元件	常开触点的逻辑运算开始	X,Y,M,S,D□.b,T,C
LDI	取反	对象软元件	常闭触点的逻辑运算开始	X,Y,M,S,D□.b,T,C
LDP	取脉冲上升沿	对象软元件	检测到上升沿运算开始	X,Y,M,S,D□.b,T,C
LDF	取脉冲下降沿	对象软元件	检测到下降沿运算开始	X,Y,M,S,D□.b,T,C
AND	与	对象软元件	串联常开触点	X,Y,M,S,D□.b,T,C
ANI	与反转	对象软元件	串联常闭触点	X,Y,M,S,D□.b,T,C
ANDP	与脉冲上升沿	对象软元件	上升沿检出的串联连接	X,Y,M,S,D□.b,T,C
ANDF	与脉冲下降沿	对象软元件	下降沿检出的串联连接	X,Y,M,S,D□.b,T,C
OR	或	对象软元件	并联常开触点	X,Y,M,S,D□.b,T,C
ORI	或反转	对象软元件	并联常闭触点	X,Y,M,S,D□.b,T,C
ORP	或脉冲上升沿	对象软元件	上升沿检出的并联连接	X,Y,M,S,D□.b,T,C

（续）

记号	称呼	符号	功能	对象软元件
触点指令				
ORF	或脉冲下降沿	对象软元件	下降沿检出的并联连接	X,Y,M,S,D□.b,T,C
ORB	电路块或		电路块的并联连接	—
MPS	存储器进栈	MPS	压入堆栈	
MRD	存储读栈	MRD	读取堆栈	
MPP	存储出栈	MPP	弹出堆栈	
INV	反转	INV	运算结果的反转	—
MEP	M·E·P		上升沿时导通	—
MEF	M·E·F		下降沿时导通	—
输出指令				
OUT	输出	对象软元件	线圈驱动	Y,M,S,D□.b,T,C
SET	置位	SET 对象软元件	动作保持	Y,M,S,D□.b
RST	复位	RST 对象软元件	解除保持的动作,清除当前值及寄存器	Y,M,S,D□.b,T,C,D,R,V,Z
PLS	脉冲	PLS 对象软元件	上升沿微分输出	Y,M
PLF	下降沿脉冲	PLF 对象软元件	下降沿微分输出	Y,M

（续）

记号	称呼	符号	功能	对象软元件
主控指令				
MC	主控	┤├ ─┤├─ MC N 对象软元件 ├	连接到公共触点	Y,M
MCR	主控复位	┤├ ─┤├─ MCR N ├	解除连接到公共触点	—
其他指令				
NOP	空操作	────────	无处理	—
结束指令				
END	结束	─── END ├	程序结束以及输入输出处理和返回0步	—

附录 D　FX 系列 PLC 常见特殊辅助继电器一览表

编号·名称	动作·功能	适用机型						
		FX3G	FX3U	FX3UC	对应特殊软元件	FX1S	FX1N	FX2N
PLC 状态								
[M]8000 RUN 监控 常开触点	RUN 输入 M8061错误发生 M8000 M8001 M8002 M8003 扫描时间	○	○	○	—	○	○	○
[M]8001 RUN 监控 常闭触点		○	○	○	—	○	○	○
[M]8002 初始脉冲 常开触点		○	○	○		○	○	○
[M]8003 初始脉冲 常闭触点		○	○	○		○	○	○
[M8004] 错误发生	· FX3G、FX3U、FX3UC M8060、 M8061、 M8064、 M8065、M8066、M8067 中任意一个为 ON 时接通 · FX1S、FX1N、FX2N、FX1NC、FX2NC M8060、 M8061、 M8063、 M8064、M8065、M8066、M8067 中任意一个为ON 时接通	○	○	○	D8004	○	○	○

（续）

编号·名称	动作·功能	适用机型						
		FX3G	FX3U	FX3UC	对应特殊软元件	FX1S	FX1N	FX2N
PLC 状态								
［M8005］ 电池电压低	当电池处于电压异常低时接通	○	○	○	D8005	—	—	○
［M］8006 电池电压低锁存	检测出电池电压异常低时置位	○	○	○	D8006	—	—	○
［M］8007 检测出瞬间停止	检测出瞬间停止时,1 个扫描为 ON 即使 M8007 接通,如果电源电压降低的时间在 D8008 的时间以内时,可编程序控制器的运行继续	—	○	○	D8007 D8008	—	—	○
［M］8008 检测出停电中	检测出瞬间停电时置位,如果电源电压降低的时间超出 D8008 的时间,则 M8008 复位,可编程序控制器的运行 STOP（M8000 = OFF）	—	○	○	D8008	—	—	○
［M］8009 DC24V 掉电	扩展单元或扩展电源单元的任意一个的 DC24V 掉电时接通	○	○	○	D8009	—	—	○
时钟								
［M］8010	不可以使用	—	—	—	—	—	—	—
［M］8011 10ms 时钟	10ms 周期的 ON/OFF（ON：5ms,OFF：5ms）	○	○	○	—	○	○	○
［M］8012 100ms 时钟	100ms 周期的 ON/OFF（ON：50ms,OFF：50ms）	○	○	○	—	○	○	○
［M］8013 1s 时钟	1s 周期的 ON/OFF（ON：500ms,OFF：500ms）	○	○	○	—	○	○	○
［M］8014 1min 时钟	1min 周期的 ON/OFF（ON：30s,OFF：30s）	○	○	○	—	○	○	○
M8015	停止计时以及预置 实时时钟用	○	○	○		○	○	○
M8016	时间读出后的显示被停止 实时时钟用	○	○	○	—	○	○	○
M8017	±30s 的修正 实时时钟用	○	○	○	—	○	○	○
［M］8018	检测出安装（一直为 ON） 实时时钟用	○	○	○	—		○	
M8019	实时时钟（RTC）错误 实时时钟用	○	○	○	—	○	○	○

（续）

编号·名称	动作·功能	适用机型						
		FX3G	FX3U	FX3UC	对应特殊软元件	FX1S	FX1N	FX2N
标志位								
[M]8020 零位	加减法运算结果为 0 时接通	○	○	○	—	○	○	○
[M]8021 错位	减法运算结果超过最大的负值时接通	○	○	○	—	○	○	○
M8022 进位	加法运算结果发生进位时,或者移位结果发生溢出时接通	○	○	○	—	○	○	○
[M]8023	不可以使用	—	—	—	—	—	—	—
M8024	指定 BMOV 方向 （FNC 15）	○	○	○	—	—	—	○
M8025	HSC 模式 （FNC 53 ~ 55）	—	○	○	—	—	—	○
M8026	RAMP 模式 （FNC 67）	—	○	○	—	—	—	○
M8027	PR 模式 （FNC 77）	—	○	○	—	—	—	○
M8028	100ms/10ms 的定时器切换	—	—	—	—	○	—	—
	FROM/TO（FNC 78、79）指令执行过程中允许中断	○	○	○	—	○	○	○
[M]8029 指令执行结束	DSW（FNC 72）等的动作结束时接通	○	○	○	—	○	○	○
PLC 模式								
M8030 电池 LED 灭灯指示	驱动 M8030 后,即使电池电压低,可编程序控制器面板上的 LED 也不亮灯	○	○	○	—	—	—	○
M8031 非保持内存 全部清除	驱动该特殊 M 后,Y/M/S/T/C 的 ON/OFF 映像区,以及 T/C/D/特殊 D,R 的当前值被清除	○	○	○	—	○	○	○
M8032 保持内存 全部清除	但是,文件寄存器（D）、扩展文件寄存器（ER）不清除	○	○	○	—	○	○	○
M8033 内存保持 停止	从 RUN 到 STOP 时,映像存储器和数据存储器的内容按照原样保持	○	○	○	—	○	○	○
M8034 禁止所有输出	可编程序控制器的外部输出触点全部断开	○	○	○	—	○	○	○

（续）

编号·名称	动作·功能	适用机型						
		FX3G	FX3U	FX3UC	对应特殊软元件	FX1S	FX1N	FX2N
PLC 模式								
M8035 强制 RUN 模式		○	○	○	—	○	○	○
M8036 强制 RUN 指令		○	○	○	—	○	○	○
M8037 强制 STOP 指令		○	○	○	—	○	○	○
［M8038］ 参数的设定	通信参数设定的标志位 （设定简易 PC 之间的连接用）	○	○	○	D8176 ~ D8080	○	○	○
M8039 恒定 扫描模式	M8039 接通后,一直等待到 D8039 中指定的扫描时间到可编程序控制器执行这样的循环运算	○	○	○	D8039	○	○	○
步进梯形图·信号报警器								
M8040 禁止转移	驱动 M8040 时,禁止状态之间的转移	○	○	○		○	○	○
［M］8041 转移开始	自动运行时,可以从初始状态开始转移	○	○	○		○	○	○
［M］8042 启动脉冲	对应启动输入的脉冲输出	○	○	○		○	○	○
M8043 原点回归结束	请在原点回归模式的结束状态中置位	○	○	○		○	○	○
M8044 原点条件	请在检测出机械原点时驱动	○	○	○		○	○	○
M8045 禁止所有输出复位	切换模式时,不执行所有输出的复位	○	○	○	—	○	○	○
［M］8046 STL 状态动作	当 M8047 接通时, S0 ~ S899, S1000 ~ S4095 中任意一个为 ON 则接通	○	○	○	M8047	○	○	○
M8047 STL 监控有效	驱动了这个特 M 后,D8040 ~ D8047 有效	○	○	○	D8040 ~ D8047	○	○	○
［M］8048 信号报警器动作	当 M8049 接通时,S900 ~ S999 中任意一个为 ON 则接通	○	○	○	—	—	—	○
M8049 信号报警器有效	驱动了这个特 M 时,D8049 的动作有效	○	○	○	D8049 M8048	—	—	○

附录 E　FX2N 系列 PLC 功能指令汇总表

类型	FNC 编号	指令符号	功能说明	D 指令	P 指令
程序流向控制	00	CJ	条件跳转		✓
	01	CALL	子程序调用		✓
	02	SRET	子程序返回		
	03	IRET	中断返回		
	04	EI	允许中断		
	05	DI	禁止中断		
	06	FEND	主程序结束		
	07	WDT	监视定时器刷新		✓
	08	FOR	循环开始		
	09	NEXT	循环结束		
传送与比较	10	CMP	比较	✓	✓
	11	ZCP	区间比较	✓	✓
	12	MOV	传送(S)→(D)	✓	✓
	13	SMOV	移位传送		✓
	14	CML	取反传送(S)→(D)	✓	✓
	15	BMOV	成批传送		✓
	16	FMOV	多点传送	✓	✓
	17	XCH	变换传送(C)→(D)	✓	✓
	18	BCD	BIN→BCD 变换传送	✓	✓
	19	BIN	BCD→BIN 变换传送	✓	✓
算术与逻辑运算	20	ADD	BIN 加法(S1) + (S2)→(D)	✓	✓
	21	SUB	BIN 减法(S1) − (S2)→(D)	✓	✓
	22	MUL	BIN 乘法(S1)×(S2)→(D)(D)	✓	✓
	23	DIV	BIN 除法(S1)÷(S2)→(D)…(D)	✓	✓
	24	INC	BIN 增量(D) +1→(D)	✓	✓
	25	DEC	BIN 减量(D) −1→(D)	✓	✓
	26	WAND	逻辑与(S1) ∧ (S2)→(D)	✓	✓
	27	WOR	逻辑或(S1) ∨ (S2)→(D)	✓	✓
	28	WXOR	异或(S1)　(S2)→(D)	✓	✓
	29	NEG 取	取补 (D) +1→(D)	✓	✓
循环移位与移位	30	ROR	右循环移位	✓	✓
	31	ROL	左循环移位	✓	✓
	32	RCR	带进位位右循环移位	✓	✓
	33	RCL	带进位位左循环移位	✓	✓

（续）

类型	FNC 编号	指令符号	功能说明	D 指令	P 指令
循环移位与移位	34	SFTR	右移位		✓
	35	SFTL	左移位		✓
	36	WSFR	右移字		✓
	37	WSFL	左移字		✓
	38	SFWR	先入先出 FIFO 写入		✓
	39	SFRD	先入先出 FIFO 读出		✓
数据处理	40	ZRST	成批复位		✓
	41	DECO	译码		✓
	42	ENCO	编码		✓
	43	SUM	位检查"1"状态的总数	✓	✓
	44	BON	位 ON/OFF 判定	✓	✓
	45	MEAN	平均值	✓	✓
	46	ANS	信号报警器置位		✓
	47	ANR	信号报警复位		✓
	48	SQR	BIN 开方运算	✓	✓
	49	FLT	二进制转浮点数	✓	✓
高速处理	50	REF	输入输出刷新		✓
	51	REFF	调整输入滤波器的时间		✓
	52	MTR	矩阵分时输入		
	53	HSCS	比较置位(高速计数器)	✓	
	54	HSCR	比较复位(高速计数器)	✓	
	55	HSZ	区间比较(高速计数器)	✓	
	56	SPD	脉冲速度检测		
	57	PLSY	脉冲输出	✓	
	58	PWM	脉宽调制		
方便指令	60	IST	起始状态		
	61	SER	数据检索	✓	✓
	62	ABSD	绝对值凸轮顺序控制	✓	
	63	INCD	增量凸轮顺序控制		
	64	TTMR	具有示教功能的定时器		
	65	STMR	特殊定时器		
	66	ALT	交替输出		✓
	67	RAMP	倾斜信号		
	68	ROTC	回转台控制		
	69	SORT	数据整理排列		

（续）

类型	FNC 编号	指令符号	功能说明	D 指令	P 指令
外部 I/O 设备	70	TKY	十进制键入	✓	
	71	HKY	十六进制键入	✓	
	72	DSW	数字开关,分时读出		
	73	SEGD	七段译码		✓
	74	SEGL	七段分时显示		
	75	ARWS	方向开并控制		
	76	ASC	ASCII 码交换		
	77	PR	ASCII 码打印		
	78	FROM	读特殊功能模块	✓	✓
	79	TO	写特殊功能模块	✓	✓
外围设备	80	RS	串行数据传送 RS 232C		
	81	PRUN	并行运行,FX2 – 40AP/AW	✓	✓
	82	ASCI	ASCII 变换		✓
	83	HEX	十六进制转换		✓
	84	CCD	校验码		✓
	85	VRRD	FX – 8AV 读出		✓
	86	VRSC	FX – 8AV 刻度读出		✓
	88	PID	比例微分积分控制		
F2 外部 单元	90	MNET	NET/MINI 网,F-16NP/NT		✓
	91	ANRD	模拟量读出,F2-6A		✓
	92	ANWR	模拟量写入,F2-6A		✓
	93	RMST	RM 单元起动,F2-32RM		
	94	RMWR	RM 单元写入,F2-32RM	✓	✓
	95	RMRD	RM 单元读出,F2-32RM	✓	✓
	96	RMMN	RM 单元监控,F2-32RM		✓
	97	BLK	GM 程序块指定,F2-30GM		✓
	98	MCDE	机器码读出,F2-30GM		
浮点数运算	110	ECMP	二进制浮点数比较	✓	✓
	111	EZCP	二进制浮点数区间比较	✓	✓
	118	EBCD	二→十进制浮点数变换	✓	✓
	119	EBID	十→二进制浮点数变换	✓	✓
	120	EADD	二进制浮点数加	✓	✓
	121	ESUB	二进制浮点数减	✓	✓
	122	EMUL	二进制浮点数乘	✓	✓
	123	EDIV	二进制浮点数除	✓	✓
	127	ESOR	二进制浮点数开二次方	✓	✓

（续）

类型	FNC 编号	指令符号	功能说明	D 指令	P 指令
浮点数运算	129	INT	二进制浮点数取整	✓	✓
	130	SIN	浮点数 sin 计算	✓	✓
	131	COS	浮点数 cos 计算	✓	✓
	132	TAN	浮点数 tan 计算	✓	✓
	147	SWAP	高低字节交换	✓	✓
时钟运算	160	TCMP	时钟数据比较		✓
	161	TZCP	时钟数据区间比较		✓
	162	TADD	时钟数据加		✓
	163	TSUB	时钟数据减		✓
	166	TRD	时钟数据读出		✓
	167	TWR	时钟数据写入		✓
格雷码	170	GRY	格雷码变换	✓	✓
	171	GBIN	格雷码逆变换	✓	✓
触点比较	224	LD =	$[S1.] = [S2.]$ 时起始触点接通	✓	
	225	LD >	$[S1.] > [S2.]$ 时起始触点接通	✓	
	226	LD <	$[S1.] < [S2.]$ 时起始触点接通	✓	
	228	LD < >	$[S1.] \neq [S2.]$ 时起始触点接通	✓	
	229	LD ≤	$[S1.] \leq [S2.]$ 时起始触点接通	✓	
	230	LD ≥	$[S1.] \geq [S2.]$ 时起始触点接通	✓	
	232	AND =	$[S1.] = [S2.]$ 时串联触点接通	✓	
	233	AND >	$[S1.] > [S2.]$ 时串联触点接通	✓	
	234	AND <	$[S1.] < [S2.]$ 时串联触点接通	✓	
	236	AND < >	$[S1.] \neq [S2.]$ 时串联触点接通	✓	
	237	AND ≤	$[S1.] \leq [S2.]$ 时串联触点接通	✓	
	238	AND ≥	$[S1.] \geq [S2.]$ 时串联触点接通	✓	
	240	OR =	$[S1.] = [S2.]$ 时并联触点接通	✓	
	241	OR >	$[S1.] > [S2.]$ 时并联触点接通	✓	
	242	OR <	$[S1.] < [S2.]$ 时并联触点接通	✓	
	244	OR < >	$[S1.] \neq [S2.]$ 时并联触点接通	✓	
	245	OR ≤	$[S1.] \leq [S2.]$ 时并联触点接通	✓	
	246	OR ≥	$[S1.] \geq [S2.]$ 时并联触点接通	✓	

参 考 文 献

[1] 钟肇新,等.可编程控制器原理及应用[M].2版.广州:华南理工大学出版社,2001.

[2] 余雷声.电气控制与 PLC 应用[M].北京:机械工业出版社,2002.

[3] 范永胜,等.电气控制与 PLC 应用[M].北京:中国电力出版社,2004.

[4] 杨长能,等.可编程控制器(PC)例题、习题及实验指导[M].重庆:重庆大学出版社,1994.

[5] 王兆义.小型可编程控制器实用技术[M].北京:机械工业出版社,2002.

[6] 龚仲华,等.三菱 FX 系列 PLC 应用技术[M].北京:人民邮电出版社,2010.

[7] 秦春斌,等.PLC 基础及应用教程[M].北京:机械工业出版社,2011.

[8] 常辉.电气控制与 PLC 应用技术[M].北京:电子工业出版社,2011.

[9] 电工技能考核指导编委会.电工技能考核指导(高级电工)[M].北京:机械工业出版社,2004.